지금은 글로벌 그리고 모바일 쇼핑몰 시대

CAFE24™
글로벌 global + 모바일 mobile

대박 만들기 쇼핑몰

| 전진수 지음 |

누구나 쉽게 무료로
카페24 쇼핑몰을!

초보자도 쉽게 따라 할 수 있는 카페24 쇼핑몰 솔루션 완전 분석
글로벌 쇼핑몰과 모바일 쇼핑몰 구축을 위한 분석
쇼핑몰 운영자가 꼭 알아야 하는 HTML과 포토샵 기본
쇼핑몰을 효과적으로 광고할 수 있는 마케팅 기법

카페24 쇼핑몰은!

전문 디자이너가 만든 186개의 무료 디자인 제공
쇼핑몰 관리비 무료, 트래픽 무제한
글로벌 쇼핑몰 제작부터 운영까지 지원
각국 언어에 최적화된 기본 스킨 무료 제공 (한국어, 영어, 일본어, 중국어)
국내외 오픈마켓 통합 상품관리 기능 제공

- 좋은 책 · 알찬 내용 -
가메출판사

Preface

쇼핑몰 강의를 시작한지 올해로 14년째가 되었습니다.

처음에는 직접 쇼핑몰을 만드는 형태로 강의를 진행했지만 카페24의 무료 솔루션을 만난 이후로는 카페24의 솔루션으로 창업하는 방법에 대한 강의를 진행했습니다.

그 이유는 무엇보다 창업을 꿈꾸는 분들이 쉽고 효과적으로 운영할 수 있는 솔루션이기 때문에 선택하게 되었습니다. 그리고 지금은 이렇게 더 많은 독자분께 카페24를 알리기 위해 글을 쓰고 있습니다.

기술은 발전하여 쇼핑몰을 만드는 일은 쉬워졌지만, 그만큼 경쟁이 치열해지고 운영에 대한 노하우가 없으면 성공 확률을 높이기가 어려워졌습니다.

창업을 준비하며 기술적인 부분과 사람의 이해적인 측면을 잘 구분하여 계획해야만 성공할 수 있습니다.

글을 쓰며 가장 많이 생각났던 단어는 "꿈"이었습니다.
이렇게 하면 독자분들 중에 쇼핑몰을 만들고 싶어 하는 분들이 꿈을 이룰 수 있을까?
부족하지만 도움이 될 수 있다면 좋겠다는 마음으로 최선을 다하여 쉽고 빠르게 쇼핑몰을 구축할 수 있도록 내용을 정리하였습니다.

가장 중요하게 생각하는 **포인트는** 4가지가 있습니다.

첫 번째, 카페24 쇼핑몰 솔루션 소개

솔루션을 잠깐 소개하는 것이 아니라 카페24에서 제공되는 기본 매뉴얼을 중심으로 꼼꼼하게 전체를 설명하고 있습니다. 처음 쇼핑몰을 진행하는 사업자분들에게 실질적인 도움이 될 수 있도록 사업자 등록 및 통신판매 그리고 상점 도메인 설정하는 부분부터 고객관리, 디자인 설정, 상품관리, 매출 영업관리, 커뮤니티 관리 등의 과정을 자세하게 살펴보고 있습니다.

두 번째, HTML 디자인 분석

쇼핑몰 운영자라면 HTML이라는 용어를 꼭 접하게 됩니다. HTML이 무엇인지부터 시작하여 기본 문법을 분석하고 쇼핑몰에는 어떻게 적용하는지 예제를 살펴보고 이를 쇼핑몰에 직접 적용하면서 배울 수 있도록 기술하였습니다.

세 번째, 쇼핑몰 상품 보정 및 디자인 설정을 위한 포토샵

쇼핑몰에서 판매할 상품의 이미지에 대한 보정 기법과 쇼핑몰 디자인을 위한 포토샵의 기본 내용을 다루고 있습니다. 무엇보다 중요한 상품의 노출 보정과 회사 로고 만들기 등을 자세히 다루고 있습니다.

네 번째, 쇼핑몰 마케팅 기법

쇼핑몰을 만들고 많은 고객이 방문하게 하려면 검색 사이트 등록 및 쇼핑몰 마케팅을 해야 합니다. 초소의 비용으로 효과적으로 고객이 방문할 수 있도록 하는 쇼핑몰 마케팅 방법을 연구하여 기술하였습니다.

무엇보다 실천이 중요한 것 같습니다.
어쩌면 조금씩 지금 실천하고 있는 일 때문에 몇 년 후에는 많은 변화가 있을지 모릅니다.
좋은 꿈, 행복한 꿈을 많이 꾸시고 행복한 쇼핑몰 운영자가 되시길 기원합니다.

저자 *전진수* 올림

Contents

PART 01 | 쇼핑몰 창업 절차의 이해

Chapter 01 창업 절차

01 창업의 9단계   12

02 사업자등록 온라인 신청   13

03 통신판매업 온라인 신고   18

PART 02 | cafe24 글로벌 쇼핑몰 관리자

Chapter 01 cafe24 글로벌 쇼핑몰 신청 및 관리

01 cafe24 쇼핑몰 호스팅 가입   22

02 cafe24 쇼핑몰 관리자 접속   27

03 쇼핑몰 관리자 페이지 구성   28

Chapter 02 상점관리

01 상점관리 홈   31

02 상점 정보 등록   32

03 상점 도메인 설정   36

04 상점 운영방식 설정   39

05 적립금 설정   41

06 상점 결제방식 설정   43

07 무통장입금 계좌설정   44

08 배송업체 관리   46

09 배송/반품 설정   48

Chapter 03 상품관리

01 상품관리 홈   50

02 상품 대분류 등록   51

03 상품 하위분류 등록   52

04 상품 옵션 관리   53

05 옵션 세트 관리   54

06 상품 간단 등록   57

07 상품 등록   59

08 엑셀 등록   63

09 상품 목록   64

10 상품정보 일괄변경   66

11 상품 진열관리   67

12 편의기능 설정   71

13 상품재고 관리   73

14 세트상품 등록   74

Chapter 04 주문/배송/프로모션 등 기타

01 FTP   76

02 고객혜택관리   79

03 회원관리정보와 회원등급   81

04 자동메일발송   82

05 SMS 발송관리   83

06 입금전 관리   87

07 상품준비중 관리   88

08 배송준비중 관리   89

09 배송중 관리   90

Chapter 05 cafe24의 글로벌 원스톱 쇼핑몰 기능

01 멀티 쇼핑몰 생성 및 관리 화면   91

02 쇼핑몰 관리자에서 글로벌 쇼핑몰 관리 가능   92

03 쇼핑몰 관리자에서 글로벌 쇼핑몰 확인 가능   92

04 번역 데이터 기본 제공   93

05 해외 결제 대행사(PG) 기본 제공   93

PART O3 | 스마트 디자인으로 쇼핑몰 만들기

Chapter **O1 스마트 디자인과 모바일 쇼핑몰을 위한 HTML 기본**

01 HTML 기본 구조   96

02 제목 태그   98

03 문단 태그   99

04 글자 태그   99

05 〈ul〉 태그   101

06 〈ol〉 태그   102

07 〈ul〉과 〈ol〉을 함께 사용할 경우   103

08 〈dl〉 정의 목록 태그   104

09 테이블(〈table〉) 태그   105

10 이미지(〈img〉) 태그   109

11 쇼핑몰의 기본 구조 이해하기 - DOM tree 구조   110

12 쇼핑몰 레이아웃 코딩 응용 실습   111

Chapter **O2 디자인 기본 관리 기능 익히기**

01 디자인 관리 화면 구성   113

02 새로운 디자인 추가   119

03 디자인 복사/상속/삭제 기능 활용   122

04 대표 디자인 설정과 디자인 이름 변경   128

Chapter **O3 디자인 편집하기**

01 모듈별 편집 버튼으로 수정하는 방법   132

02 HTML로 편집하는 방법   137

03 FTP를 통해 이미지를 올리는 방법   143

04 맞지 않는 링크 수정 방법   147

05 디자인 예약 기능으로 쇼핑몰 예약하기   151

06 스마트 디자인 새로운 화면 추가 - 견적서 화면 추가   155

07 새로 만든 페이지에 하이퍼링크 설정하기   158

08 메인 화면에 상품 진열을 위한 상품 간단 등록   163

09 메인 화면으로 상품 진열하기   168

10 메인 상품 신열 개수 수성   173

11 메인 상품 이미지 크기 조절   176

PART 04 | 모바일 쇼핑몰 만들기

Chapter 01 모바일 쇼핑몰 신청 및 디자인 추가
01 모바일 쇼핑몰 신청   180
02 모바일 쇼핑몰 디자인 추가   182

Chapter 02 모바일 쇼핑몰 디자인 관리
01 모바일 쇼핑몰 팝업 창 설정   185
02 모바일 쇼핑몰 로고 이미지 등록   189
03 모바일 쇼핑몰 메인 이미지 등록하기   191
04 하단(footer) 영역 구성   195
05 모바일 메인 화면의 상품 진열 개수 수정 방법   198

Chapter 03 모바일 주문 관리 기법
01 모바일 상품 구매 과정   190
02 모바일 관리자 접속 방법   203
03 모바일 상품관리   204
04 모바일 주문관리   206
05 모바일 고객 관리와 게시물 관리   208

PART 05 | 쇼핑몰 운영자를 위한 포토샵 실습

Chapter 01 포토샵 실습
01 상품의 이미지 크기 조절하기   212
02 캔버스 크기를 조절하여 이미지 이어붙이기   216
03 Contact Sheet Ⅱ 명령으로 쇼핑몰 목록 이미지 만들기   218
04 액션 기능으로 상품 이미지 크기 자동 조절하기   220
05 많은 상품 사진도 Batch 명령으로 한번에 해결하기   226
06 펜툴을 활용하여 상품 추출하기   229
07 모서리가 둥근 상품 사진 만들기   235
08 채널을 활용한 이미지 추출기법 익히기   240
09 상품에 외곽선 넣기   246
10 컬러 상품 사진을 흑백으로 만들기   250
11 크리스털 액자 만들기   253
12 상품 사진에 점선 테두리 만들기   259

13 어둡게 나온 상품 사진 보정하고 배경색 바꾸기   263
14 마스크를 활용하여 상품 진열하기   268
15 유리에 반사된 상품 이미지 만들기   274
16 상품이 전환되는 GIF 애니메이션 만들기   279
17 트윈 효과로 부드럽게 전환되는 상품 애니메이션 만들기   286
18 Artistic 필터를 활용하여 상품 사진 돋보이게 하기   290
19 Artistic 필터를 활용하여 상품 사진 돋보이게 하기   294
20 특수문자를 활용하는 메뉴 만들기   304

PART 06 | 쇼핑몰과 모바일 쇼핑몰 광고기법

Chapter 01 광고 전 대상 분석

01 모바일 쇼핑을 대상으로 할 것인가?   310
02 10대의 인터넷 이용 행태와 인터넷 쇼핑 품목   311
03 20대의 인터넷 이용 행태와 인터넷 쇼핑 품목   312
04 30대의 인터넷 이용 행태와 인터넷 쇼핑 품목   313

Chapter 02 키워드 광고 이해하기

01 구매 단계에서 검색의 중요성   315
02 키워드 검색광고란?   316
03 검색광고 입찰 관련 용어   317
04 키워드 광고 계정 구조   320
05 대표적인 CPC 키워드 광고 네이버 클릭초이스   322

Chapter 03 네이버 지식쇼핑

01 지식쇼핑 CPC(Cost Per Click)   327
02 파워 컬렉션 상품(PC)   330
03 네이버 메인 1탭 테마 쇼핑의 1탭 트렌드 아이템(PC)   333
04 네이버 메인 1탭 테마 쇼핑의 2탭 패션 소호(PC)   334

PART 01

쇼핑몰 창업 절차의 이해

Chapter 01 창업 절차

쇼핑몰 창업은 9단계를 거치게 됩니다. 개인에 따라 어렵게 느끼는 부분은 다르지만 14년 동안 온라인 쇼핑몰 분야에 대하여 강의하고 컨설팅하면서 느끼는 것은 기술이 정말 편리하게 변했다는 것입니다. 기술적 문제는 배워서 해결할 수 있지만, 운영관리와 고객관리 등은 경험하지 않으면 어려울 수 있습니다. 그래서 창업 계획은 최소 2~3년으로 설정하고 계획표를 꼼꼼히 작성한 후에 진행하길 권장합니다.

창업 절차

쇼핑몰 창업의 단계를 이해하고 각종 서류를 신청하는 방법에 대해 알아보겠습니다. 단계 중에 가장 자신이 있는 부분과 가장 어렵게 느껴지는 부분을 점검하고 한 가지씩 해결해 가는 방법으로 진행합니다.

 **01 창업의 9단계**

소호 쇼핑몰의 창업 절차는 다음과 같습니다. ❶ 아이템 선정, 사업 계획서 작성 → ❷도메인 등록, 창업 제반 신고 → ❸ 솔루션 선택, 상품 등록 → ❹ 쇼핑몰 디자인 → ❺ 결제 시스템 구축 → ❻ 광고 홍보 → ❼ 포장 배송 관리, 입/출고 관리 → ❽ 회원 관리, 솔루션 마케팅, 접속 통계 → ❾ 세무/회계/정산의 단계를 거치게 됩니다.

아이템 선정 (고객 타켓팅 등) 시장 조사 사업 계획	도메인 등록 통신판매업 신고 사업자등록 (창업 제반 신고)	상품 등록 상품 촬영 포토샵
클릭초이스 다음 클릭스 네이버 지식쇼핑 검색엔진 등록	카드결제 에스크로 신청 결제시스템 완비	쇼핑몰 디자인 구매 또는 직접 제작 (디자인 센터)
포장 배송 관리 입고 출고 관리 게시판, 이메일	회원 관리 쿠폰, 적립금 회원 등급제 접속 통계	세무/회계/정산 오픈마켓 국민연금, 고용보험 직원 채용/ 교육

> **TIP 클릭초이스**
>
> 네이버 클릭초이스(CPC 광고)는 한 번의 입찰로 네이버의 '파워 링크', '비즈사이트', '클릭초이스 네트워크(지식iN, 블로그)' 영역에 광고를 노출하여 더 많은 고객을 만날 수 있도록 하는 광고 상품으로, 고객이 광고를 클릭하고 방문한 경우에만 광고비를 지급하는 종량제 방식의 키워드 광고입니다.

> **TIP 네이버 지식쇼핑**
>
> 네이버 지식쇼핑은 상품 검색 기반의 쇼핑 포털인 동시에 쇼핑 미디어입니다. 지식쇼핑에 입점하면 네이버 지식쇼핑에서 상품 광고, 판매 및 쇼핑몰 홍보를 할 수 있으며, 네이버를 찾는 일일 평균 1,600만 명 이상의 이용자가 쇼핑몰의 잠재 구매 고객이 될 수 있습니다.

02 사업자등록 온라인 신청

사업자등록 온라인 신청은 "http://www.hometax.go.kr"에서 가능합니다. 온라인으로 신청할 때는 공인 인증서를 이용하여 로그인한 후에 신청을 진행할 수 있습니다.

공인인증서를 이용해서 로그인한 뒤에 [사업자등록관련 신청 신고]를 클릭하여 이동합니다.

> ### 사업자등록
>
> 쇼핑몰을 운영하기 위해서는 반드시 사업자등록증을 신청해야 합니다. 사업을 시작한 날로부터 20일 이내에 구비 서류를 갖추어 사업장 소재지 담당 세무서의 민원봉사실(국세청 콜센터 : 국번 없이 126 문의)에 신청하면 신청일로부터 3일 이내에 사업자등록증을 받을 수 있습니다. 사업개시 전에도 신청 가능합니다. 인터넷 쇼핑몰의 업태는 소매, 종목은 인터넷 쇼핑몰(또는 전자상거래)로 신청하면 됩니다.
>
> 개업 전에 비품 등을 구매할 때도 반드시 세금계산서를 받아야 합니다. 이 경우 사업자등록을 하지 않아 사업자등록번호가 기재된 세금계산서를 받을 수 없으므로 사업자등록번호 대신 사업자의 주민등록번호를 기재하여 세금계산서를 받으면 매입 세액을 공제받을 수 있습니다.

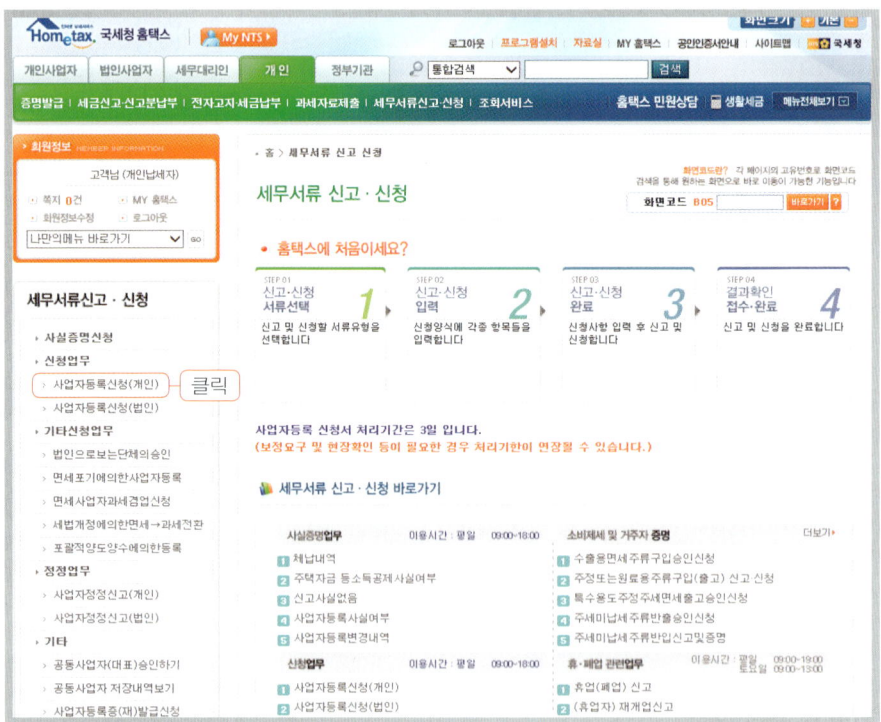

메뉴 중 왼쪽 윗부분에 있는 [사업자등록신청(개인)]을 선택하여 클릭합니다.

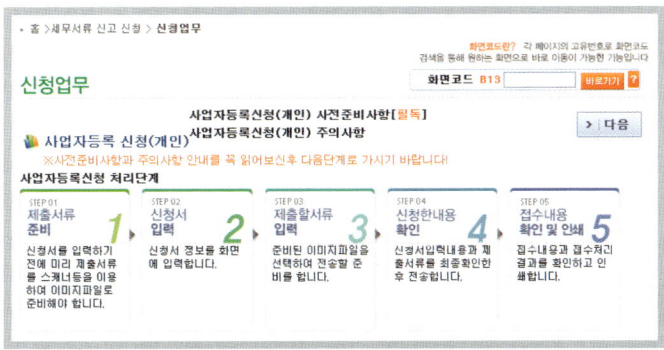

순서대로 따라서 서식 폼을 작성해주시고 첨부 서류는 미리 스캐너를 이용하여 이미지 파일 형태로 준비해 두면 됩니다.

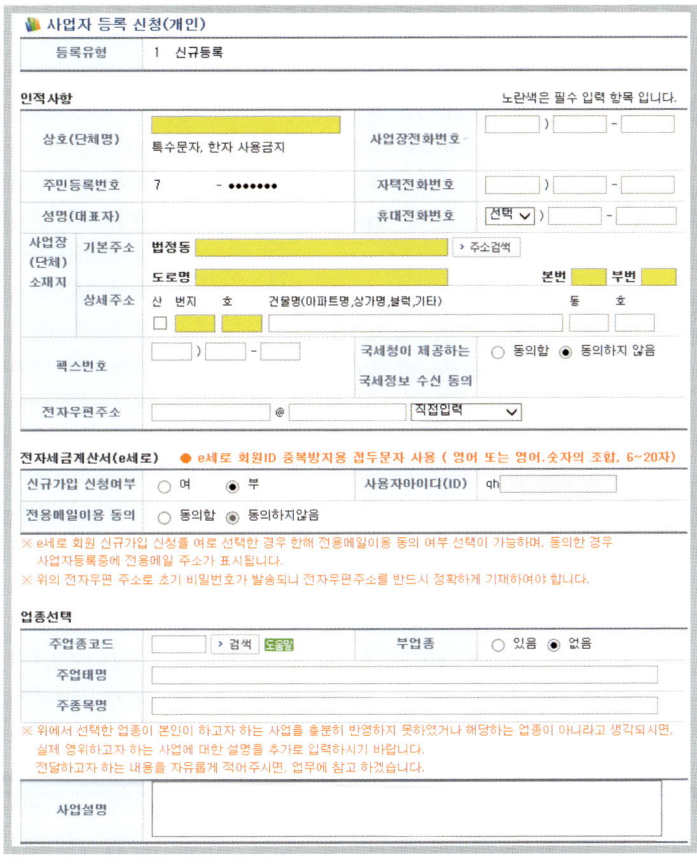

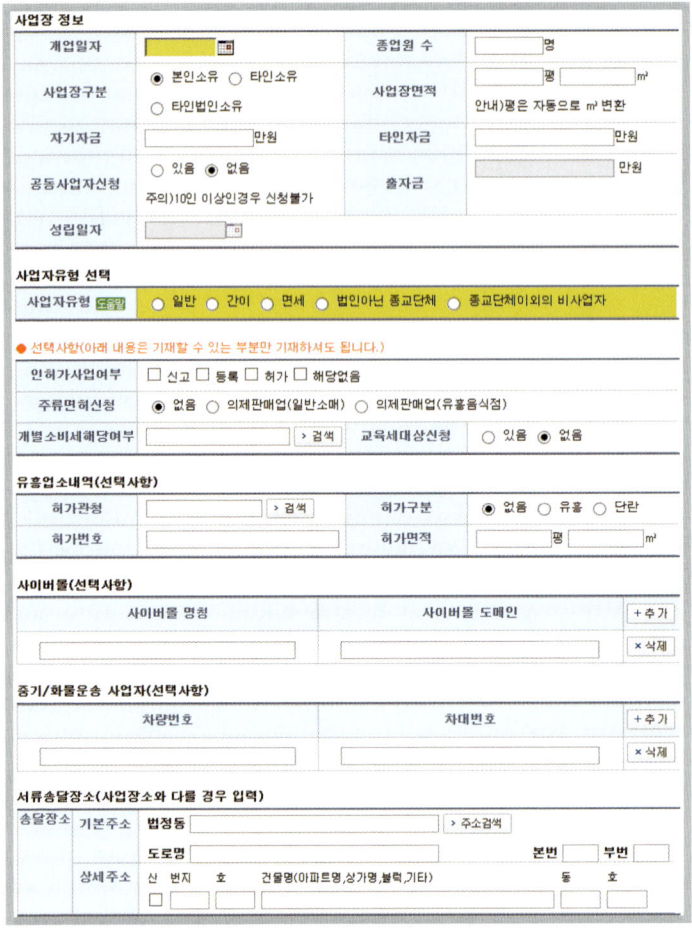

(1) 구비 서류(개인 사업자의 경우)

- **사업자 등록 신청서**(개인 사업자용)
- **사업 허가증 사본, 사업 등록증 또는 신고필증 사본**(해당자에 한함)

  법령에 의하여 허가를 받거나 등록 또는 신고를 하여야 하는 사업의 경우에는 사업 허가증 사본 · 사업 등록증 사본 또는 신고필증 사본 등 필요한 구비 서류를 준비하여야 합니다.

- **임대차 계약서 사본**(사업장을 임차한 경우에 한하며 확정일자 신청 시 원본 제시)

  사업장을 임차한 경우에는 임대차 계약서 사본을 제출합니다.

 집을 사업장으로 사용하려는 경우, 본인 명의로 되어 있는 집이라면 등기부 등본만 첨부하면 됩니다.

- **사업장 도면**

  상가 건물 임대차 보호법 제2조 제1항의 규정에 의한 상가 건물의 일부분을 임차하는 경우에만 해당합니다.

- 2인 이상 공동 사업 시 증명 서류 첨부(동업 계약서 등)
- 신분증

(2) 사업자 등록증 신청서 작성 방법

- **사업장 소재지** : 법정동을 기입하며, 아파트 · 공동 건물일 경우에는 반드시 동 · 호수까지 기재하여야 합니다.
- **전화번호** : 지역 번호를 함께 기재합니다.
- **업종 선택** : 영위할 사업의 업종을 '주업태 · 주종목'란에 기재하며 겸업(예 : 도 · 소매, 제조 · 서비스 등)일 경우에는 주업종 외에 겸하는 업종을 '부업태 · 부종목'란에 기재하되 '주(부)업종 코드'란은 기재하지 않습니다.
  쇼핑몰은 '주업태'란에 소매, '주종목'란에 인터넷 쇼핑몰(또는 전자상거래)라고 기재합니다.
- **개업일** : 제조업은 제조장별로 재화의 제조를 개시하는 날, 광업은 사업장별로 광물의 채취 · 채광을 개시하는 날, 기타의 사업에 있어서는 재화 또는 용역의 거래를 개시하는 날을 기재합니다.
- **종업원 수** : 고용 계약에 의하여 근로를 제공하고 보수를 받는 자로서 상시 근무하는 인원을 기재합니다.
- **사업장 구분 및 사업장을 빌려준 사람** : 해당란에 "ㅇ" 표시하고 임대인의 성명 · 주민등록번호를 기재하되, 임대인이 법인인 경우에는 법인명 · 법인 사업자 등록 번호를 반드시 기재하여야 하며 자가인 경우에는 기재하지 않습니다.
- **사업장 사용료** : 전세금 · 임대 보증금과 월세를 구분하여 기재합니다.
- **사업 자금 내역** : 전세금 또는 임대 보증금을 포함하여 사업과 관련한 자금을 기재하되 은행 대출금 · 사채 등은 타인 자금란에 기재합니다.
- **사업장 면적** : 사업을 영위하는 장소의 면적을 "평" 단위로 기재합니다.

(3) 사업자 등록 전 확인사항

- **사업장 결정** : 임차계약 시 임대차 계약서 구비
- **과세 vs 면세** : 업종이 과세대상인지 면세대상인지 확인(겸업일 경우 과세사업으로 등록)
- **일반과세자 vs 간이과세자** : 간이과세자로 등록하는 경우 간이 과세 배제 규정 확인

> **TIP** 신규 사업자는 간이과세자로 등록하는 것이 좋습니다.

- **허가사업** : 허가를 요하는 사업이라면 사업허가증을 구비
- **동업계약** : 2인 이상의 사업자가 공동으로 사업을 하는 경우 동업계약서 작성

(4) 미등록시 불이익

- **매입세액 불공제** : 세금계산서를 교부받을 수 없습니다. 따라서 매입세액을 공제받지 못합니다.
- **증빙 미수취** : 매출에 대응하는 비용 처리를 못 합니다.
- **가산세** : 미등록 가산세, 무신고 가산세, 납부 불성실 가산세 적용됩니다.

03 통신판매업 온라인 신고

인터넷 쇼핑몰을 운영하는 업체는 의무적으로 관할 시, 군, 구청 지역 경제과에서 통신 판매업(영업 허가증)을 신고해야 합니다. 통신판매업 신고를 인터넷 전자민원 G4C를 이용해서 등록할 수 있습니다. http://www.minwon.go.kr 검색창에 "통신판매업신고"를 검색하세요. 온라인 신청의 경우 공인 인증서가 필요합니다.

(1) 신고서 제출처

- 주된 사무소의 소재지가 국내인 경우 : 시, 군, 구청 지역 경제과
- 주된 사무소의 소재지가 외국인 경우 : 공정거래위원회

(2) 신고서 기재 사항

- 상호(법인인 경우에는 대표자의 성명 및 주민등록번호 포함)
- 주소, 전화번호, 전자우편 주소(이메일 주소)
- 인터넷 도메인 이름(쇼핑몰의 URL)
- 호스트 서버의 소재지(예 : 서울 양천구 목동 924 번지 KT IDC센터 18층 심플렉스인터넷(주))
- 사업자의 성명 및 주민등록번호(개인인 경우에 한함)

(3) 면허세

- 45,000원(신고 시 납부하며 다음해부터 매년 초(1월1일)에 계속 부과됨)

(4) 방문 신청의 경우 구비서류

- 민원 제출 구비서류 없음
- 담당공무원 확인사항, 민원인 제출 생략
- 사업자등록증명
- 법인등기부등본(법인사업자에 한함)

(5) 신고서 작성

❶ 법인명(상호) 직접 입력
❷ 사업자등록번호 직접 입력
❸ [주소검색] 버튼을 클릭하여 검색 창에서 소재지 주소를 선택하여 입력하고, 특수주소는 아파트나 빌딩의 경우 아파트명, 동, 호수를 직접 입력
❹ 전화번호 직접 입력

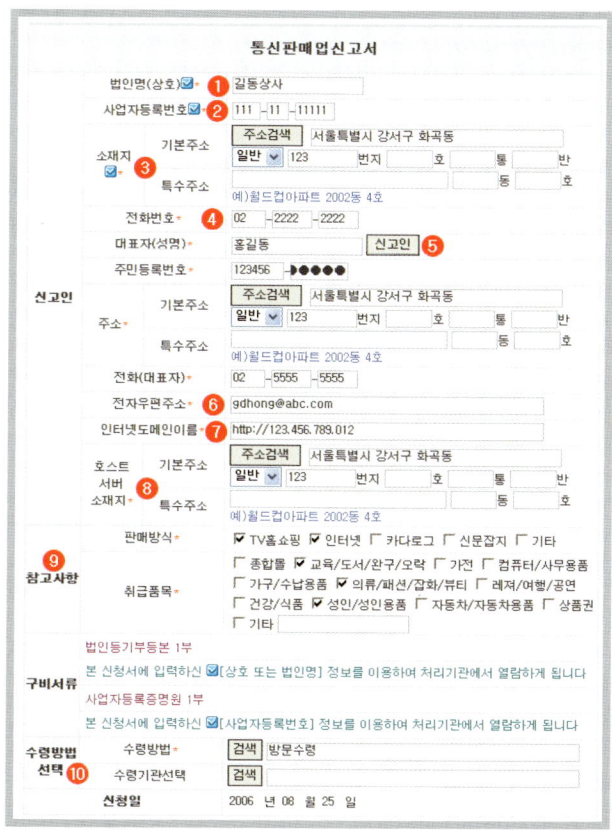

❺ [신고인] 버튼을 클릭하여 아래 사항 자동 입력
- 신고인 대표자(성명) 자동 입력
- 신고인 주민등록번호 자동 입력
- 신고인의 주소 자동 입력
- 신청인 전화(대표자) 자동 입력

❻ 전자우편 주소 직접 입력

❼ 인터넷 도메인 이름 직접 입력

❽ [주소검색] 버튼을 클릭하여 검색 창에서 호스트 서버 소재지 주소를 선택하여 입력하고, 특수주소는 아파트나 빌딩의 경우에 아파트명, 동, 호수를 직접 입력
(예시: 서울 양천구 목동서로 201 (목동 924 번지) KT IDC 센터 18층 심플렉스인터넷(주))

❾ 참고사항 항복 선택
- 판매방식 선택
- 취급품목 선택

❿ [검색] 버튼을 클릭하여 수령방법과 수령기관 선택

PART 02

cafe24 글로벌 쇼핑몰 관리자

Chapter 01 cafe24 글로벌 쇼핑몰 신청 및 관리
Chapter 02 상점관리
Chapter 03 상품관리
Chapter 04 주문/배송/프로모션 등 기타
Chapter 05 cafe24의 글로벌 원스톱 쇼핑몰 기능

cafe24 글로벌 쇼핑몰은 국내외 다수의 쇼핑몰을 하나의 아이디로 통합관리 할 수 있으며 현재 한국어, 영어, 일본어, 중국어 쇼핑몰의 기본 스킨(skin)을 제공하고 있습니다. 쇼핑몰 창업에 최적화된 cafe24 솔루션을 통해 쇼핑몰을 만들어 가는 과정을 살펴봅니다.

cafe24 글로벌 쇼핑몰 신청 및 관리

cafe24 글로벌 쇼핑몰을 신청하는 방법과 관리자 페이지에 접속하는 방법을 알아봅니다. 쇼핑몰을 구축하려고 할 때 처음으로 만들게 되는 쇼핑몰 아이디는 정말 설레는 마음으로 만들어 보게 됩니다. 지금 마음으로 온 힘을 다해 쇼핑몰을 만들어 간다면 좋은 결과가 있을 것입니다.

01 cafe24 쇼핑몰 호스팅 가입

cafe24 쇼핑몰 호스팅에 가입하는 과정은 다음의 과정을 따라 가입할 수 있습니다.

01 cafe24 쇼핑몰 호스팅에 가입하기 위해 cafe24 쇼핑몰센터에 접속합니다. 접속한 후에 [무료로 쇼핑몰 만들기] 버튼을 클릭합니다.

http://echosting.cafe24.com

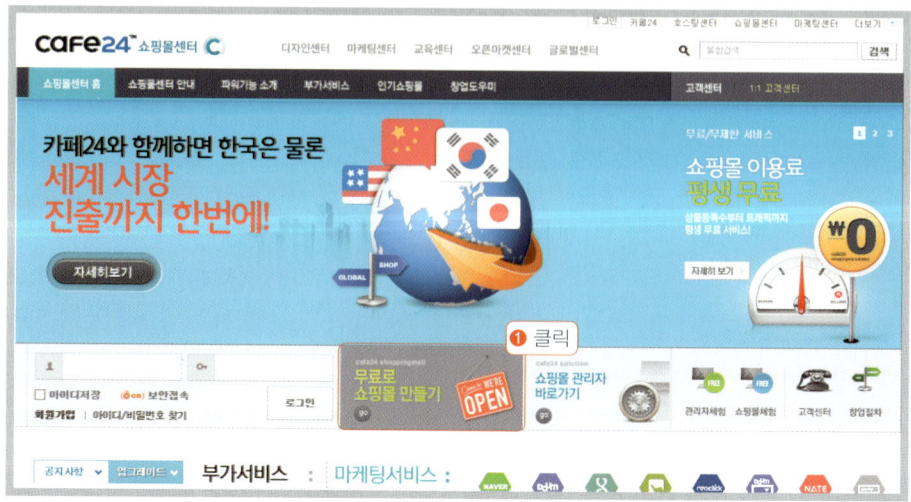

02 카페24의 회원은 일반회원, 개인사업자, 법인회원, 어린이/청소년, 외국인회원(Foreigner)
으로 구분하여 등록 가능합니다. 그중에 [일반회원] 버튼을 클릭합니다.

03 약관의 내용을 읽어보고 각 항목의 '동의함'에 체크한 후에 [휴대폰 인증] 버튼을 클릭합니다.

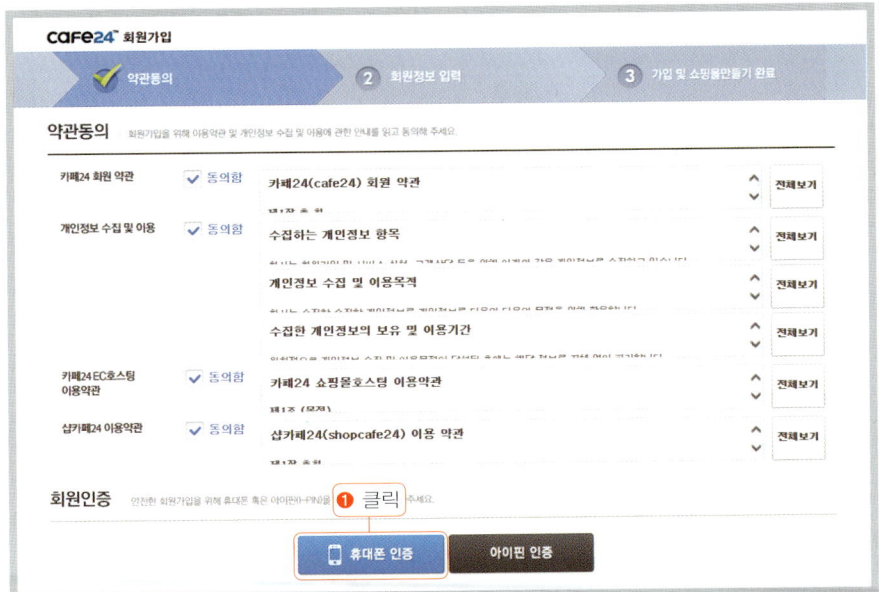

04 휴대폰 인증을 통해 개인 인증을 받습니다.

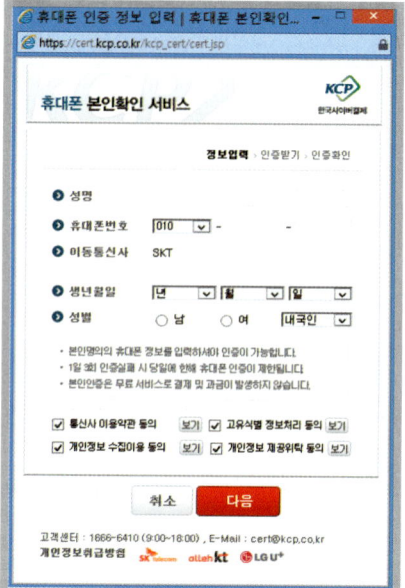

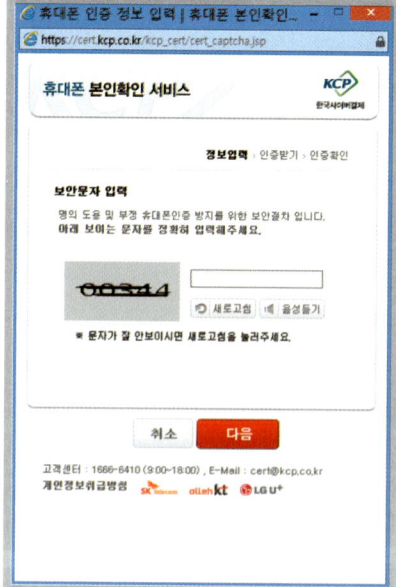

05 아이디와 비밀번호를 입력하고 [다음 단계로] 버튼을 클릭합니다.

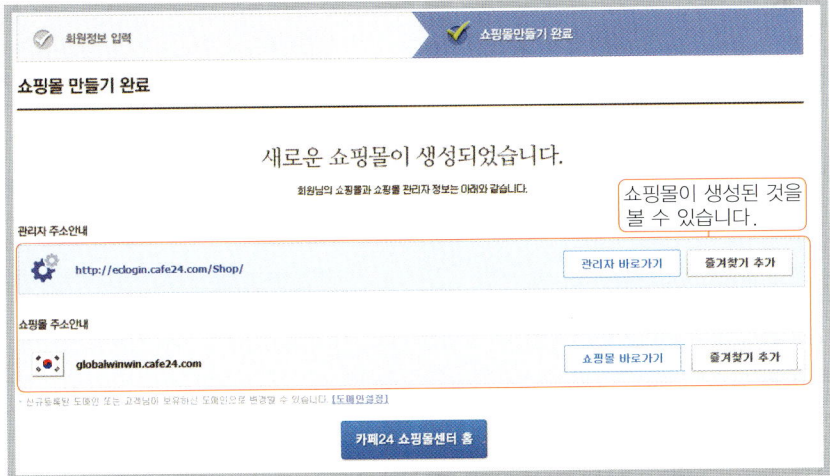

06 쇼핑몰 신청이 완료되고 관리자 주소와 쇼핑몰 주소가 생성된 것을 볼 수 있습니다.

Note

[개인사업자] 버튼을 클릭했을 경우는 사업자등록번호의 인증 절차를 거쳐야 합니다.

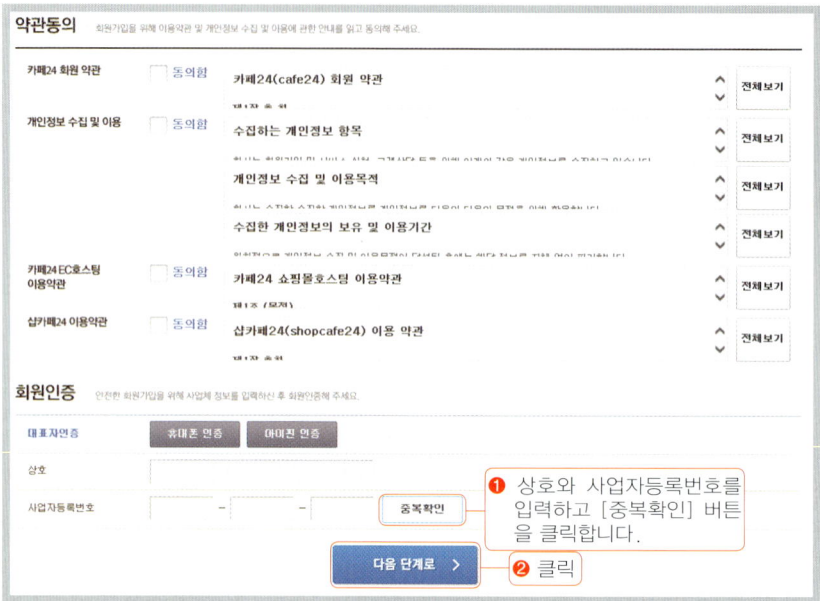

상호 및 사업자등록 번호를 입력한 후에 [중복확인] 버튼을 클릭하면 인증하는 화면이 나옵니다. 그 화면에서 아래와 같이 회원가입이 가능하다는 메시지 창이 나와야 다음 단계로 진행할 수 있습니다. 메시지 창에서 [확인] 버튼을 클릭하여 진행합니다.

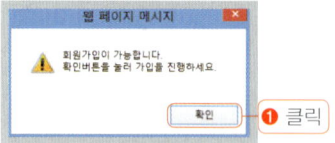

중복 확인이 완료되었으면, 회원 인증 화면에서 [다음 단계로] 버튼을 클릭합니다.

앞에서 일반회원으로 가입할 때와 다른 것은 사업장소재 및 개인정보를 입력하고 [다음 단계로] 버튼을 클릭하면 앞에서 설명한 일반회원의 경우와 같이 쇼핑몰 주소와 관리자 페이지 주소가 생성됩니다.

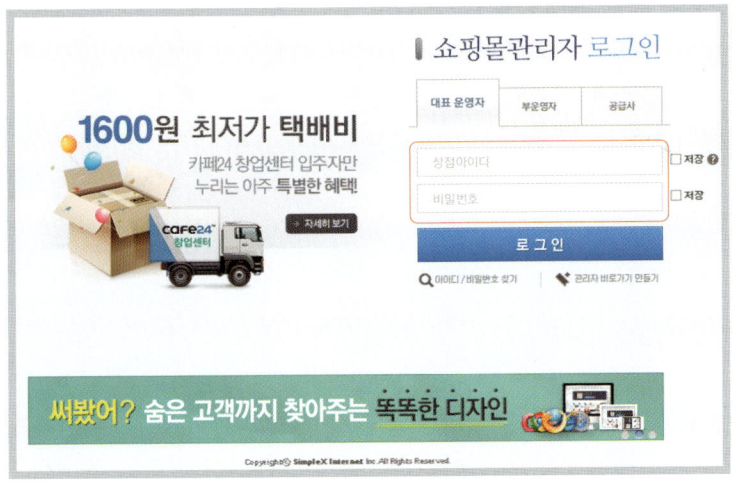

02 cafe24 쇼핑몰 관리자 접속

앞서 cafe24 쇼핑몰 호스팅에 가입할 때 신청한 상점 아이디와 비밀번호를 입력하면 관리자 페이지로 들어갈 수 있습니다. 상점 아이디와 비밀번호 입력란 오른쪽의 '저장'에 체크를 해 두면 서비스 이용 시 매번 상점 아이디와 비밀번호를 입력하지 않고도 편리하게 로그인할 수 있습니다.

⊙ 상점 아이디란?

서비스를 신청할 때 입력하는 상점 아이디를 말합니다. 상점 아이디는 쇼핑몰 무료 도메인인 "http://아이디.cafe24.com"에서 아이디 부분에 적용됩니다.

⊙ 비밀번호란?

쇼핑몰 호스팅 가입시 신청한 비밀번호를 말합니다.

⊙ 저장이란?

아이디와 비밀번호를 이용하여 로그인할 때, 회원 여러분의 로그인 정보를 기억할 수 있습니다. 로그인 화면의 "저장"에 체크 표시를 해 두면 서비스 이용 시 매번 상점 아이디와 비밀번호를 입력하지 않고 편리하게 로그인할 수 있습니다.

03 쇼핑몰 관리자 페이지 구성

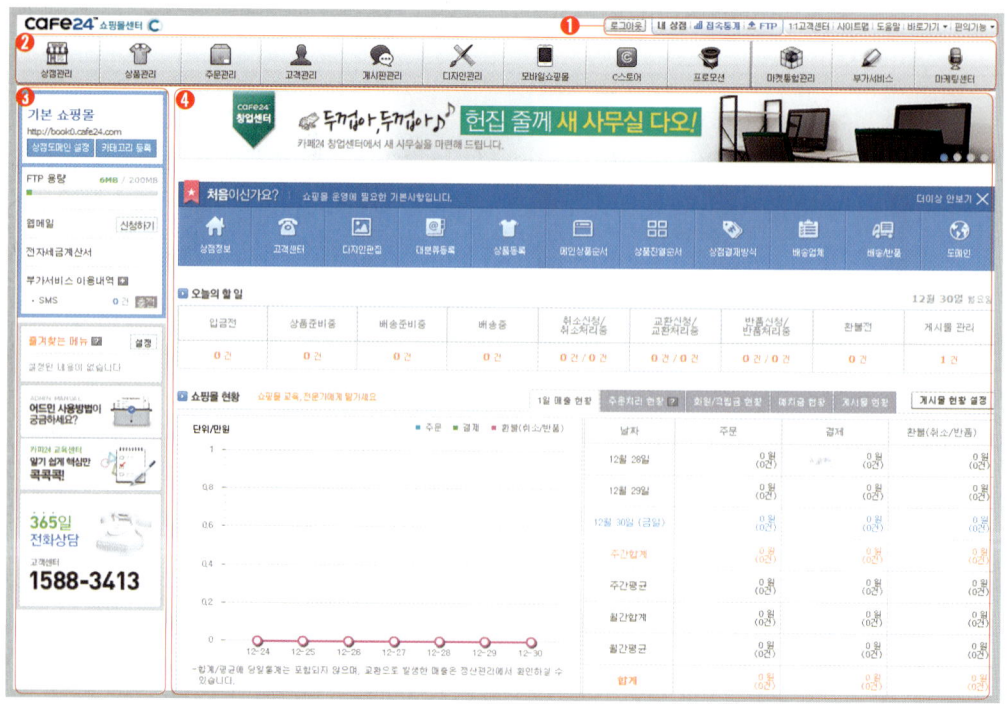

위에서 보는 것처럼 관리자 화면은 기본적으로 4개의 부분으로 나누어져 있습니다.

❶ **상단 메뉴** : 내 상점, 접속통계, FTP, 1:1고객센터, 사이트 맵, 도움말, 바로가기, 편의기능
❷ **주 메뉴** : 상점관리, 상품관리, 주문관리, 고객관리, 게시판관리, 디자인관리, 모바일쇼핑몰, C스토어, 프로모션, 마켓통합관리, 부가서비스, 마케팅센터
❸ **좌측 메뉴** : 각 주메뉴의 하위 메뉴들이 탐색기 형태로 제공됩니다.
❹ **작업 창** : 각 메뉴의 데이터들이 표시되고, 운영자의 작업이 이루어지는 공간입니다.

2014년부터 적용되는 솔루션의 변화는 다음과 같습니다.
1. 상점 관리에서 멀티 쇼핑몰 설정기능 추가로 1개 아이디로 6개의 쇼핑몰 운영이 가능합니다.
2. 상품 관리 기능 중 옵션 관리, 옵션 세트 관리를 통해서 옵션 설정이 쉬워졌습니다.
3. 세트 상품 등록 기능의 추가로 여러 상품을 주문하는 주문고객의 페이지뷰를 획기적으로 줄였습니다.
4. 주문 관리의 단계를 세분화(상품 준비 중 관리 → 배송 준비 중 관리 → 배송 대기 관리 → 배송 중 관리)하여 세밀한 주문관리가 가능합니다.
5. 프로모션 기능의 추가로 다양한 솔루션 마케팅이 가능합니다.

Note 글로벌 쇼핑몰을 위한 멀티쇼핑몰 기능

멀티쇼핑몰은 세계 언어별로 쇼핑몰을 생성하는 기능입니다. 현재는 5개까지 개설할 수 있으며, 영문몰(English Mall), 중문몰(Chinese Mall), 일본몰(Japanese Mall) 개설이 가능합니다. 멀티쇼핑몰 설정 메뉴의 [쇼핑몰 추가] 버튼을 클릭하여 개설을 진행합니다.

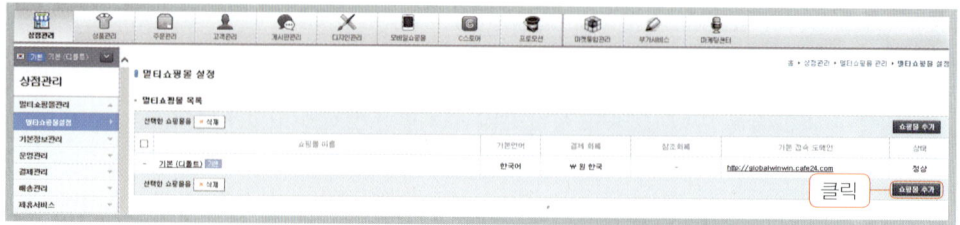

멀티쇼핑몰 신규 등록 화면에서 쇼핑몰의 이름을 입력하고 몇 가지 옵션을 설정하면 새로운 언어의 쇼핑몰이 생성됩니다.

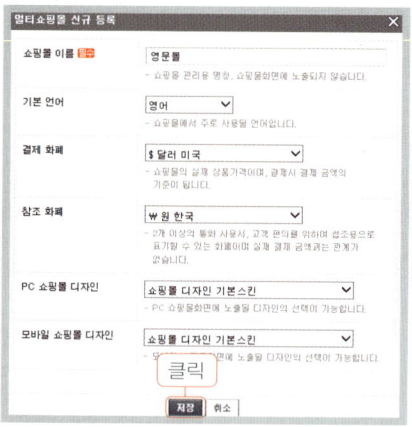

멀티 쇼핑몰 목록에 영문몰이 새롭게 생성된 모습입니다.

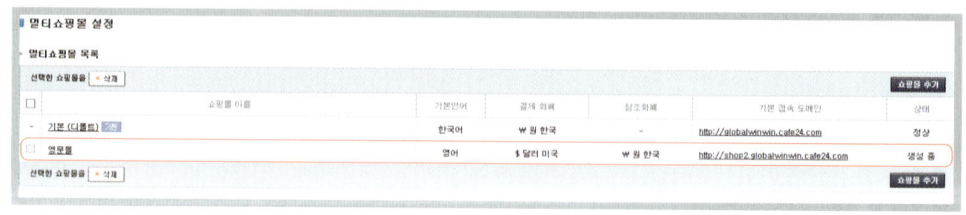

02

상점관리

상점관리는 쇼핑몰에 관련된 모든 정보를 입력하고 관리하는 메뉴입니다. 앞으로 진행되는 마케팅 등을 원활하게 하기 위해서는 이곳의 정보가 정확하게 입력되어 있어야 합니다.

01 상점관리 홈

상점관리에서는 사업자 정보와 도메인을 설정하여 고객에게 쇼핑몰 정보 및 고객센터 정보

를 제공할 수 있습니다. 업무별로 운영자 권한을 설정하여 각 서비스를 체계적으로 운영할 수 있습니다. 고객에게 무통장 입금, 카드 결제, 휴대전화 결제 등 다양한 결제 수단을 제공할 수 있습니다. 상품을 안전하게 배송받을 수 있도록 배송업체 정보 및 배송비를 설정할 수 있습니다. 네이버 지식쇼핑, 네이버 체크아웃, 네이버 마일리지, 크리테오 등의 제휴서비스를 고객이 편리하게 이용할 수 있습니다.

02 상점 정보 등록

◎ 메뉴 : 상점관리 → 기본정보관리 → 내쇼핑몰 정보

쇼핑몰명, 관리자명, 사업자 등록번호, 상호(법인명), 대표자 성명, 사업장 주소, 대표 전화, 대표 이메일, 쇼핑몰 주소, 상담/주문 전화, 상담/주문 이메일, 개인정보보호 책임자, 책임자 연락처, 책임자 이메일 등 필수 항목은 반드시 입력해야 합니다.

기타 사업자등록증 상의 업태, 종목, 통신판매업 신고, 통신판매업 신고 시의 통신판매 신고번호, 회사 소개와 회사 약도, 고객센터 정보안내, 개인정보보호 책임자안내, 서비스 문의안내 등을 입력합니다.

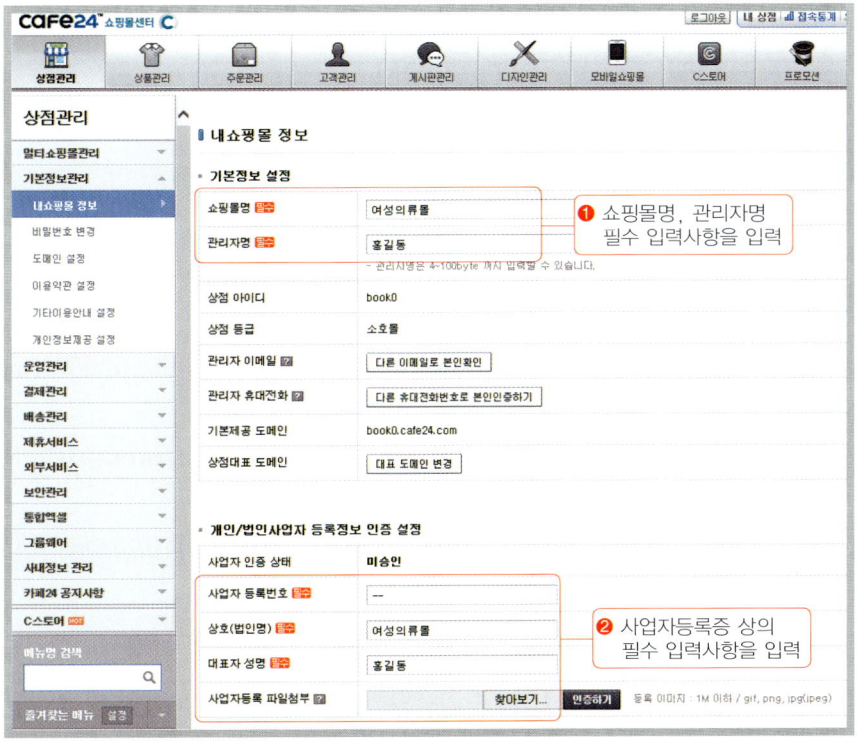

❶ 기본정보 설정에서 쇼핑몰명, 관리자명은 필수 입력사항입니다.
❷ 사업자등록증 상의 필수 입력사항을 입력합니다.

사업자등록 파일첨부는 사업자등록증을 스캔해서 파일 크기 1MB 이하로 gif, png, jpg(jpeg) 확장자를 갖는 이미지 파일로 저장합니다. 그리고 [찾아보기] 버튼을 클릭하여 이미지 파일을 업로드합니다. 그 이후에 [인증하기] 버튼을 클릭하면 됩니다.

 내 상점정보 입력 시 주의사항

● 메일 인증은 먼저 메일 주소를 입력한 뒤에 본인 확인을 해야 합니다.
● 사업자등록 번호, 통신판매업 번호는 나중에 입력할 수도 있습니다.
● 대표 메일은 상품 주문, 회원가입 시 고객에게 메일이 발송되고, 운영자가 받는 기본 메일이 됩니다. 따라서 대표 메일은 반드시 입력하고, 쇼핑몰 도메인이 들어간 메일로 등록합니다.

❶ 사업자등록증 상의 사업장 주소를 입력합니다.

❷ 대표 전화를 입력합니다.

❸ 대표 이메일이 입력되지 않으면 쇼핑몰에서 회원가입 시 발송되는 메일, 주문 시에 발송 되는 메일 등이 보내지지 않습니다. 따라서 대표 이메일은 꼭 입력하고, 되도록이면 쇼핑 몰의 도메인을 포함하는 메일 주소를 등록합니다.

❹ 쇼핑몰 도메인 주소를 입력합니다.

Tip **쇼핑몰 하단의 법적 기재사항**

1. 상호 및 대표자 성명
2. 영업소 소재지 주소
3. 전화번호 및 이메일 주소
4. 사업자등록번호
5. 쇼핑몰 이용약관 : 메인 페이지에서 연결 페이지로 볼 수 있도록 해야 합니다.
6. 통신판매업 신고번호 및 교부기관: (예 : 제 동작 −12345 호)
7. 개인정보보호 책임자: 쇼핑몰의 개인정보보호 책임자의 실명과 연락처, 이메일

❶ 고객센터 정보를 입력합니다.

❷ 개인정보보호 책임자의 정보를 입력합니다.

❸ [저장] 버튼을 클릭합니다.

03 상점 도메인 설정

◎ 메뉴 : 상점관리 → 기본정보관리 → 도메인 설정

처음 쇼핑몰 호스팅에 가입하면 "쇼핑몰아이디.cafe24.com"으로 무료 도메인이 발급됩니다. 무료로 제공되는 이 도메인을 '기본 제공 도메인'이라고 합니다.

기본 제공 도메인은 cafe24.com에서 생성된 2차 도메인으로 네이버(naver)와 다음(Daum)과 같은 검색 포털에는 등록이 안 되며, 고객들이 도메인을 기억하기 어렵고, 쇼핑몰에 대한 신뢰를 주기 어려우므로 따로 구매한 도메인을 연결 도메인으로 추가하고 연결 도메인 중에 쇼핑몰에서 대표로 사용할 도메인을 '대표 도메인'으로 지정합니다.

❶ 연결 도메인을 추가하려면 도메인 설정 화면에서 [도메인 연결] 버튼을 클릭합니다.

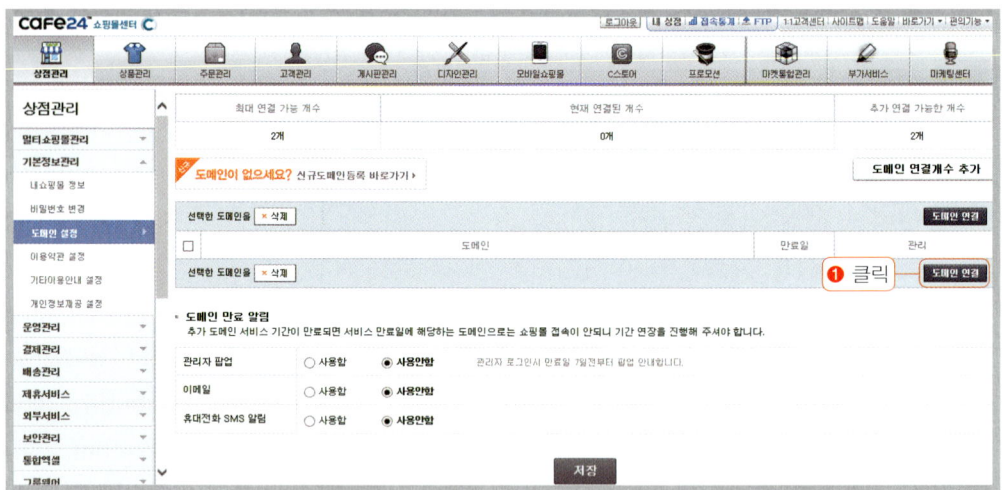

❷ 도메인 연결 창에서 연결 도메인 입력(필수) 후에 [연결하기] 버튼을 클릭합니다.

연결 도메인은 멀티 쇼핑몰 1개당 무료로 2개까지 연결 가능합니다. (예: abcabcabc.com, abcabcabc.co.kr) 만약 연결 도메인을 추가로 연결하려면 도메인 설정 화면에서 [도메인 연결개수 추가] 버튼을 클릭한 후에 부가서비스에서 연결 도메인 추가서비스를 신청/결제한 뒤에 연결해야 합니다.

❸ 연결 도메인을 삭제하려면, 기본 도메인 목록에서 삭제할 도메인을 선택한 후에 [삭제] 버튼을 클릭합니다.

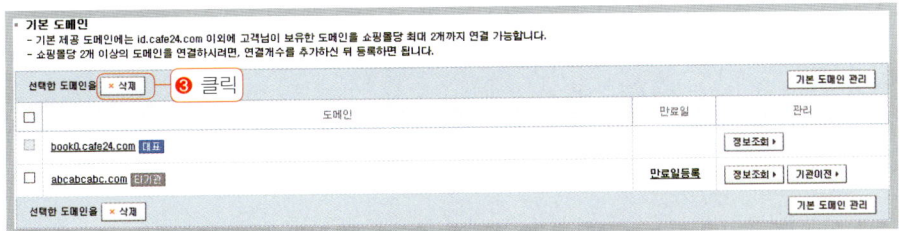

❹ 대표 도메인 지정을 하려면, [대표도메인 변경] 버튼을 클릭합니다.

❺ 대표 도메인 설정 창에서 대표 도메인으로 정하려는 도메인의 라디오버튼을 클릭하여 선택한 뒤에 [저장] 버튼을 클릭하면 대표 도메인이 변경됩니다.

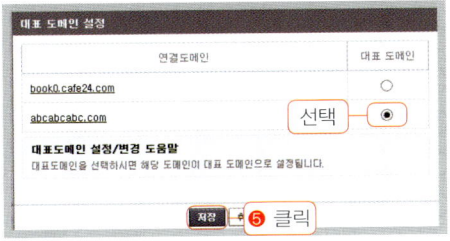

TIP   대표 도메인은 쇼핑몰을 대표하는 도메인이므로 대표 도메인은 삭제되지 않습니다.

❻ 도메인의 [정보조회] 버튼을 클릭하면 다음과 같은 내용의 도메인 정보를 확인할 수 있습니다.

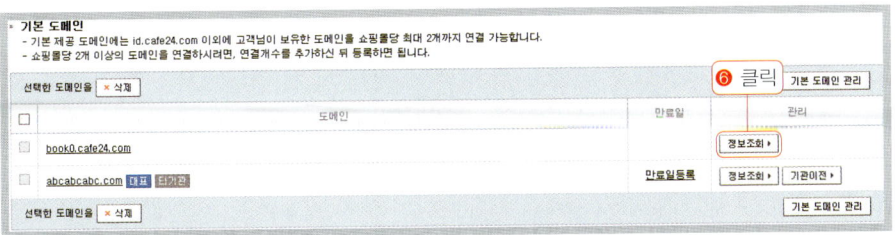

❼ 도메인 만료일을 확인합니다.

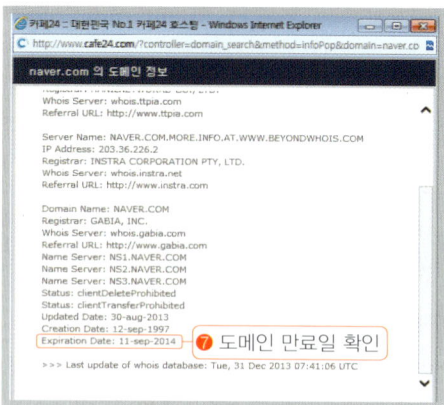

❽ 타기관 도메인 만료일 등록/업데이트 창에서 만료일을 설정하고 [저장] 버튼을 클릭합니다. 도메인의 만료일을 설정해 놓으면 도메인 기간 연장일을 잊지 않고 편리하게 확인할 수 있습니다. WHOIS 검색을 통해 만료일을 조회 후 만료일을 등록합니다. 연장 시에도 반드시 만료일을 수정해 주어야 합니다.

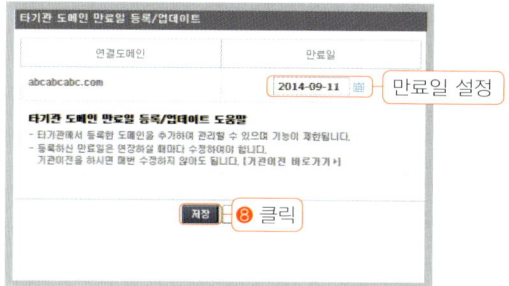

❾ 도메인 만료 알림 영역에서 [저장] 버튼을 클릭하면 설정이 완료됩니다.

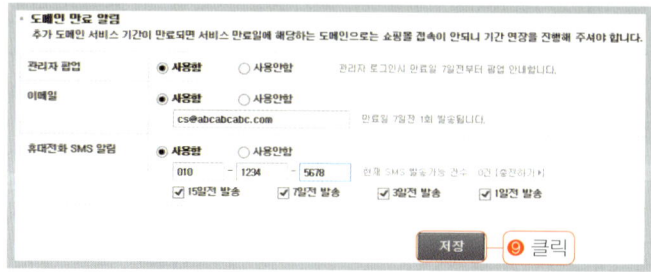

도메인 만료일을 등록하고 도메인 만료일 안내 메뉴를 체크해 두면 관리자 팝업, 이메일, 휴대전화 SMS 알림을 통해서 도메인 만료일을 안내해 드립니다. 도메인 만료 안내를 받은 후에는 만료일 전에 도메인 사용 기한을 연장하면 됩니다.

04 상점 운영방식 설정

◎ 메뉴 : 상점관리 → 운영관리 → 운영방식 설정

상점 운영방식은 고객이 쇼핑몰을 이용하는데 따른 권한을 설정하기 때문에 운영자가 아닌 고객의 입장에서 검토하는 것이 좋습니다. 쇼핑몰을 이용하는데 절차가 까다롭거나 번거롭게 느낀다면 고객들에게 거부감을 줄 수도 있기 때문입니다.

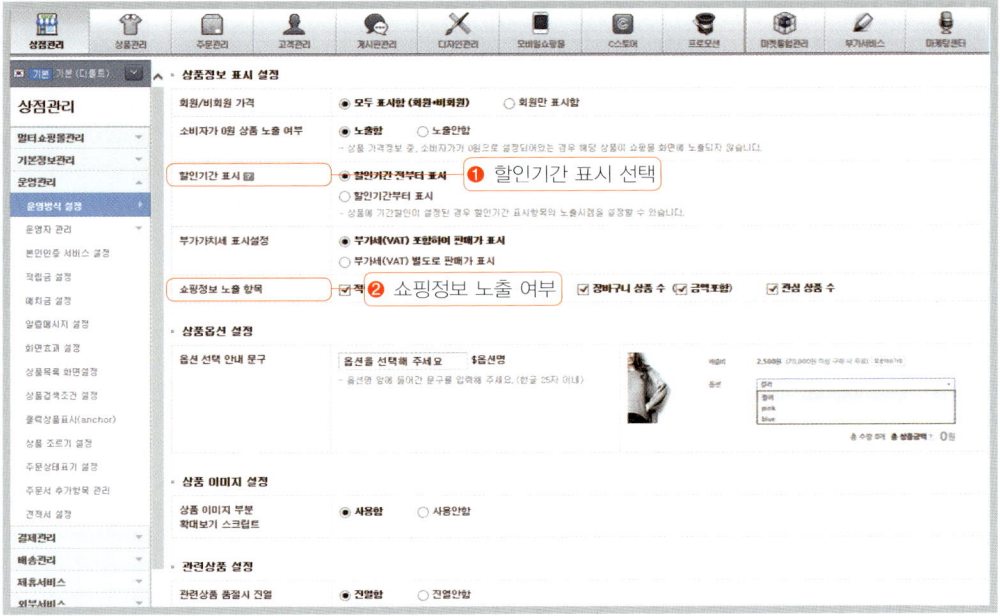

❶ 할인기간 표시 : 상품에 기간 할인을 설정하는 경우 할인기간과 노출시점을 설정할 수 있습니다. 할인기간 설정은 메뉴 [프로모션 〉 고객 혜택관리]에서 할 수 있습니다.

❷ 쇼핑정보 노출 항목 : 쇼핑몰에 로그인한 후에 쇼핑몰 상단에 노출되는 고객 쇼핑정보에 대한 노출 여부를 설정합니다.

③ **장바구니 저장 기간설정** : 장바구니에 상품을 보관하는 기간을 설정합니다. 최대 30일 동안 가능하며, 별도 기간을 설정하지 않으면 기본적으로 7일간 보관됩니다.

④ **미입금 주문 자동취소** : 무통장 주문 후 설정한 기간까지 입금이 안 되는 경우 주문이 자동 취소되도록 설정합니다.

⑤ **배송완료 자동체크** : 배송 시작 후 배송완료 자동처리 기간을 설정합니다. 단 실제 배송과 차이가 발생할 수 있어 충분히 고려해서 설정해야 합니다. 예를 들어 배송완료 시작을 1일 후로 체크한 경우 3월 2일에 배송 시작을 체크하게 되면 3월 3일에 배송완료로 자동 체크 됩니다.

⑥ [저장] 버튼을 클릭하면 운영방식 설정이 완료됩니다.

05 적립금 설정

◎ 메뉴 : 상점관리 → 운영관리 → 적립금 설정

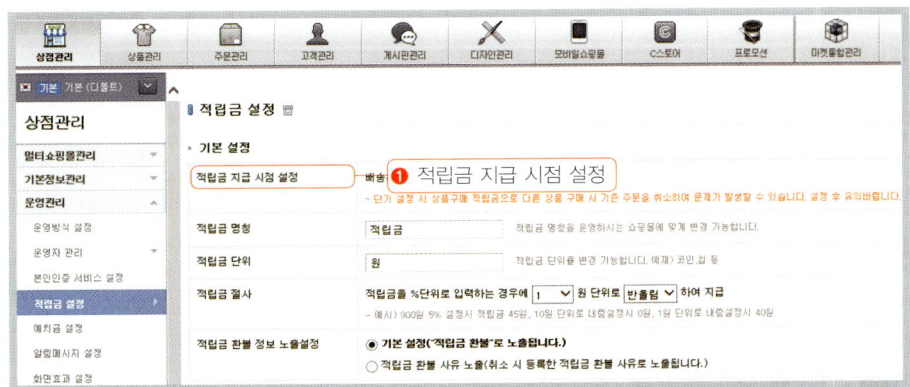

❶ 적립금 지급 시점 설정 : 상품을 구매할 때 발생하는 적립금의 지급 시점을 배송이 완료된 뒤에 일정 기간(즉시 지급, 익일, 3일 후, 7일 후, 14일 후, 20일 후)으로 설정합니다.

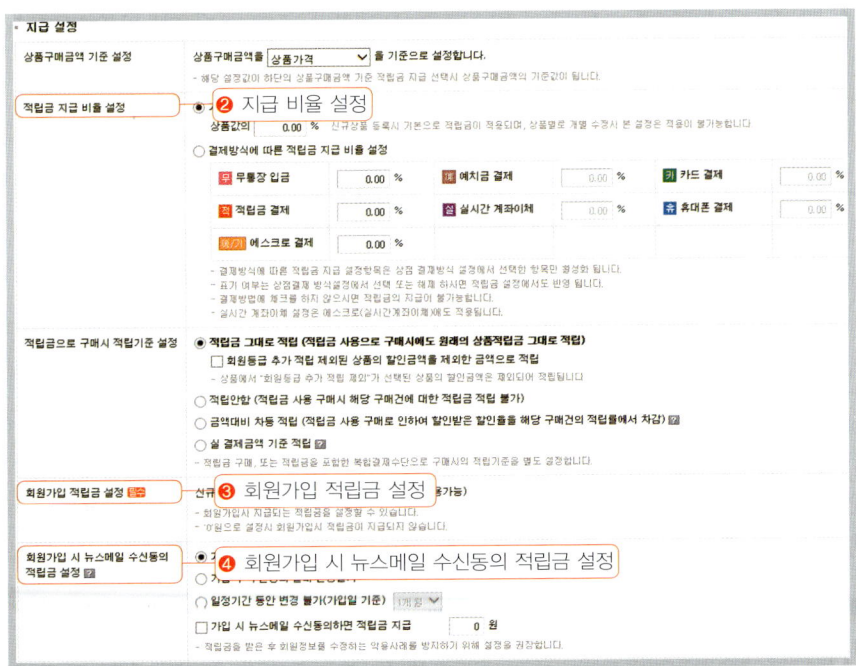

❷ 적립금 지급 비율 설정 : 상품을 새로 등록할 때 기본으로 설정되는 적립금의 비율을 백분율 (%)로 설정합니다. 특히 무통장 입금, 카드 결제, 휴대전화 결제 등 상품을 구매할 때 결제방식에 따라 적립금 지급액을 백분율(%)로 설정할 수도 있습니다. [결제방식 설정]에서

해당 결제 방법에 체크하지 않으면 적립금이 지급되지 않습니다.

❸ **회원가입 적립금 설정** : 신규 회원가입 시 지급되는 적립금을 설정합니다.

❹ **회원가입 시 뉴스메일 수신동의 적립금 설정** : 회원가입 적립금과는 별도로 뉴스 메일 수신동의 시 지급하는 적립금을 설정합니다. '수신동의 해지 제한설정'을 통해 수신동의 후 적립금을 받으면 특정 기간 수신 거부로 바꾸는 설정을 변경하지 못하도록 할 수 있습니다.

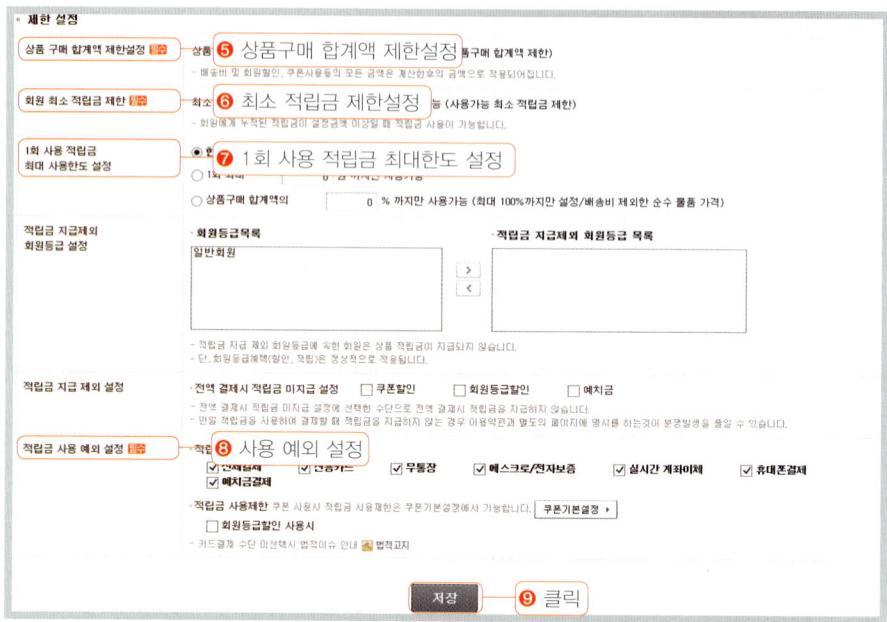

❺ **상품 구매 합계액 제한 설정** : 상품 구매금액이 일정 금액 이상인 경우에만 적립금을 사용할 수 있도록 설정합니다.

❻ **회원 최소 적립금 제한** : 회원이 모은 일정금액 이상이 되었을 때만 적립금을 사용할 수 있도록 설정합니다.

❼ **1회 사용 적립금 최대 사용한도 설정** : 회원이 적립금을 사용할 때 1회 최대 사용한도를 설정합니다. 최대금액을 설정할 수도 있고, 상품 구매 합계액의 몇 퍼센트까지 사용할 수 있는지 설정할 수도 있습니다. (단, 설정된 금액은 배송비를 제외한 순수 상품 가격을 기준으로 계산합니다.) 한도 제한 없음인 경우에는 사용제한이 없습니다.

❽ **적립금 사용 예외 설정** : 결제 수단에 따라 적립금 사용 여부를 설정합니다.

❾ [저장] 버튼을 누르면 설정이 완료됩니다.

06 상점 결제방식 설정

◎ 메뉴 : 상점관리 → 결제관리 → 결제방식 설정

상점 결제 방식은 고객들이 상품 구매를 위한 비용을 지불하는 방법을 제공하는 것입니다. 다양한 결제 서비스를 제공하여 고객들에게 믿을 수 있는 쇼핑몰이라는 인식을 주는 것이 좋습니다. 쇼핑몰에서 기본적인 결제 수단은 무통장 입금, 카드 결제, 실시간 계좌이체, 휴대폰 결제 등이 있습니다. 이 같은 결제 수단은 해당 서비스 업체와 별도 계약을 통해 내 쇼핑몰과 연동하면 됩니다.

❶ **결제수단 선택** : 쇼핑몰에서 제공할 결제수단을 선택합니다. 결제 서비스를 사전에 신청하지 않으면 선택할 수 없습니다. 쇼핑몰에서 결제수단 노출 순서를 설정할 수도 있습니다.

❷ **결제수단 표시 순서 변경** : 쇼핑몰 주문서 작성 화면에서 노출되는 결제수단 표시 순서를 설정합니다.

❸ **매매보호서비스 사용 설정** : 매매보호 서비스는 소비자 보호 제도로서 통신판매사업자는 매매보호 서비스에 반드시 가입하고, 해당 로고를 쇼핑몰에 부착해야 합니다. 이를 위반하면 법적 제재를 받을 수 있습니다.

2013년 11월29일부터 개정된 소비자보호법에 따라 모든 구매금액에 대해 매매보호서비스를 적용해야 합니다.

현재 사용 중인 모든 PG(Payment Gateway)사의 구매 안전 서비스 배너를 쇼핑몰 화면에 표시해야 합니다.

❹ **최소결제 가능금액 설정** : 최소결제 가능금액 설정은 고객이 설정된 금액보다 적게 주문했을 때 주문이 되지 않도록 하는 기능입니다. 제한을 두지 않으면 '0'으로 설정되며, 주문 금액을 계산할 때 배송료와 카드 수수료는 포함되지 않습니다.

❺ **무통장 입금은행 바로가기 노출** : 고객이 무통장 입금으로 결제할 때 선택한 입금 은행으로 바로 갈 수 있는 [인터넷뱅킹 바로가기] 버튼이 결제 페이지, 주문완료 페이지, 주문 상세 페이지에서 노출되도록 설정합니다.

❻ [저장] 버튼을 클릭하면 설정이 완료됩니다.

07 무통장입금 계좌설정

◎ 메뉴 : 상점관리 → 결제관리 → 무통장입금 계좌설정

무통장입금 계좌설정은 본인 확인이 필요합니다. 이메일 인증이나 휴대전화 인증이 완료된 후에 해당 메뉴가 뜹니다.

❶ 인증 수단 : 이메일 인증과 휴대전화 인증 중에 선택합니다.

❷ [본인확인받기] 버튼을 클릭합니다.

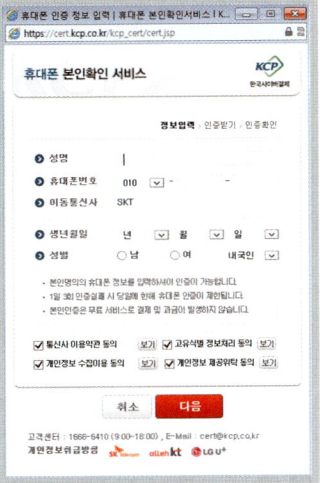

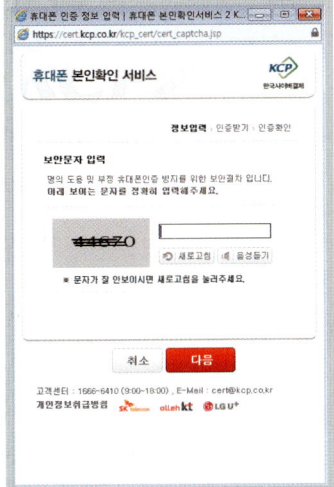

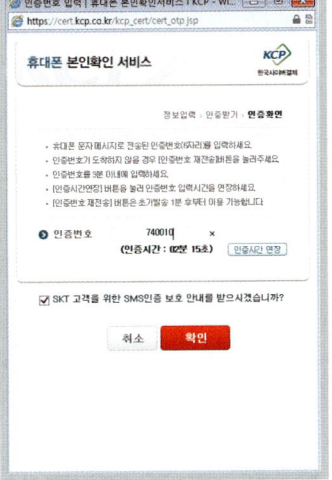

안내에 따라 휴대폰 본인 확인 서비스를 완료하면, 무통장입금 계좌 설정 화면이 나타납니다.

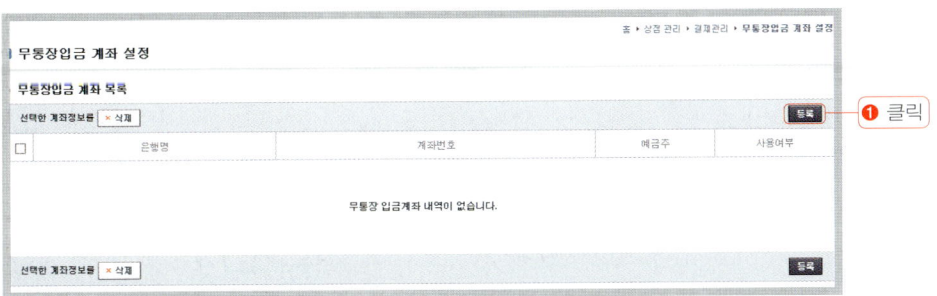

❶ [등록] 버튼을 클릭하면 입금계좌 등록 화면이 표시됩니다.

❷ 은행명을 선택합니다.
❸ 계좌번호를 입력합니다.
❹ 예금주를 입력합니다.
❺ 사용여부를 '사용함'으로 선택합니다.
❻ [저장] 버튼을 클릭하면 다음과 같이 무통장입금 계좌 설정이 완료됩니다.

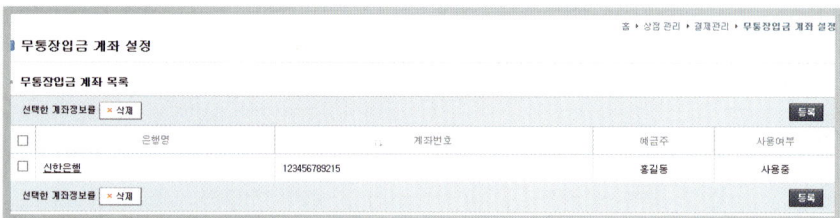

08 배송업체 관리

◎ 메뉴 : 상점관리 → 배송관리 → 배송업체 관리

택배사와 계약 후에 배송업체를 등록합니다.

❶ 배송업체 관리에서 [배송업체 추가] 버튼을 클릭합니다.

❷ 배송업체명을 선택합니다.
❸ 대표 연락처를 입력합니다.
❹ 기본 배송비를 입력합니다.
❺ [저장] 버튼을 클릭하면 다음 그림과 같이 배송업체 등록이 완료됩니다.

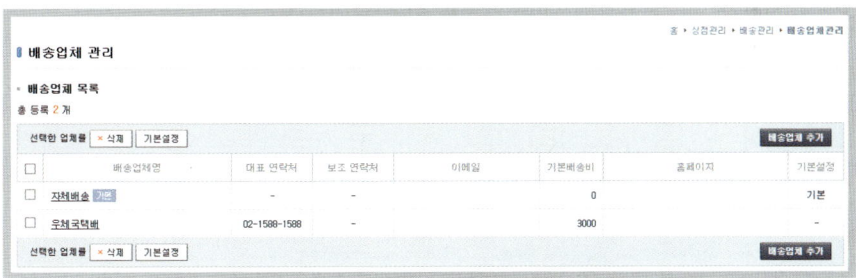

등록된 배송업체 중에서 특정 업체를 기본 배송업체로 지정할 수 있습니다.

❻ 배송업체 목록에서 주문 상품을 배송할 때 기본으로 설정되는 배송업체로 지정하려면 해당 배송업체의 체크박스를 체크합니다.
❼ [기본설정] 버튼을 클릭하면 기본 배송업체로 설정됩니다.

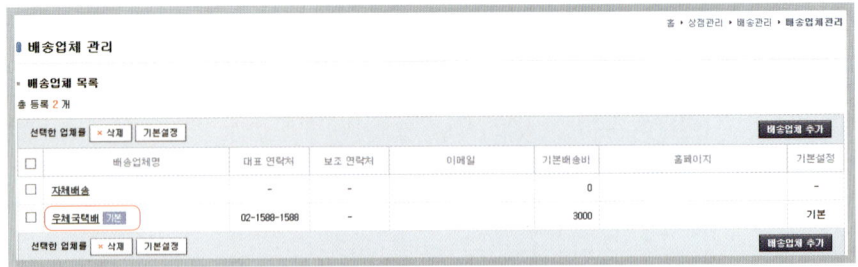

예에서는 '우체국택배'가 기본 배송업체로 지정 완료되었습니다.

09 배송/반품 설정

◎ 메뉴 : 상점관리 → 배송관리 → 배송/반품 설정

❶ 배송방법을 택배로 설정합니다.

❷ 배송지역은 전국으로 합니다.

❸ 배송기간을 입력합니다.

❹ 배송비를 설정합니다. 다음과 같은 배송비 부과 기준 중에서 선택합니다.

 • 구매 금액에 따른 부과

   예) 구매 금액 50,000원 미만일 때 배송비 3,000원을 추가합니다.

 • 배송비 무료

 • 구매 금액별 차등 배송료 사용

 • 상품 무게별 차등 배송료 사용

 • 상품 수량별 차등 배송료 사용

 • 상품 수량에 비례하여 배송료 부과

❺ 반품 주소를 입력합니다.

❻ [저장] 버튼을 클릭하면 배송/반품 설정이 완료됩니다.

Note **멀티쇼핑몰의 표시 언어 설정**

상점관리에 관한 내용을 언어별로 따로 설정할 경우는 기본(디폴트)언어를 영문몰로 전환한 후에 상점관리 페이지에서 내용을 수정하면 해당 언어로 따로 설정됩니다.

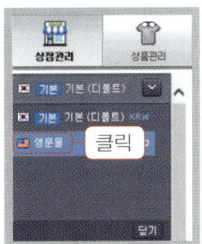

영문몰에서 이용약관 설정 페이지로 이동해본 결과 영문으로 내용이 입력된 것을 볼 수 있습니다.

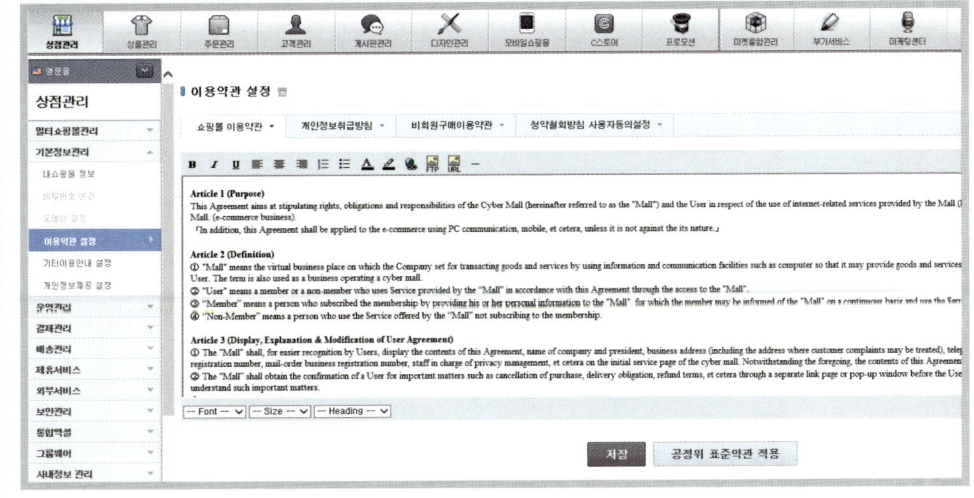

상품관리

상품관리 메뉴를 통해 쇼핑몰 창업자의 상품을 등록하고 관리할 수 있으며 옵션 및 상품에 관련된 다양한 기능을 제공합니다.

01 상품관리 홈

상품관리에서는 상품 분류를 관리하고, 상품 옵션 등록 및 옵션 세트를 등록 관리합니다. 상품을 등록하고 상품의 진열 관리, 재고 관리, 표시 관리를 할 수 있습니다.

02 상품 대분류 등록

상품 분류를 등록할 때 의류/패션 관련 업종은 대분류 아래에 바로 개별 상품을 등록하는 경우가 많습니다.

◎ 메뉴 : 상품관리 → 상품분류관리 → 분류관리

❶ [대분류 추가] 버튼을 클릭합니다.

❷ 상품 분류명을 입력합니다. (예: Shoes)

연습 예제 :

• 대상 상품을 여성 의류(상품 중심)라고 생각하고 다음의 분류를 등록해 보세요.

상의, 아웃 웨어, 드레스, 팬츠, 스커트, 가방, 슈즈, 액세서리, 시계, 개인결제, 세일

• 멀티 샵(브랜드 중심)이라고 생각하고 다음의 분류를 등록해 보세요.

나이키, 아디다스, 폴로, 뱅크, 디키즈, 기획전

TIP

상품 등록이 먼저인가 쇼핑몰 디자인이 먼저인가?

필자의 견해로는 상품 등록이 먼저라고 생각합니다. 상품을 등록하여 메인 화면에 배치해 보면 대략적인 쇼핑몰의 컨셉이 정해집니다. 그 컨셉에 따라 쇼핑몰 디자인을 기획하는 것이 좋습니다. 예를 들어 고가 위주의 여성 오피스 정장이라면 그에 따라 무채색의 고급스러운 디자인을 기획해야 하고, 유아동복 사이트라면 노랑, 연두색 디자인으로 유쾌하게 꾸며야 할 것입니다.

---

03 상품 하위분류 등록

카페24 쇼핑몰 솔루션은 대분류, 중분류, 소분류, 상세 분류의 4단 분류 방식까지 지원합니다. 가전, 컴퓨터와 같은 상품들은 최대 4단계까지의 분류를 사용하여 상품을 등록하는 것이 좋습니다.

◎ 메뉴 : 상품관리 → 상품분류관리 → 분류관리

❶ 하위분류를 생성하고자 하는 상위분류 옆에 표시된 ➕ 버튼을 클릭합니다.(예: Shoes)

❷ 하위분류 생성 행에 하위분류명을 입력합니다. (예: heels)

연습 예제 :

가전 쇼핑몰(상품중심)을 대상으로 다음의 분류를 등록해 보세요.
- 대분류 : 계절 가전, 생활 가전, 주방 가전
- 중분류 : 계절 가전 → 가습기, 선풍기

　　　　　　 생활 가전 → 세탁기, 청소기

　　　　　　 주방 가전 → 냉장고, 전기밥솥

04 상품 옵션 관리

◎ 메뉴 : 상품관리 → 상품옵션관리 → 옵션관리

❶ [옵션등록] 버튼을 클릭합니다.

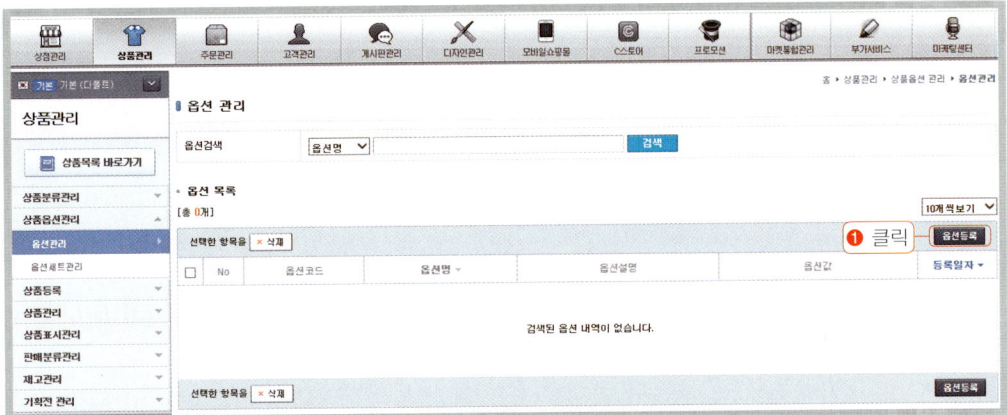

다음 그림과 같은 옵션 관리 화면이 나타납니다. 이곳에서 옵션 관리를 위한 기본정보를 입력합니다.

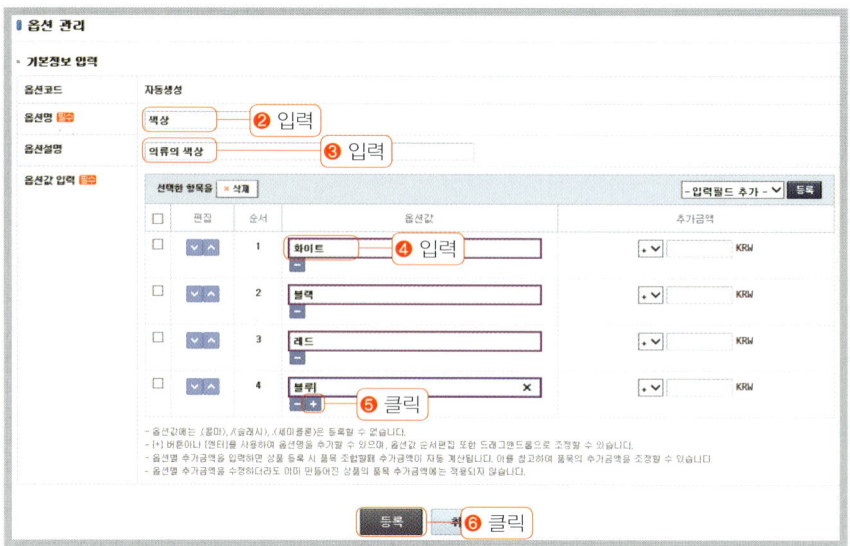

❷ 옵션명 입력합니다. (예:색상)

❸ 옵션설명을 입력합니다.

❹ 옵션값 입력 영역에 옵션 항목을 입력합니다.

❺ 옵션을 추가하기 위해 ➕ 버튼을 클릭합니다.

❻ [등록] 버튼을 클릭합니다.

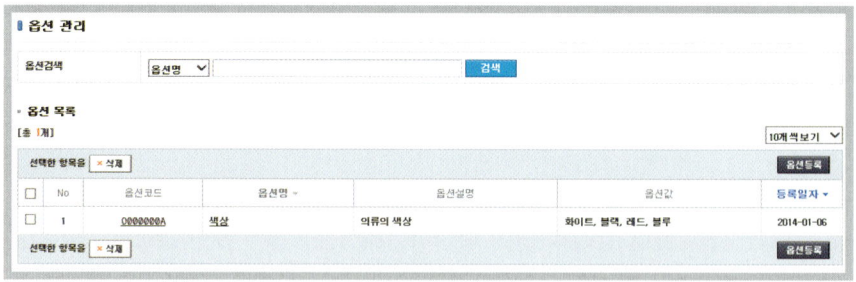

05 옵 션 세 트 관 리

자주 사용하는 옵션은 옵션 세트로 저장하여 사용하면 편리합니다.

◎ 메뉴 : 상품관리 → 상품옵션관리 → 옵션세트관리

❶ [옵션세트 등록] 버튼을 클릭합니다.

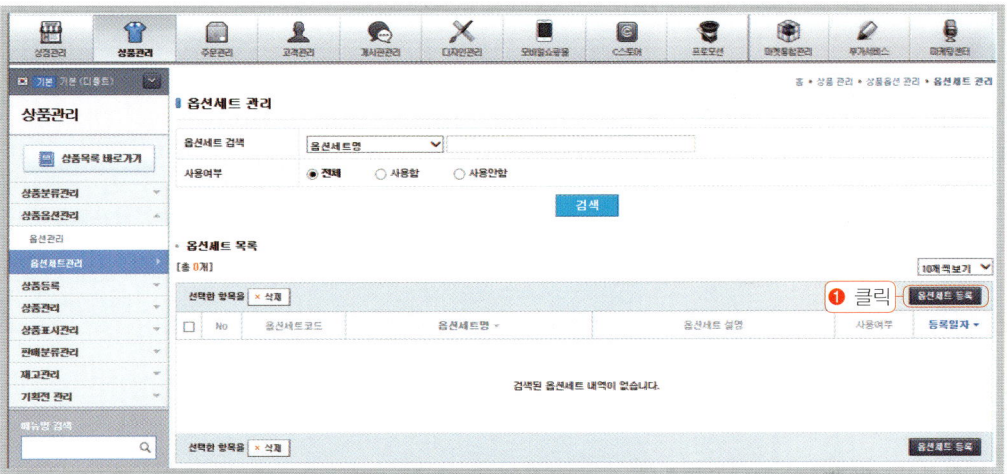

옵션세트 관리에 필요한 기본정보를 입력합니다.

❷ 옵션세트명 입력합니다. (예: 의류 색상과 사이즈)

❸ 옵션세트 설명을 입력합니다.

❹ 옵션세트 구성의 왼편에서 옵션항목을 선택하고 ❯ 버튼을 이용해서 사용할 옵션으로 등록합니다.

❺ [등록] 버튼을 클릭합니다.

TIP

상품을 등록할 때 옵션 세트를 이용하여 상품 수정하기

❶ 옵션사용에서 "사용함" 선택합니다.
❷ 품목 구성방식에서 "조합구성" 선택합니다.

조합구성(색상 3이고 사이즈 2이면 총 6개 옵션 조합으로 구성)

단독구성(색상 3이고 사이즈 2이면 총 5개 옵션 단독구성)은 옵션 값들을 조합하지 않고 옵션 하나하나가 단독 품목으로 구성되는 것을 말합니다. 단독구성은 '옵션 표시방식'에 대한 선택란이 없습니다.

❸ 옵션 표시방식에서 "분리선택형" 선택합니다.

일체선택형(옵션항목이 하나의 선택 박스에 출력)

분리선택형(옵션항목이 다수의 선택 박스에 출력)

❹ 옵션설정은 "옵션세트 불러오기"를 선택합니다.

❺ 옵션세트 불러오기에서 옵션세트 리스트 박스에서 선택합니다. (예: 의류 색상과 사이즈)

❻ 사용된 옵션에서 옵션값 중 사용할 것을 선택합니다.

❼ 일부 옵션만 사용하는 경우에 [선택한 옵션 품목추가] 버튼을 클릭합니다.

❽ 항목들의 재고관리 사용, 재고관리 등급, 수량체크 기준을 확인하고 재고수량과 안전재고 수량을 설정합니다.

❾ 품절기능: 품절기능에 체크하면 상품의 재고 수량이 0일 때, 해당 상품이 품절로 표시됩니다.

❿ [상품수정] 버튼을 클릭하면 옵션세트를 이용한 상품 수정이 완료됩니다.

TIP 분리선택형과 일체선택형의 표시 차이

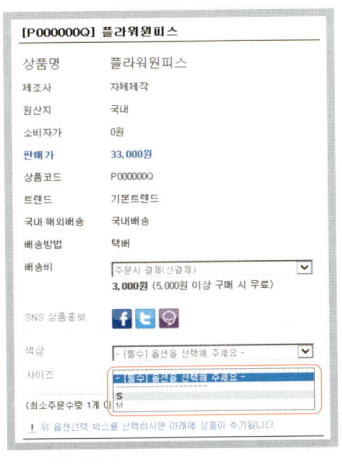

분리선택형

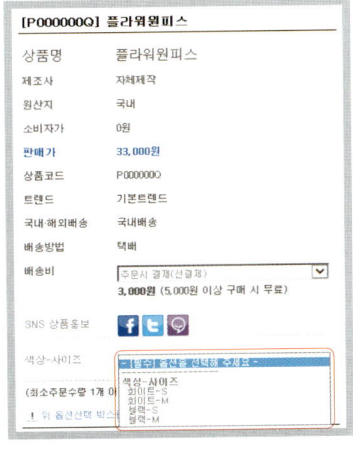

일체선택형

---

06 상품 간단 등록

상품 등록에 필요한 가장 기본적인 정보만을 입력하여 등록합니다. "필수" 표시가 된 항목은 반드시 입력해야 합니다.

◎ 메뉴 : 상품관리 → 상품등록 → 간단 등록

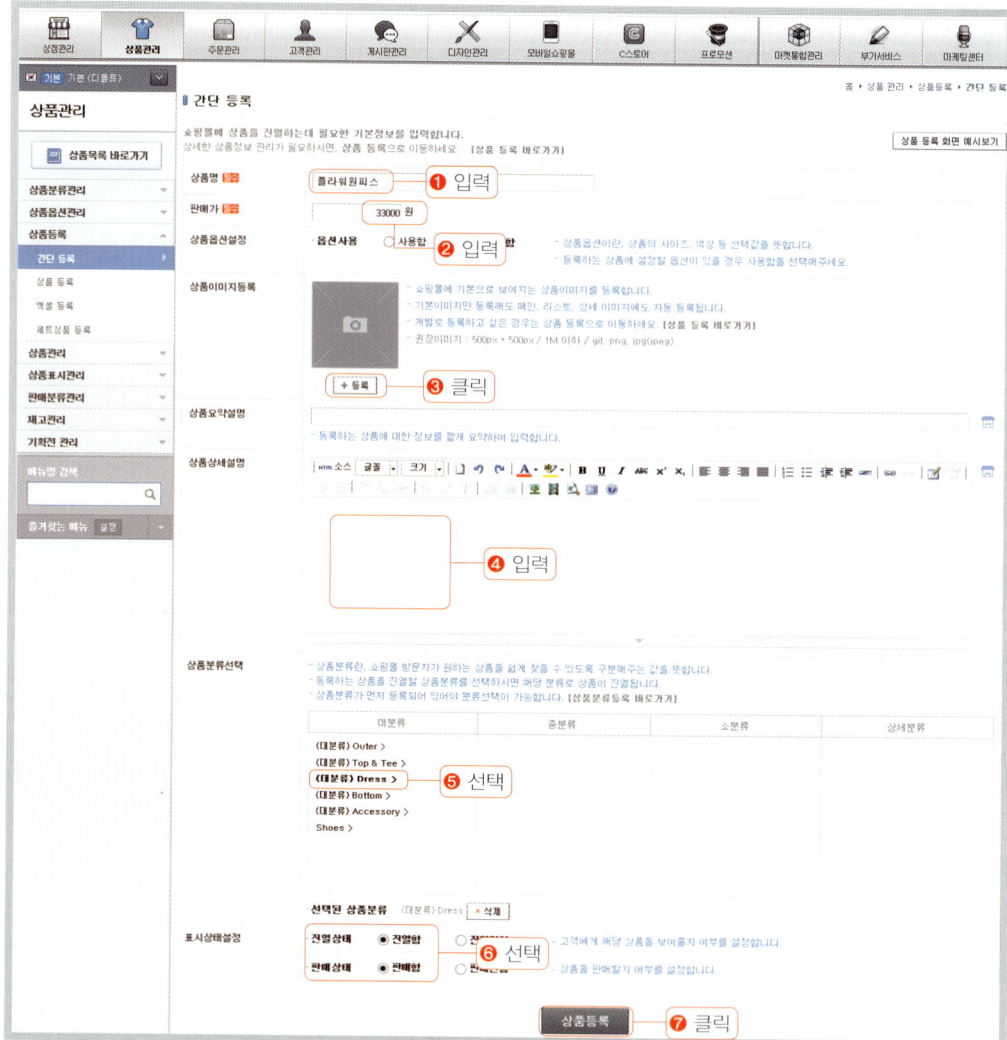

❶ 상품명에 "플라워원피스"를 입력합니다.

❷ 판매가에 33000원을 입력합니다.

❸ 상품이미지등록에서 ＋등록 버튼을 클릭하여 상품의 대표이미지를 선택하여 업로드합니다.

❹ 상품상세설명을 입력합니다.

❺ 상품분류선택에서 대분류를 선택(예: Dress)합니다.

❻ 표시상태설정에서는 진열상태를 "진열함"으로 하고, 판매상태를 "판매함"으로 선택합니다.

❼ [상품등록] 버튼을 클릭하여 상품 등록을 완료합니다.

07 상품 등록

상품 등록에서는 상품과 관련된 표시 설정, 기본 정보, 판매 정보, 옵션/재고 설정, 이미지 정보, 제작 정보, 상세이용안내, 아이콘 설정, 배송 정보, 관련 상품 등의 정보를 입력할 수 있습니다. "필수" 표시가 된 항목은 반드시 입력해야 합니다.

◎ 메뉴 : 상품관리 → 상품등록 → 상품 등록

상품 등록에서 표시 설정 정보는 다음과 같이 설정합니다.

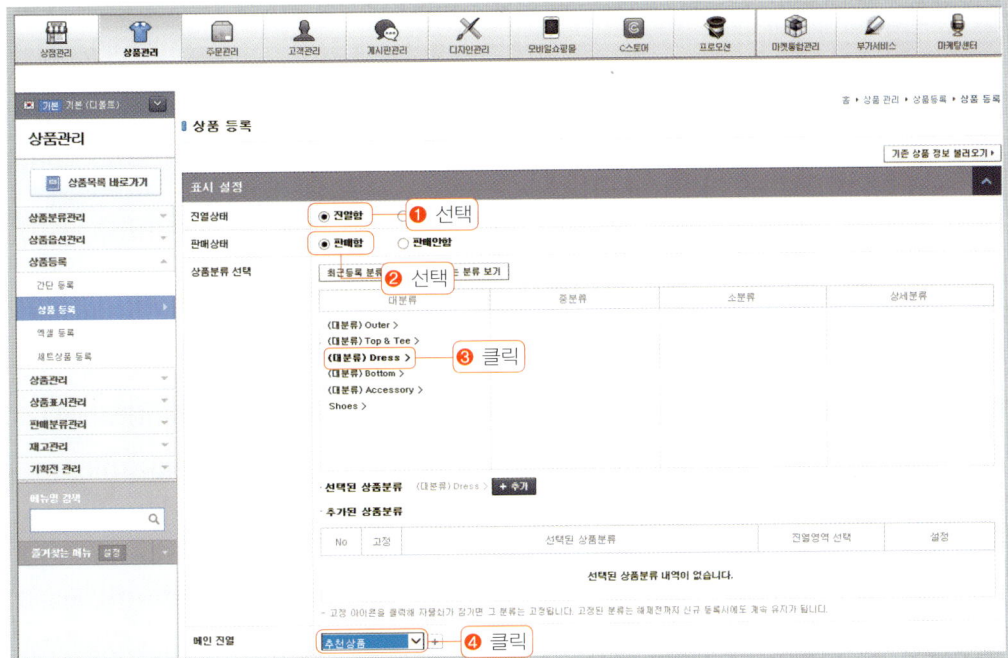

❶ 진열상태 : 고객에게 해당 상품을 보여줄지에 대한 여부를 설정합니다.
❷ 판매상태 : 진열한 상품을 판매할지에 대한 여부를 선택할 수 있습니다.
❸ 상품분류 선택 : 분류 관리에서 설정한 대분류를 선택합니다.
  최근등록 분류 : 최근 등록한 분류를 10개까지 보여줍니다.
  자주 쓰는 분류 : 자주 쓰는 분류 등록은 최대 30개까지 등록할 수 있습니다.
❹ 메인 진열 : 메인 화면의 어떤 모듈에 등록할지 설정합니다.

❶ **상품명** : 상품명을 입력합니다. 필수 항목입니다.

❷ **영문 상품명** : 영문 상품명이 있을 때 입력합니다.

❸ **모델명** : 상품의 모델군을 표현하는 기호 또는 명칭을 입력합니다. 쇼핑몰 혹은 제조사마다 특성에 맞는 규칙을 부여할 수 있습니다.

❹ **상품코드** : 자동생성

❺ **자체 상품코드** : 시스템에서 발행되는 상품코드와 별개로 운영자가 자체적으로 직접 등록하는 상품코드를 말합니다. 형식에 제약은 없으며 [중복확인] 버튼을 눌러 중복 여부를 체크할 수 있습니다.

❻ **상품상태** : 상품상태를 설정합니다. 신상품, 중고상품, 반품/재고/진열 상품으로 선택할 수 있습니다.

❼ **상품 요약설명** : 등록하는 상품에 대한 정보를 짧게 요약하여 입력합니다. 등록한 요약설명은 [상품 정보표시 설정]에서 '상품 요약설명'을 '표시함'으로 설정하면 쇼핑몰 화면에도 해당 정보를 표시할 수 있습니다.

❽ **상품 간략설명** : 등록하는 상품에 대한 정보를 추가적으로 입력할 수 있습니다. [상품정보 표시 설정]에서 '상품 간략설명'을 '표시함'으로 설정하면 쇼핑몰 화면에서도 해당 정보를 표시할 수 있습니다.

❾ **상품 상세설명** : 상품에 대한 상세 설명을 입력합니다.

❿ **모바일 상품 상세설명** : 모바일 쇼핑몰 상품에 대한 상세 설명을 입력합니다.

상품 등록에서 판매 정보는 다음과 같이 설정합니다.

❶ **소비자가** : 소비자가를 입력합니다.

❷ **공급가** : 상품을 구입할 때 지급한 금액을 입력합니다. 소비자에게는 노출되지 않습니다.

❸ **과세구분** : 판매하려는 상품의 과세를 구분하여 설정합니다. 일반적으로 부가가치세 과세로 '과세상품', '10%'를 설정합니다.

❹ **판매가** : 쇼핑몰에서 실질적으로 거래될 상품 금액을 입력합니다.

❺ **판매가 대체문구** : 판매가 대체문구는 판매가에 판매가가 아닌 대체문구를 표시해주는 기능으로, 해당 기능을 사용하면 상품 주문이 되지 않습니다.

❻ **최소 주문수량** : 쇼핑몰 고객이 주문할 수 있는 최소 주문수량을 설정할 수 있습니다.

❼ **최대 주문수량** : 쇼핑몰 고객이 주문할 수 있는 최대 주문수량을 설정할 수 있습니다.

❽ **적립금** : 소비자가 상품을 구매할 때 부여할 적립금에 대하여 설정할 수 있습니다.

상품 등록에서 옵션/재고 설정은 다음과 같습니다

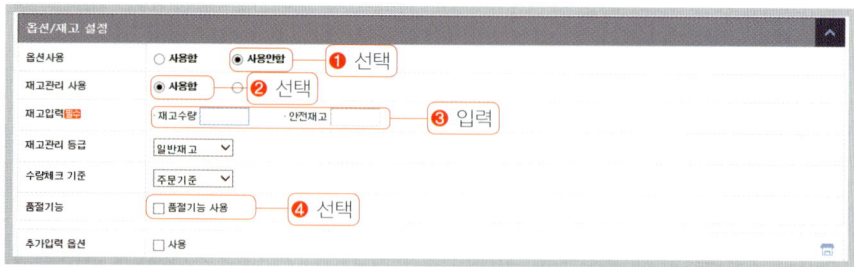

❶ **옵션사용** : '사용안함'으로 선택합니다.
❷ **재고관리 사용** : '사용함'으로 선택합니다.
❸ **재고입력** : 재고수량과 안전재고수량을 입력합니다.
❹ **품절기능** : 품절기능을 사용하도록 설정합니다.

상품 등록에서 이미지 정보는 다음과 같이 등록합니다.

❶ **대표이미지등록** : 대표 이미지를 등록할 때 상세, 분류, 메인 이미지에 동일한 이미지가 자동 리사이징(resizing)되어 들어갑니다.
❷ `+등록` 버튼을 클릭하면 상품 이미지 파일을 첨부할 수 있습니다.
❸ 제작 정보, 상세이용안내, 아이콘 설정, 배송 정보, 관련 상품을 등록할 수 있습니다.
❹ [상품등록] 버튼을 클릭하면 상품 등록이 완료됩니다.

08 엑셀 등록

엑셀을 이용하여 상품 목록을 관리할 수 있도록 엑셀 파일을 다운로드하거나 업로드할 수 있습니다.

◎ 메뉴 : 상품관리 → 상품등록 → 엑셀 등록

❶ [양식 다운로드] 버튼을 클릭하여 양식 파일을 저장합니다. 다운로드된 '.csv' 파일을 엑셀에서 열어 양식을 확인합니다.

❷ 양식에 맞추어서 상품 목록을 작성한 뒤에 [찾아보기] 버튼을 클릭해서 작성된 파일을 업로드하여 등록합니다.

❸ [엑셀 업로드] 버튼을 클릭합니다.

'상품엑셀 업로드 결과' 화면에 업로드된 결과가 표시됩니다. (3개 성공)

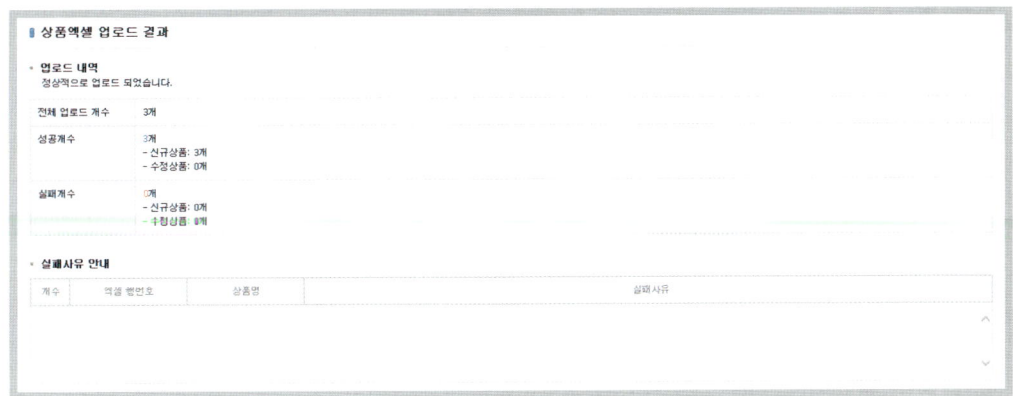

09 상품 목록

등록된 상품 목록을 확인하고 상품 정보를 수정할 수 있습니다.

◎ 메뉴 : 상품관리 → 상품관리 → 상품목록

❶ [상품등록] 버튼을 클릭하여 상품을 등록할 수 있습니다.

❷ 검색분류, 상품분류, 상품등록일 및 진열/판매상태의 검색 조건을 입력하고 [검색] 버튼을 누르면 조건에 따른 상품이 검색됩니다.

❸ 표시된 상품 목록에서 상품을 선택하여 진열함, 진열안함, 판매함, 판매안함을 설정할 수 있습니다.

❹ 분류 수정 : 새롭게 상품 분류를 적용하고 싶은 경우 [분류수정] 버튼을 눌러 변경할 상품 분류를 설정합니다.

❺ 복사 : 기존에 등록된 상품 정보를 그대로 사용하여 신규 상품으로 등록하고 싶은 경우, [복사] 버튼을 눌러 상품을 생성할 수 있습니다. 상품 정보만 복사하는 것으로 상품코드는 신규로 생성됩니다.

❻ 삭제 : 등록된 상품을 선택 삭제할 수 있습니다. 삭제된 상품은 삭제 상품 목록으로 이동됩니다. (상품 삭제 시 외부 마켓 연동 정보와 고객혜택관리 정보는 삭제되어 상품을 복구해도 해당 정보들은 복구되지 않습니다.)

❼ 상품코드 또는 상품명을 클릭하면 '상품 수정' 팝업이 표시됩니다.

❽ 상단 메뉴를 클릭하면 각 상품정보를 수정할 수 있는 화면으로 이동합니다.

❾ 상품 정보를 수정한 후 [상품수정] 버튼을 눌러 변경된 내용을 저장합니다.

10 상품정보 일괄변경

등록된 상품의 정보를 한꺼번에 수정합니다.

◎ 메뉴 : 상품관리 → 상품관리 → 상품정보 일괄변경

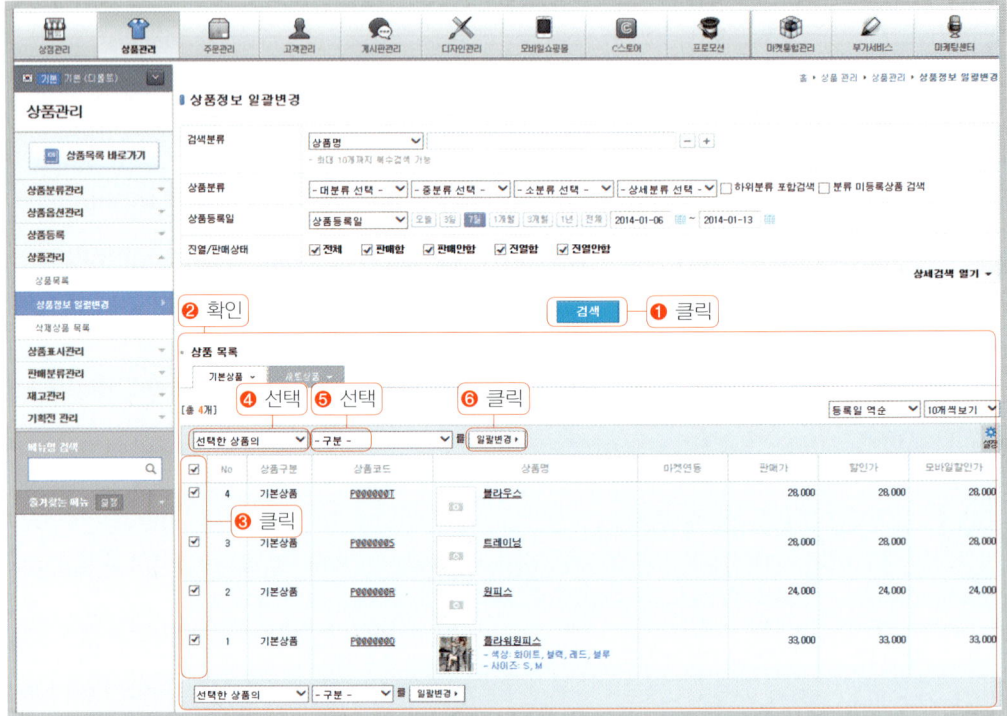

❶ 상품정보의 변경을 원하는 상품을 검색합니다.

❷ 검색된 상품의 목록을 확인합니다.

❸ 정보를 변경할 상품을 클릭하여 선택합니다. (일부 상품만 변경 시)

❹ '선택한 상품' 또는 '검색된 전체상품'을 선택하여 일괄 설정을 할 수 있습니다.

❺ 일괄 변경할 상품정보를 선택합니다.

❻ 변경할 상품 범위와 일괄 변경할 상품정보를 선택하여 [일괄변경] 버튼을 누릅니다.

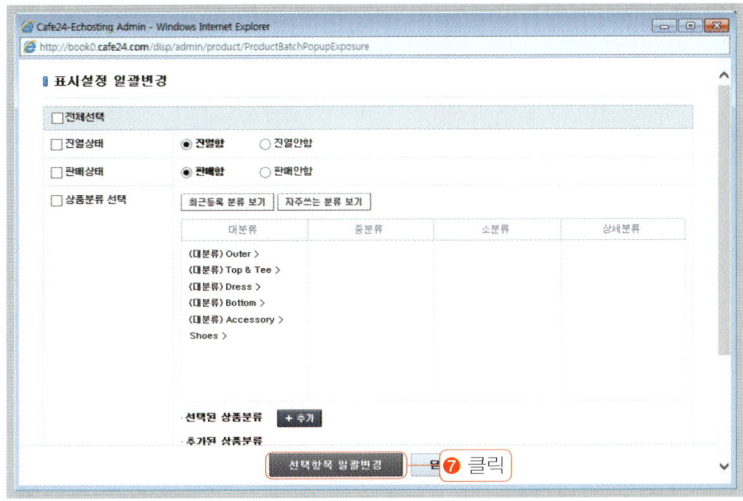

❼ 표시설정 일괄변경 창에서 표시 설정 항목을 변경한 뒤에 [선택항목 일괄변경] 버튼을 클릭하면 상품 정보가 한꺼번에 변경 처리됩니다.

11 상품 진열관리

상품의 메인 진열, 상품분류 진열 등을 설정할 수 있습니다.

◎ 메뉴 : 상품관리 → 상품표시관리 → 상품 진열관리

(1) 상품 메인진열 추가

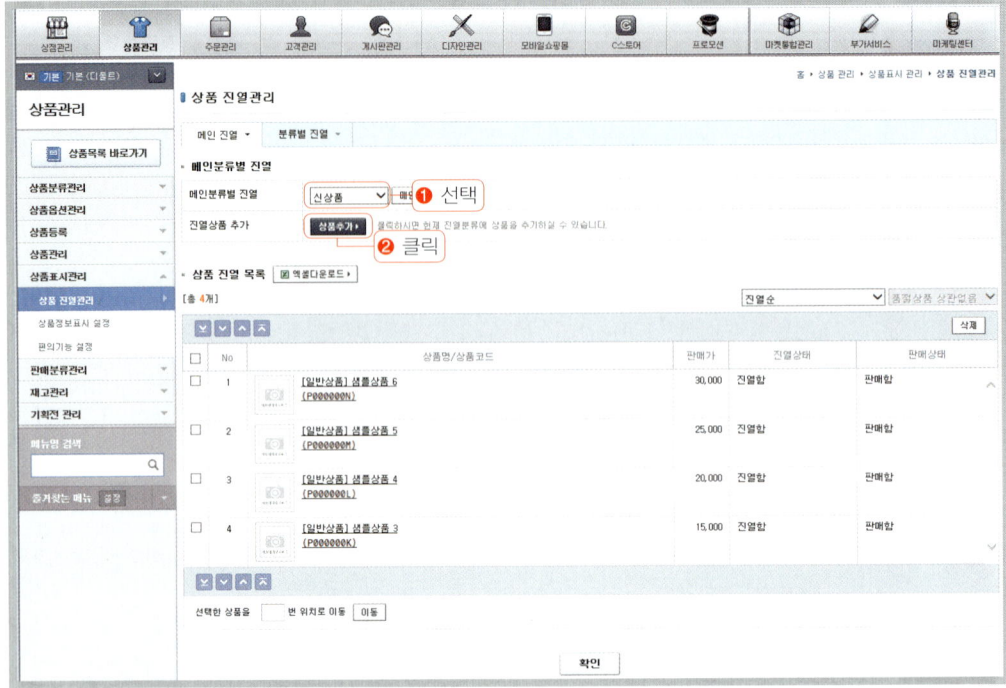

❶ 메인분류별 진열에서 '신상품'으로 할 것인지 또는 '추천 상품'으로 할 것인지 메인 분류를 선택합니다.

❷ 진열상품 추가에서 [상품추가] 버튼을 클릭하면 '상품 추가' 팝업이 나타납니다.

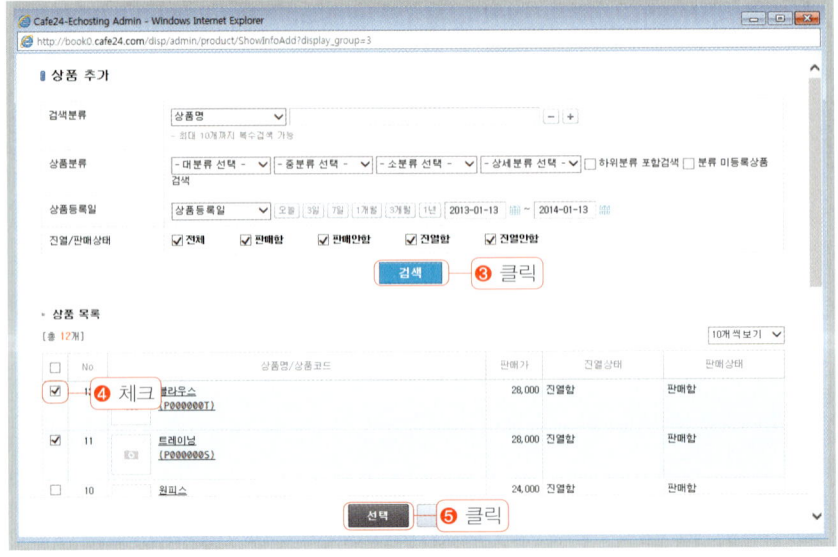

❸ 검색 조건을 입력한 후에 [검색] 버튼을 클릭합니다.

❹ 상품 목록에서 추가할 상품을 체크합니다.

❺ [선택] 버튼을 클릭하면 메인 진열에 추가됩니다.

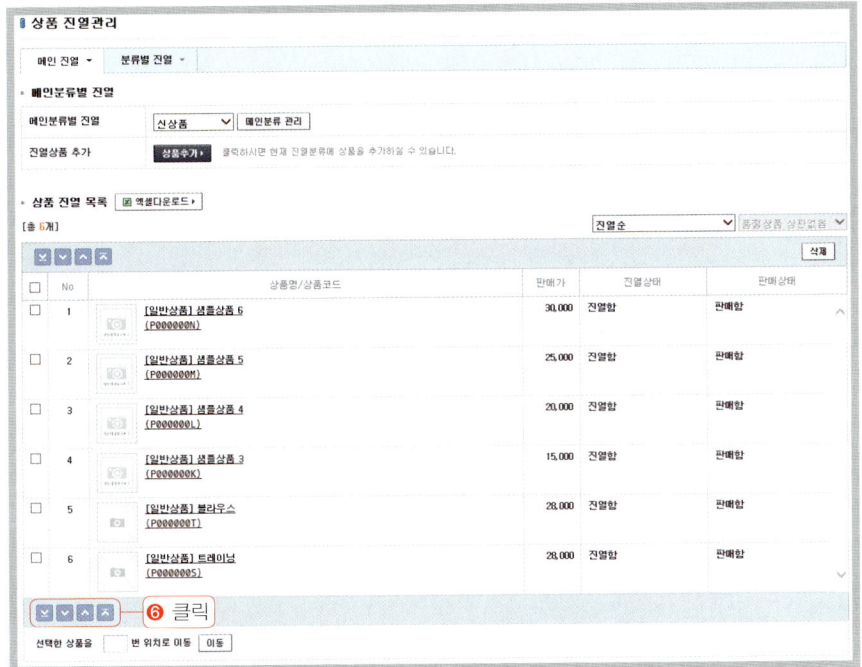

❻ 상품 선택 후에 화살표(▾▾▴▴)를 이용해서 진열 순서를 조정할 수 있습니다.

(2) 상품분류 진열

❶ [분류별 진열] 탭을 선택합니다.

❷ 상품분류 진열과 상세 상품분류 등 검색 조건을 입력하고 [검색] 버튼을 클릭합니다.

❸ 해당 분류가 자동분류일 때는 자동정렬로 표시되며, [진열방식 수정하기] 링크를 클릭하
여 상품의 진열 방식을 수정할 수 있습니다.

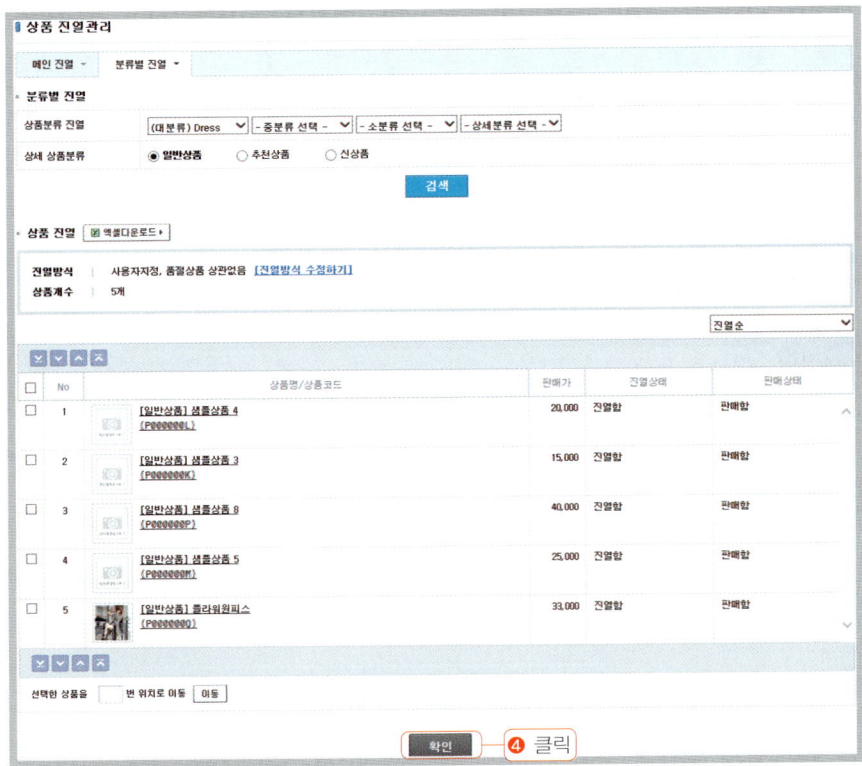

❹ 사용자 지정 방식인 경우는 화살표(⌄⌄⌃⌃)를 이용하여 진열 순서를 수정하고 [확인] 버튼을 클릭하면 됩니다.

12 편의기능 설정

상품 표시에 대한 편의기능 설정을 할 수 있습니다.

◎ 메뉴 : 상품관리 → 상품표시관리 → 편의기능 설정

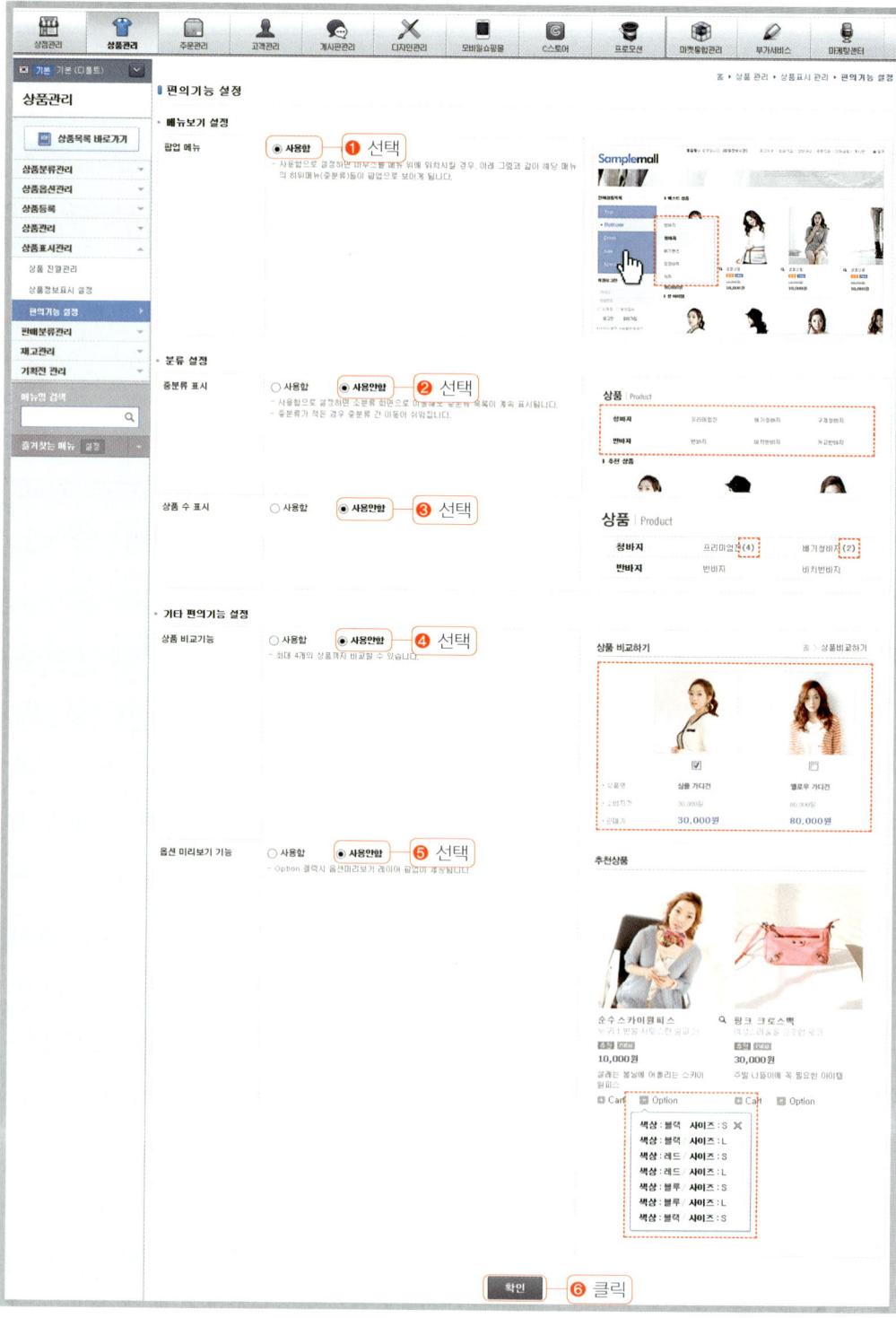

❶ 팝업 메뉴 : '사용함'으로 설정하면 마우스를 메뉴 위에 위치시킬 경우, 그림과 같이 해당 메뉴의 하위 메뉴(중분류)들이 팝업으로 보입니다.

❷ 중분류 표시 : '사용함'으로 설정하면 소분류 화면으로 이동해도 중분류 목록이 계속 표시됩니다.

❸ 상품 수 표시 : 상품 분류명 옆에 상품 수가 표시됩니다.

❹ 상품 비교기능 : 최대 4개의 상품까지 비교할 수 있습니다. '상품정보 표시설정'의 '상품 상세'에서 '표시함'으로 설정된 항목을 기준으로 비교합니다.

❺ 옵션 미리보기 기능 : 분류 리스트에서 'Option'을 클릭하면 '옵션 미리보기' 레이어 팝업이 나타납니다.

❻ [확인] 버튼을 클릭하면 설정 내용이 저장됩니다.

13 상품재고 관리

◎ 메뉴 : 상품관리 → 재고관리 → 상품재고 관리

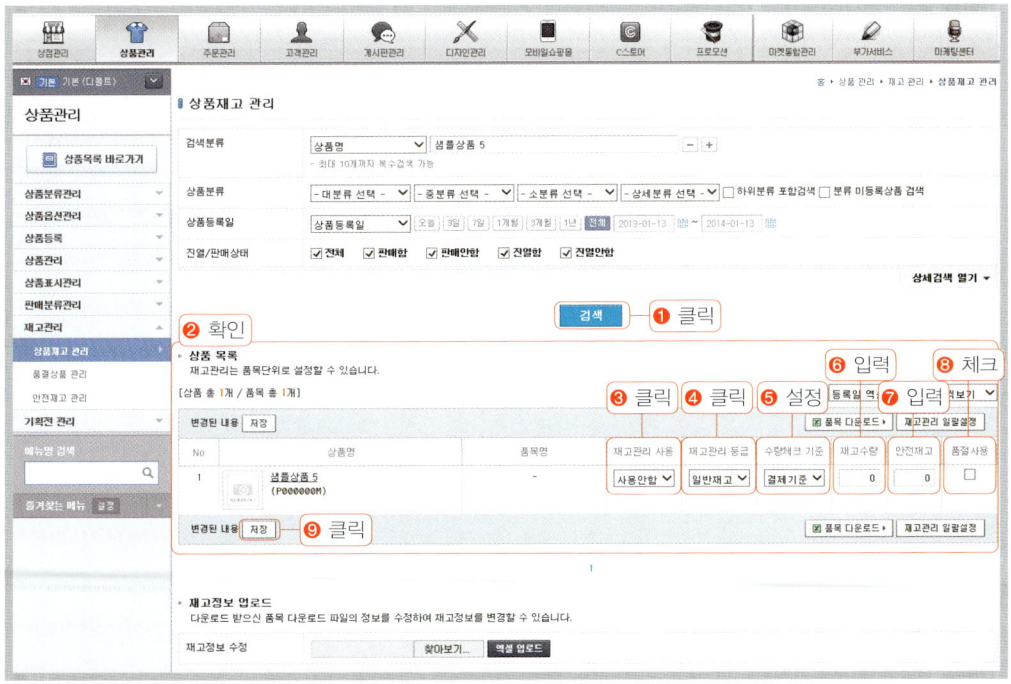

❶ 상품재고 관리를 하고 싶은 상품에 대해 검색할 수 있습니다. 검색 조건을 입력하고 [검색] 버튼을 클릭하여 검색합니다.

❷ 상품 목록은 품목 단위로 표시됩니다.

❸ 재고관리 사용 여부를 선택합니다. '사용함'으로 설정하면 뒷부분의 모든 필드 내용을 설정할 수 있습니다.

❹ 일반재고 또는 중요재고를 선택합니다.

❺ 수량체크 기준을 선택합니다.

  • 주문기준: 상품 주문완료 단계에서 재고가 카운팅됩니다.

  • 결제기준: 주문완료 후 입금완료가 되는 단계에서 재고가 카운팅됩니다.

❻ 재고수량을 입력합니다.

❼ 안전재고란 주문이 원활하게 이루어질 수 있도록 적정 수량의 상품을 보유하고 관리하는 것을 뜻합니다.

❽ 품절사용 체크 시 재고가 0일 경우, 해당 상품이 품절로 표시됩니다.

❾ [저장] 버튼을 눌러 변경된 재고정보 내용을 저장합니다.

14 세트상품 등록

◎ 메뉴 : 상품관리 → 상품등록 → 세트상품등록

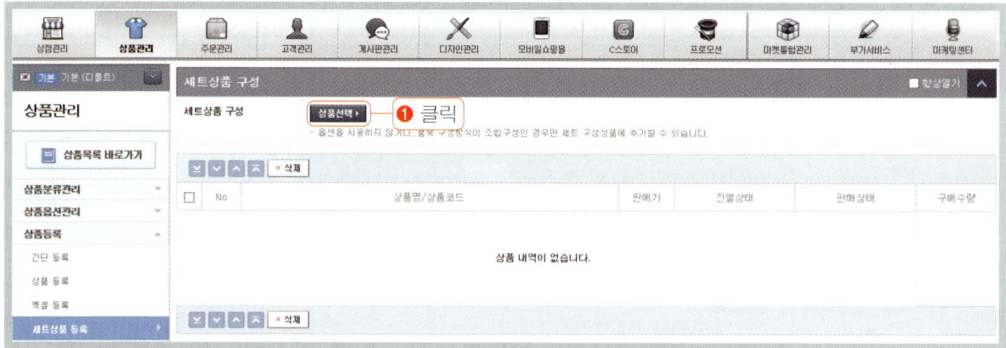

❶ [상품선택] 버튼을 클릭하면 '상품추가' 팝업 창이 나타납니다.

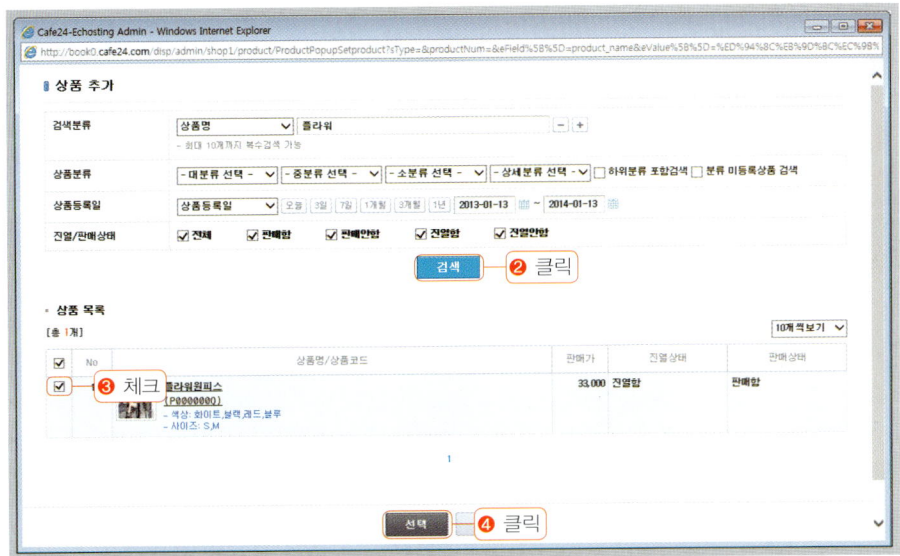

❷ 검색 조건을 입력하고 [검색] 버튼을 클릭합니다.

❸ 상품 목록에서 필요한 상품을 선택합니다.

❹ [선택] 버튼을 클릭하여 선택된 상품을 추가합니다.

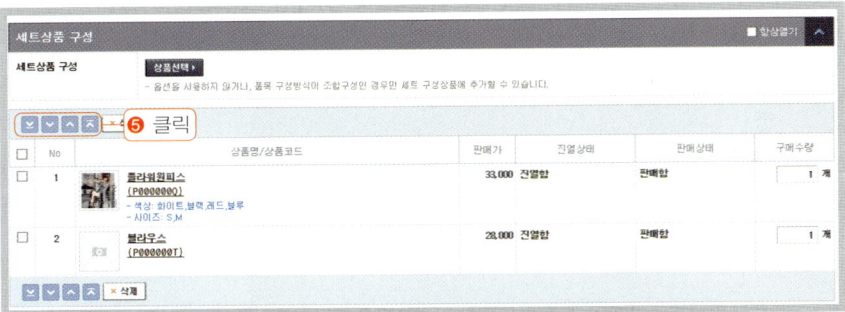

❺ 상품 선택 후에 화살표(❙❙❙❙)를 이용해서 세트 상품의 순서를 조정합니다.

Chapter 04

주문/배송/프로모션 등 기타

주문 및 배송과 쇼핑몰에 필요한 기타 기능들을 살펴봅니다. 운영자 입장에서 주문과 배송에 대한 부분을 자세히 알고 있어야 운영하며 생길 수 있는 스트레스를 최소화할 수 있습니다.

01 FTP

카페 24의 FTP 메뉴에서는 웹 FTP, 파일링크(오픈마켓용), 이미지 호스팅 플러스의 3가지를 제공합니다.

◎ 메뉴 : FTP → 웹 FTP → 웹 FTP 접속

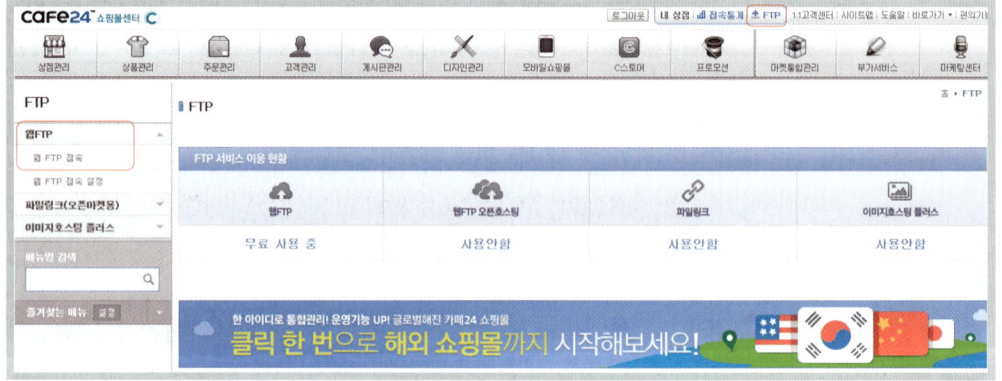

❶ FTP 암호를 입력합니다.

❷ [연결] 버튼을 클릭하면 지정된 호스트 주소에 연결합니다.

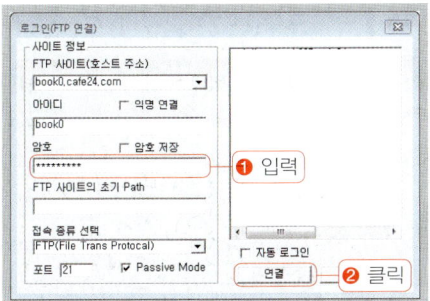

❸ FTP 호스트의 폴더 구조에서 'web/product' 폴더 아래에 'sangse'라는 폴더를 생성합니다.

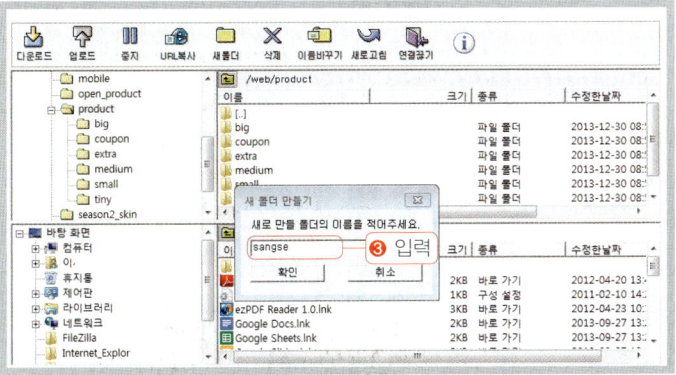

❹ 내 컴퓨터에 저장된 상세 설명용 이미지 파일 'ex1.jpg'와 'ex2.jpg'를 '/web/product/sangse' 폴더로 드래그하여 업로드합니다.

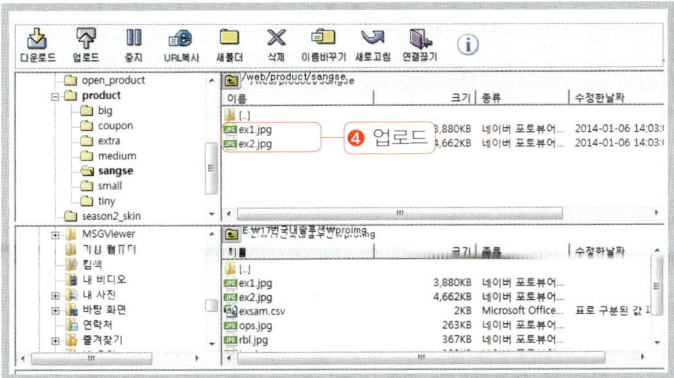

상품의 상세 설명 용도의 이미지를 등록하고자 하는 '상품 상세설명' 영역에서 다음의 순서로 설정합니다.

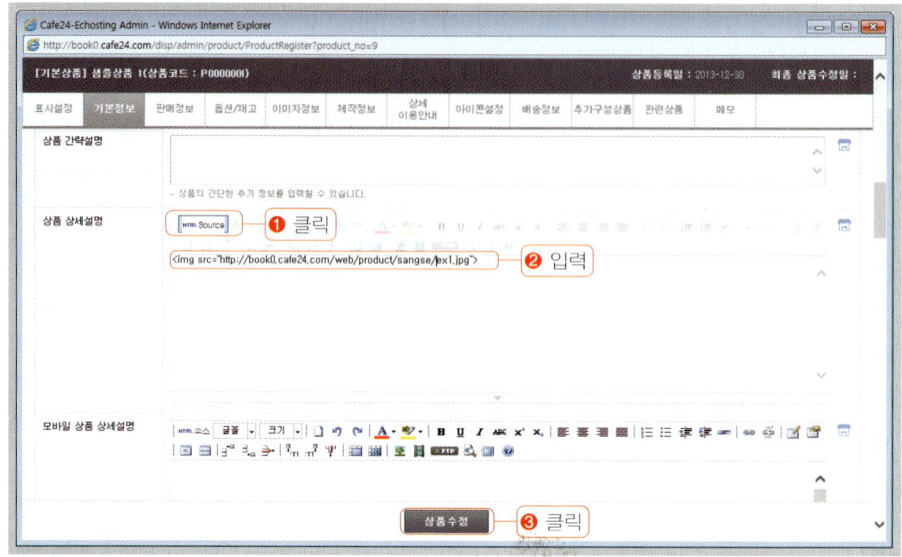

❶ [HtmlSource]를 클릭합니다.
❷ 편집 영역에 다음과 같이 입력합니다.

<IMG src="http://*book0*.cafe24.com/web/product/sangse/ex1.jpg">

"http://id(본인의 아이디).cafe24.com/폴더명/파일명.확장자명"의 구조입니다.

❸ [상품수정] 버튼을 클릭합니다.

상품 상세 설명용 이미지는 [이미지 추가] 버튼을 클릭하여 이미지 등록을 처리할 수 있으나 웹 FTP에서 등록한 후에 이미지 소스를 입력하는 방법을 연습해 두기 바랍니다.

상품 상세 설명용 이미지의 파일 크기가 큰 경우에 하나의 이미지로 만들어서 등록하는 경우에 이미지가 늦게 나타나게 되어 고객의 불편을 초래하거나 상품 상세 페이지에서 이탈하는 상황이 발생할 수 있습니다. 따라서 상품 상세 설명용 이미지는 여러 개로 나누어서 제작하고 이것을 일련번호를 붙여서 저장한 후에 FTP를 이용하여 업로드하고 상품 상세 정보 창에서 소스를 이용해서 링크를 설정하면 됩니다.

예: 〈IMG src="http://폴더경로명/ex1.jpg"〉

〈IMG src="http://폴더경로명/ex2.jpg"〉

상품 상세 설명을 위한 이미지에 대한 링크정보를 설정할 때는 다음과 같은 사항에 주의합니다.

> • 업로드한 이미지 경로는 "http://id(본인의 아이디).cafe24.com/폴더명/ 파일명.확장자명"을 입력하면 됩니다.
> • 경로 지정 시 대소문자를 구분해야 합니다.
> • 이미지 파일명과 폴더명은 영문, 숫자로만 구성해야 합니다. 한글, 공백, 특수문자를 사용하지 말아야 합니다.
> • 기본으로 생성되어 있는 폴더에 업로드한 파일은 삭제되지 않으므로, 파일을 등록할 때 새로운 폴더를 만들어 업로드하기 바랍니다.
> • 웹 FTP에는 쇼핑몰 운영관련 이미지만 업로드하기 바랍니다.
> • 개인 자료 업로드, 타 사이트로의 이미지 링크 용도, 동영상 업로드 등은 약관에 의거하여 사용을 금하고 있습니다.
> • 옥션, 지마켓, 11번가 등의 오픈마켓에 상품 설명용 이미지는 '파일링크' 또는 '이미지 호스팅 플러스'를 이용하기 바랍니다.

02 고객혜택관리

상품 할인 혜택을 제공하기 위해서 일일이 시간에 맞추어 설정하기 번거로웠던 부분을 특정 상품, 특정 기간, 재구매 등 다양하고 쉽게 할인 혜택을 제공할 수 있는 서비스입니다. 고객 혜택관리의 간단한 설정으로 할인 혜택 서비스부터 자동 진행/종료 기능까지, 한번에 해결할 수 있습니다.

◎ 메뉴 : 프로모션 → 고객혜택관리 → 혜택 등록

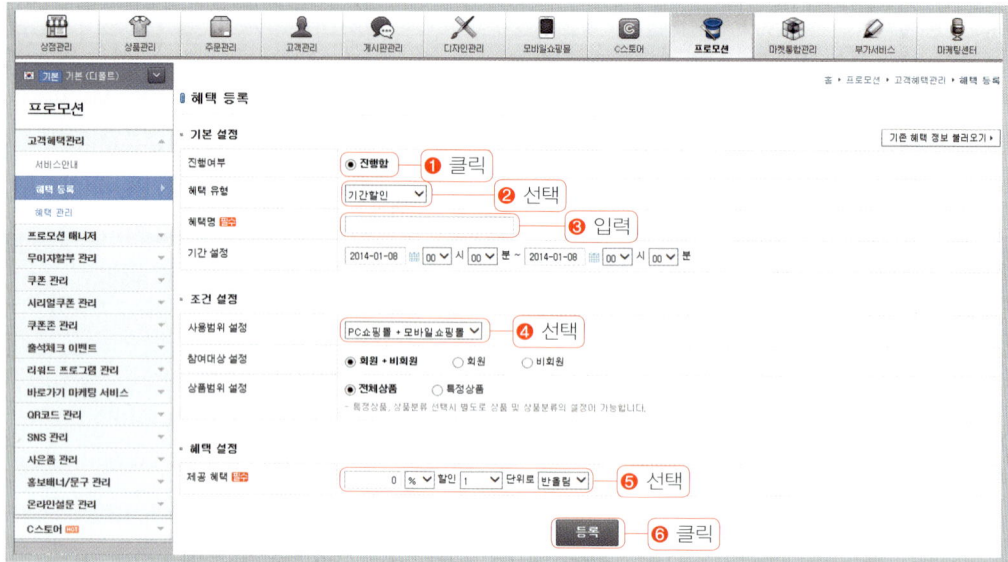

❶ 진행여부를 '진행함'으로 선택합니다.

❷ 혜택 유형(기간 할인, 재구매 할인, 대량구매 할인, 회원 할인, 신규 상품 할인 등)을 선택합니다.

❸ 혜택명을 입력합니다.

❹ 사용범위 설정에서는 'PC 쇼핑몰 전용', '모바일 쇼핑몰 전용', 'PC 쇼핑몰 + 모바일 쇼핑몰' 중에 선택합니다.

❺ 제공 혜택을 설정합니다.

❻ [등록] 버튼을 클릭하면 고객혜택관리의 설정이 완료됩니다. 다음 그림과 같이 혜택 목록을 확인할 수 있습니다.

03 회원관리정보와 회원등급

◎ 메뉴 : 고객관리 → 회원관리 → 회원정보 조회

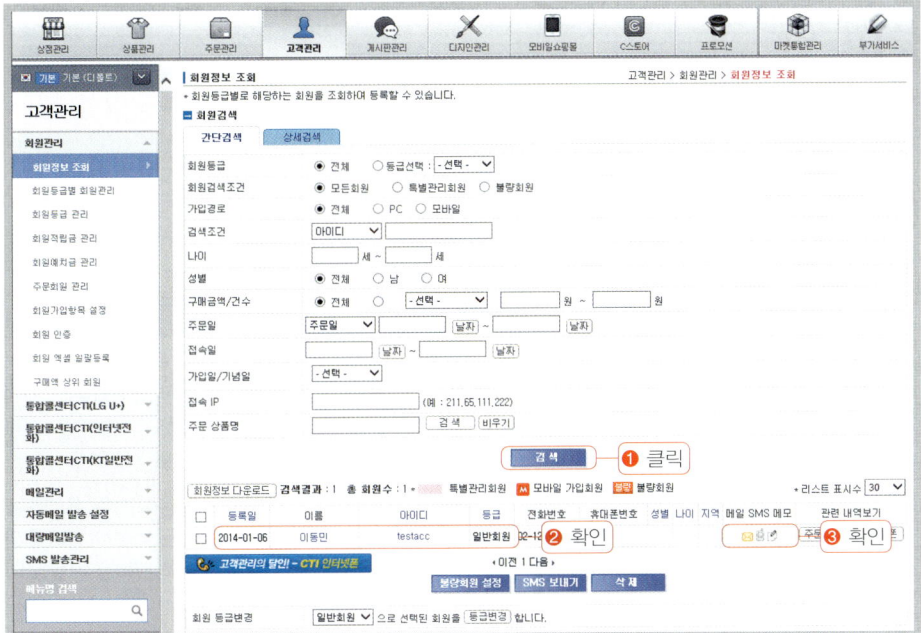

❶ 검색조건을 입력하고 [검색] 버튼을 클릭합니다.

❷ 조회된 회원을 확인할 수 있습니다.

❸ 아이디 옆의 아이콘(📧📋✏️)을 이용해서 메일, SMS, 쪽지를 보낼 수 있습니다.

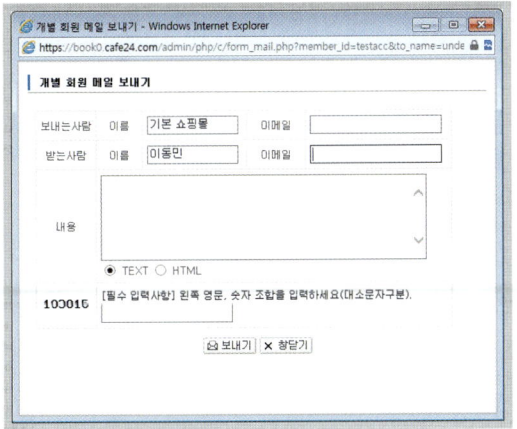

04 자동메일발송

◎ 메뉴 : 고객관리 → 자동메일 발송 설정 → 자동메일발송설정

다음 그림의 메일 항목에 등록된 상황이 발생할 때 고객에게 자동으로 해당 상황에 따른 메일을 보낼 수 있습니다.

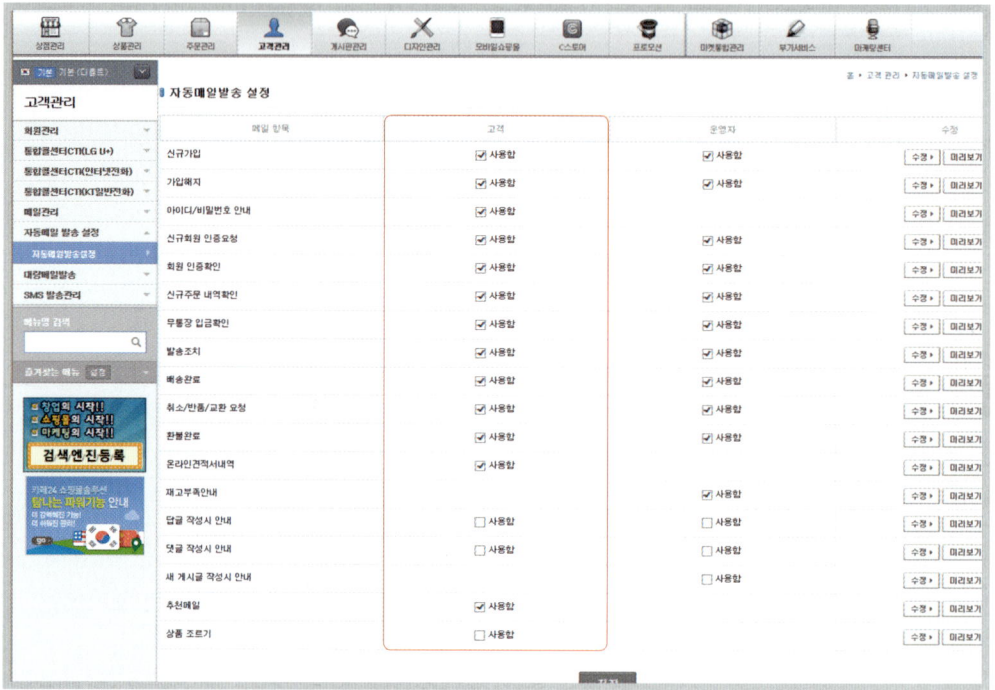

'고객' 열에서 표시하는 내용 중 원하는 란에 체크표시(☑)를 합니다. 체크를 안 하면 해당 메일 항목의 상황에 따른 메일은 발송되지 않습니다. 메일을 자세히 보고 싶은 경우 [미리보기] 버튼을 누르면 해당 메일을 확인할 수 있습니다.

05 SMS 발송관리

(1) SMS 서비스 신청

◎ 메뉴 : 고객관리 → SMS 발송관리 → SMS 서비스 설정

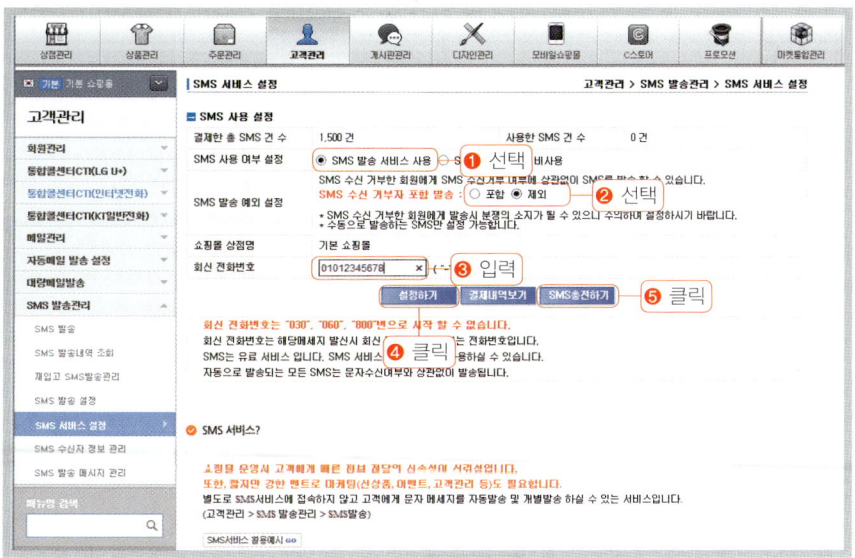

❶ SMS 사용 여부 설정에서 'SMS 발송 서비스 사용'을 선택합니다.

❷ SMS 수신 거부자 포함 발송은 '제외'로 선택합니다.

❸ 회신 전화번호를 입력합니다.

❹ [설정하기] 버튼을 클릭합니다.

❺ [SMS 충전하기] 버튼을 클릭하여 부가서비스 신청/연장 페이지에서 신청 후에 결제합니다. 결제 확인 후 30분 뒤부터 서비스 사용이 가능합니다.

(2) SMS 수신자 설정

◎ 메뉴 : 고객관리 → SMS 발송관리 → SMS 수신자 정보 관리

고객에게 SMS를 발송했을 때 고객으로부터의 회신 SMS를 수신할 수신자를 설정합니다.

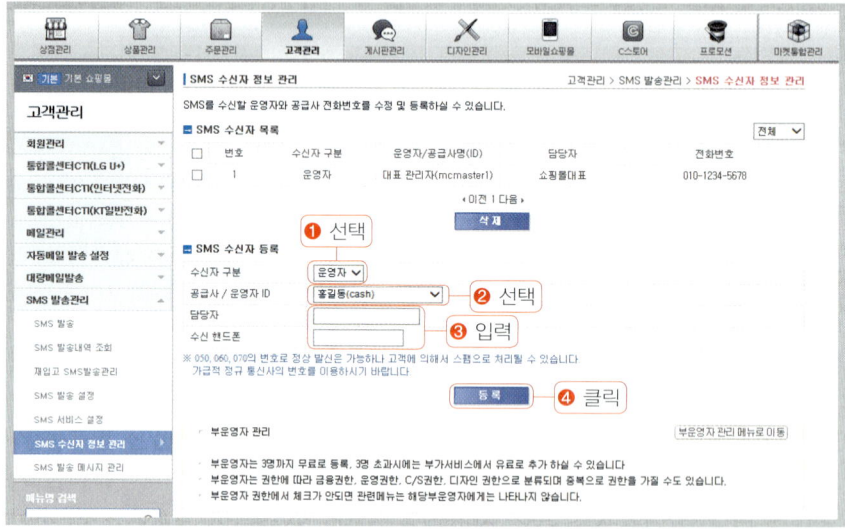

❶ 수신자 구분에서 운영자 또는 공급사를 선택합니다.

❷ 수신자 중에 해당 아이디를 선택합니다.

❸ 담당자 이름과 수신 휴대전화 번호를 입력합니다.

❹ [등록] 버튼을 클릭합니다.

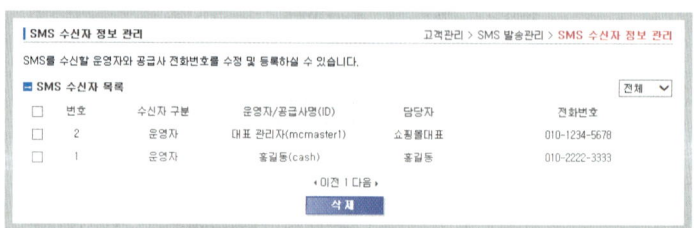

'SMS 수신자 목록'에서 등록된 SMS 수신자를 확인할 수 있습니다.

(3) SMS 발송 메시지 관리

◎ 메뉴 : 고객관리 → SMS 발송관리 → SMS 발송 메시지 관리

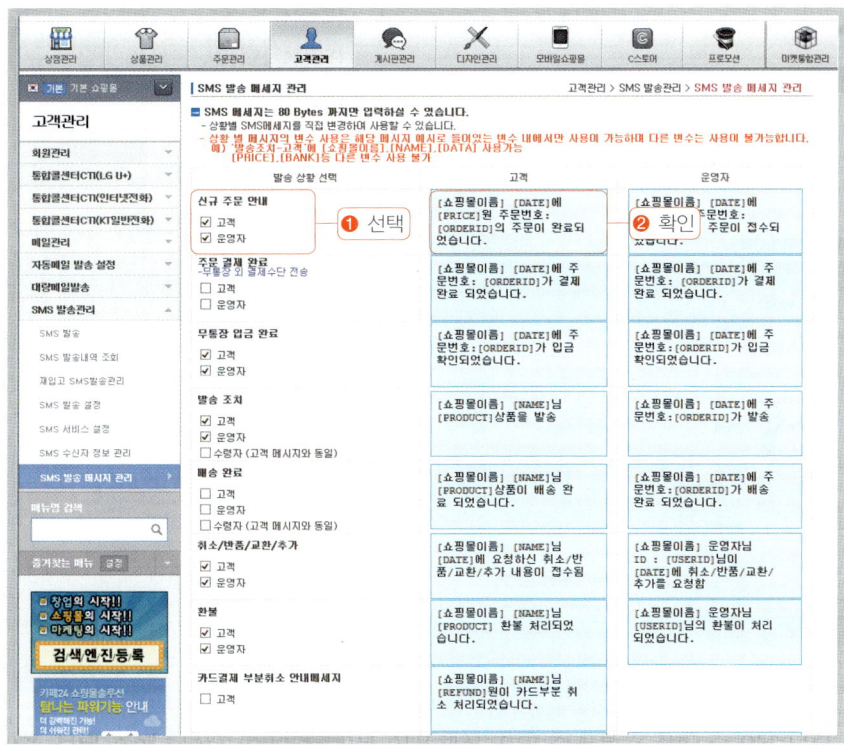

❶ 시나리오별로 메시지를 작성하는 샘플입니다. 발송되는 메시지를 받을 대상을 고객 또는 운영자로 선택할 수 있습니다.

❷ 고객에게 신규주문 시에 발송될 SMS 메시지 샘플입니다.
"[쇼핑몰이름] [DATE]에 [PRICE]원 주문번호 : [ORDERID]의 주문이 완료되었습니다." 라는 SMS 메시지 내용에서, [쇼핑몰이름]에 운영하는 쇼핑몰의 이름, [DATE]에는 주문한 날짜, [PRICE]에는 주문금액, [ORDERID]에 주문번호가 자동으로 들어갑니다.

> **TIP**
> SMS는 80바이트(한글 40자)까지만 입력할 수 있습니다.

> **TIP**
> **무통장입금 주문하고 입금을 잘 안해요.**
> 무통장입금 주문은 일정한 시일이 지나도 입금하지 않는 고객에게 입금 안내 메시지를 활용해 보세요. 입금 SMS를 잘 활용하면 입금 성공률이 90%까지 올라간 쇼핑몰도 있습니다.

(4) SMS 보내기

◎ 메뉴 : 고객관리 → SMS 발송관리 → SMS 발송

❶ 발송 대상을 검색합니다.

❷ 검색 결과에서 수신자를 선택합니다.

❸ [추가](▶) 버튼을 클릭해서 받는 사람을 최종 선택합니다.

❹ 내용을 80byte 이내로 입력합니다.

❺ [보내기] 버튼을 클릭합니다.

TIP

엑셀 파일을 업로드하여 500건을 한 번에 처리할 수도 있습니다.

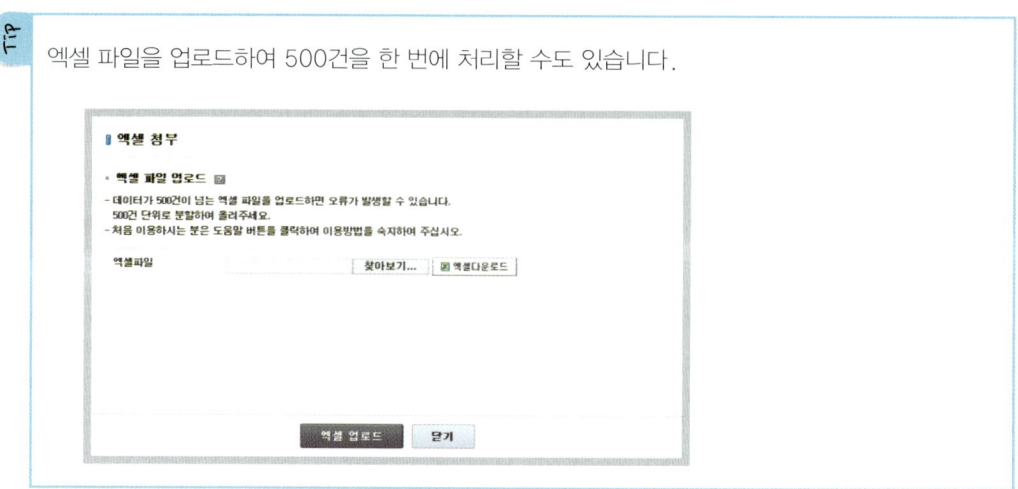

06 입금전 관리

고객이 주문하면서 결제 방식을 무통장입금으로 선택한 후에 쇼핑몰 통장에 입금하면 쇼핑
몰 운영자가 통장 내역을 확인하고 입금되었을 때 이를 확인해 주는 메뉴입니다.

◎ 메뉴 : 주문관리 → 영업관리 → 입금전 관리

❶ 검색조건을 설정합니다.

❷ [검색] 버튼을 클릭합니다.

❸ 검색 결과에서 입금 확인을 원하는 주문 건을 체크합니다.

❹ [입금확인] 버튼을 클릭합니다. 입금 처리가 완료되면 해당 주문은 '상품 준비중 관리'에
　서 확인할 수 있습니다.

TIP

상품 준비중 사용 여부 설정

'상점관리 〉 운영관리 〉 운영방식 설정 〉 배송 설정'에서 '상품 준비중 주문상태 사용' 항목을 '사용
함'으로 설정해야 해당 메뉴가 보입니다.

배송 설정

상품 준비중 주문상태 사용　　◉ 사용함　　○ 사용안함

> **TIP** 상세 주문내용을 보려면 해당 주문번호를 클릭하십시오.
>
> 무통장입금 확인은 온라인뱅킹, 통장 정리를 통해서 운영자님이 직접 확인하셔야 합니다.

> **TIP** 자동 입금확인 서비스 (주문관리 〉 영업관리 〉 자동입금확인 관리)
>
> 입금 내역과 쇼핑몰의 주문 내역을 자동으로 비교하여 입금된 주문 내역을 입금확인 처리합니다.
> 입금이 자동으로 확인되므로 빠른 주문처리가 가능합니다. 빠른 주문확인과 상품배송은 쇼핑몰에
> 대한 신뢰감을 증진시키며 신뢰감은 재구매로 이어집니다.

07 상품준비중 관리

상품의 재고 여부에 따라서 '배송준비 중 대기' 또는 '배송 보류' 처리가 가능합니다.

◎ 메뉴 : 주문관리 → 영업관리 → 상품준비중 관리

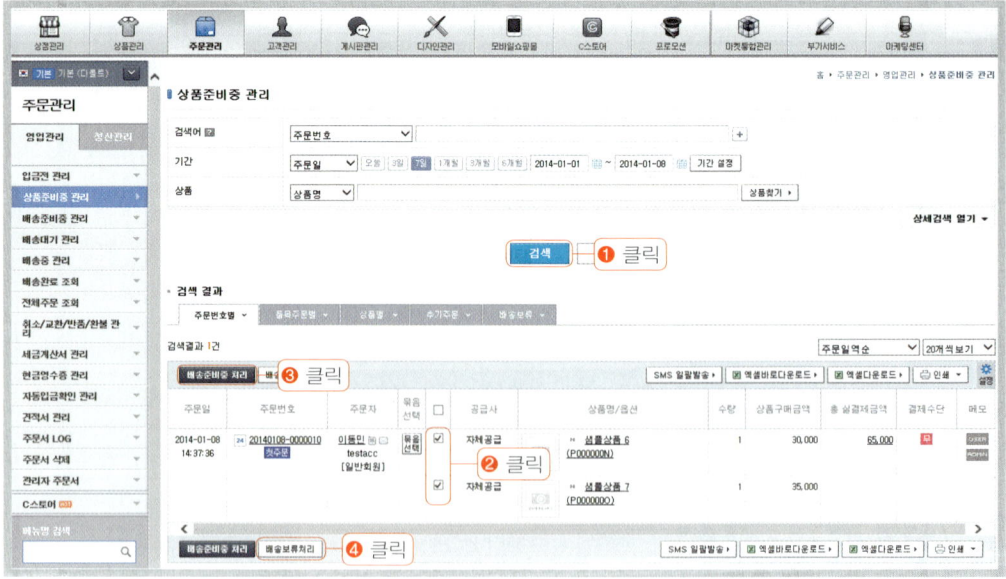

❶ 검색 조건을 입력한 후에 [검색] 버튼을 클릭합니다.
❷ 검색 결과의 주문 내역에서 상품별로 체크합니다.
❸ [배송준비중 처리] 버튼을 클릭하면 '배송 준비중 관리'에서 표시됩니다.
❹ [배송보류 처리] 버튼을 클릭하면 배송보류가 됩니다.

08 배송준비중 관리

◎ 메뉴 : 주문관리 → 영업관리 → 배송준비중 관리

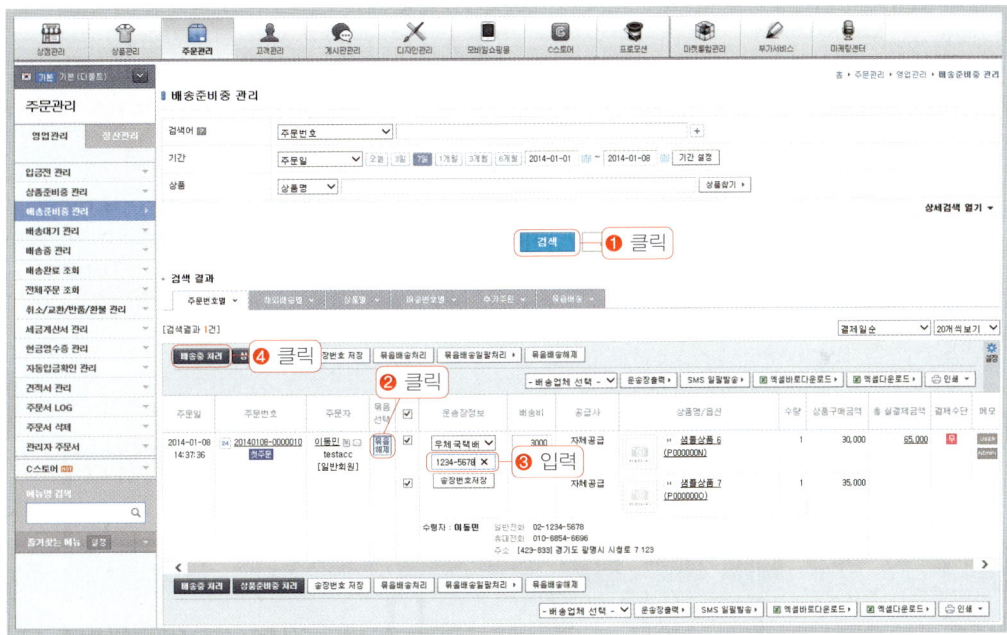

❶ 검색 조건을 입력한 후에 [검색] 버튼을 클릭합니다.

❷ [묶음 선택] 버튼을 클릭해서 체크합니다.

❸ 운송장번호를 입력합니다. 기본 배송업체가 설정되어 있지 않으면 배송업체 또한 선택해야 합니다.

❹ [배송중 처리] 버튼을 클릭하면 '배송중 관리'에서 표시됩니다.

09 배송중 관리

◎ 메뉴 : 주문관리 → 영업관리 → 배송중 관리

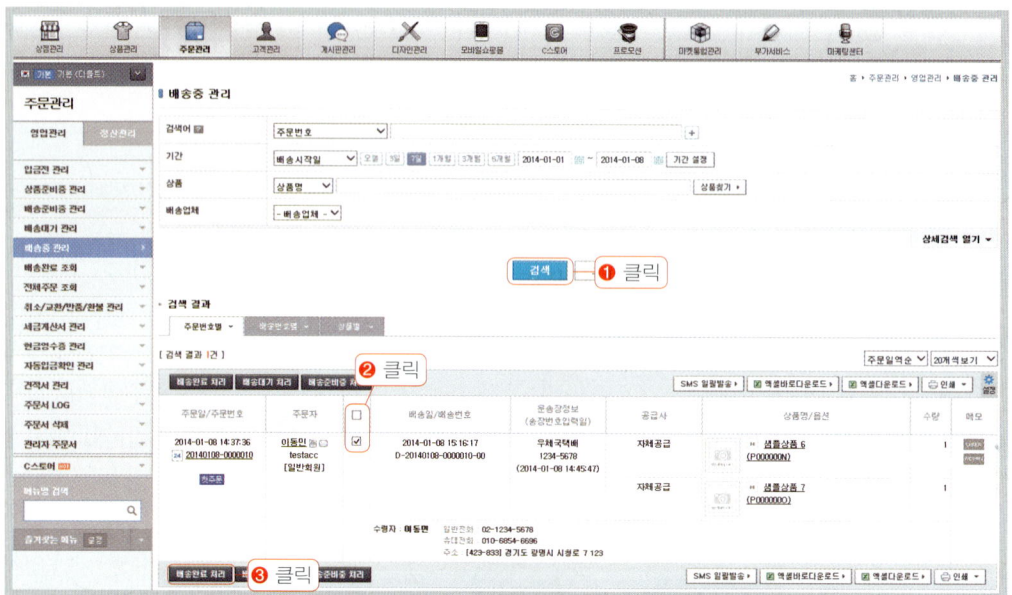

① 검색조건을 입력한 후에 [검색] 버튼을 클릭합니다.
② 주문을 체크합니다.
③ [배송완료 처리] 버튼을 클릭하면 배송중 관리 작업이 완료됩니다.

> TIP
>
> 상점관리 〉 운영관리 〉 운영방식 설정 〉 배송 설정에서 '배송완료 자동체크'와 '배송완료 자동체크 시작시점'을 '사용함'으로 지정하면 자동배송완료가 체크됩니다.
>
>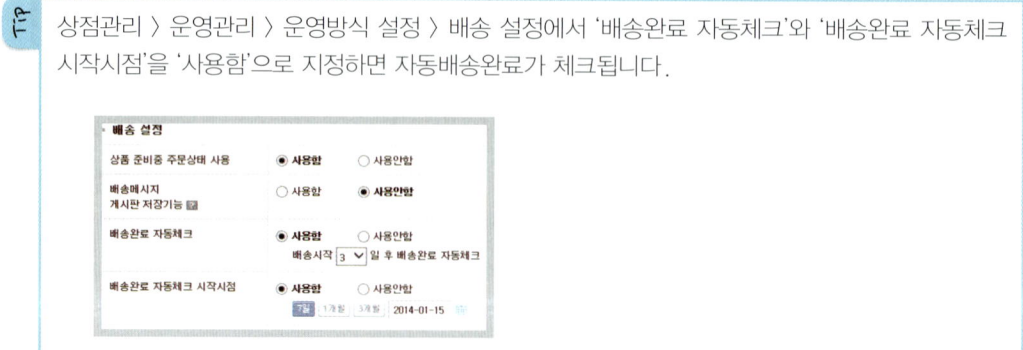

cafe24의 글로벌 원스톱 쇼핑몰 기능

하나의 아이디로 여러 쇼핑몰을 만들 수 있습니다. 표현 언어가 다르고 결제 화폐가 다른 여러 쇼핑몰을 생성하고 관리할 수 있는 것입니다.

01 멀티 쇼핑몰 생성 및 관리 화면

필수적인 설정을 통해 여러 쇼핑몰을 생성할 수 있으며, 다국어를 지원합니다.

• 지원 언어 : 한국어, 영어, 일본어, 중국어
• 지원 화폐 : 한화, 달러, 엔화, 위엔화 외 34개 화폐
• 기본 제공 디자인 : 한국어, 영어, 일본어, 중국어 스킨 기본 제공

02 쇼핑몰 관리자에서 글로벌 쇼핑몰 관리 가능

쇼핑몰 관리자에서 각 쇼핑몰의 개별적인 환경설정 및 쇼핑몰 관리가 가능합니다.

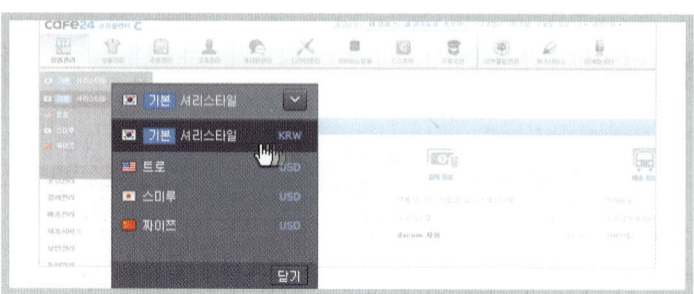

03 쇼핑몰 관리자에서 글로벌 쇼핑몰 확인 가능

쇼핑몰 관리자에서 각 쇼핑몰에 개별 접속이 가능하기 때문에 각 쇼핑몰에서 노출되는 상황을 바로 확인할 수 있습니다.

04 번역 데이터 기본 제공

기본적으로 각 언어에 맞는 기본 데이터(약관, 이용안내 등)가 바로 사용 가능한 수준으로 번역되어 제공됩니다. 약관 등은 각 언어에 맞추어 대표적인 국가의 관련 법령에 따라 제공되기 때문에 바로 사용해도 아무런 문제가 없습니다.

05 해외 결제 대행사(PG) 기본 제공

해외 결제를 위한 결제 대행사(페이팔, 알리페이, 엑시스)의 설정 및 연동을 매우 쉽게 할 수 있으며, 연동 정보가 입력되면 바로 사용할 수 있습니다.

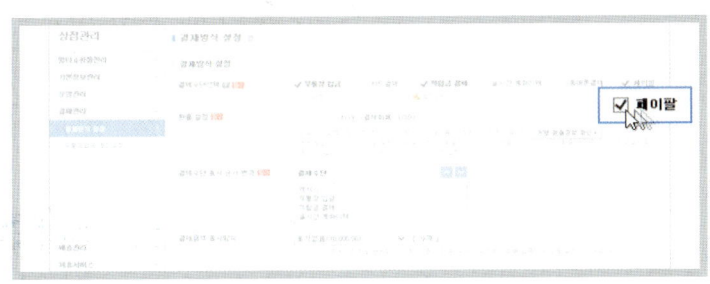

시작과 동시에
70억 인구를 고객으로!

글로벌 쇼핑몰

국내외 다수의 쇼핑몰

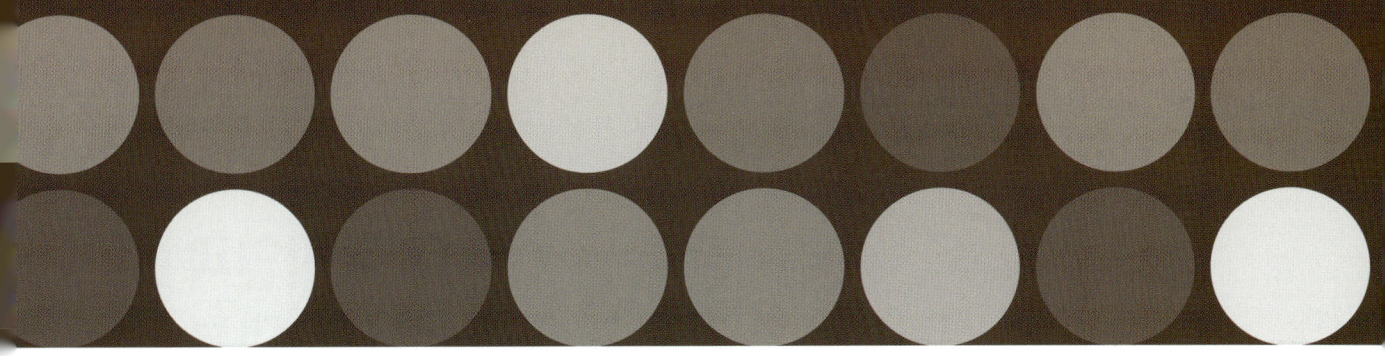

스마트 디자인으로 쇼핑몰 만들기

Chapter 01 스마트 디자인과 모바일 쇼핑몰을
          위한 HTML 기본
Chapter 02 디자인 기본 관리 기능 익히기
Chapter 03 디자인 편집하기

스마트 디자인은 모든 소스가 공개되어 있어서 기존에 독립된 쇼핑몰에서만 가능했던 자유로운 구현이 가능해졌습니다. 특히 디자인 복사 기능 및 예약 기능이 있어서 디자인 수정 과정에서 발생하였던 문제들이 최소화되었고, 웹 표준 코딩을 지원하기에 스마트폰 또는 데스크톱 PC 어디에서나 같은 화면을 빠른 속도로 볼 수 있습니다.

스마트 디자인과 모바일 쇼핑몰을 위한 HTML 기본

스마트 디자인과 모바일 쇼핑몰을 다루기 위해서는 HTML의 기본을 알고 있어야 쇼핑몰을 원하는 형태로 바꿀 수 있으며 또한 링크 및 배너 등이 전체 레이아웃과 일치하지 않는 상황에서 사용자가 스스로 수정하여 사용할 수 있습니다. HTML 기본과 레이아웃을 완성해 나아가는 과정을 실습으로 알아보겠습니다.

01 HTML 기본 구조

메모장을 통해 직접 실습해 보며 HTML의 기본 구조를 배우는 과정입니다.

01 메모장을 실행하여 아래의 기본적인 HTML을 입력합니다.

```
<html>
 <head>
   <title> HTML기본 익히기 </title>
 </head>
 <body>
 CAFE24 쇼핑몰
 </body>
</html>
```

02 입력한 문서를 저장하기 위해 메모장 메뉴의 [파일]-[저장]을 클릭합니다.

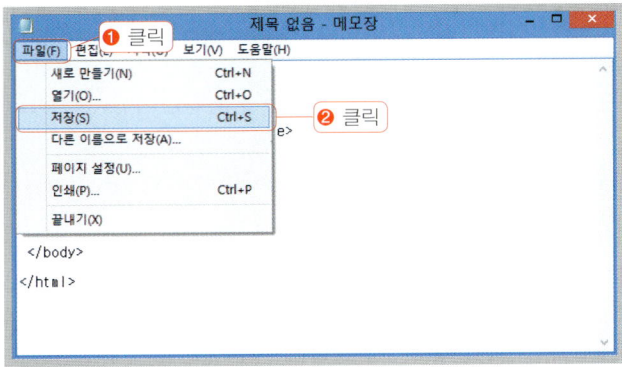

03 파일 이름에 'web.html'을 입력하고, 파일 형식을 '모든 파일'로 선택하고 [저장] 버튼을 클릭합니다.

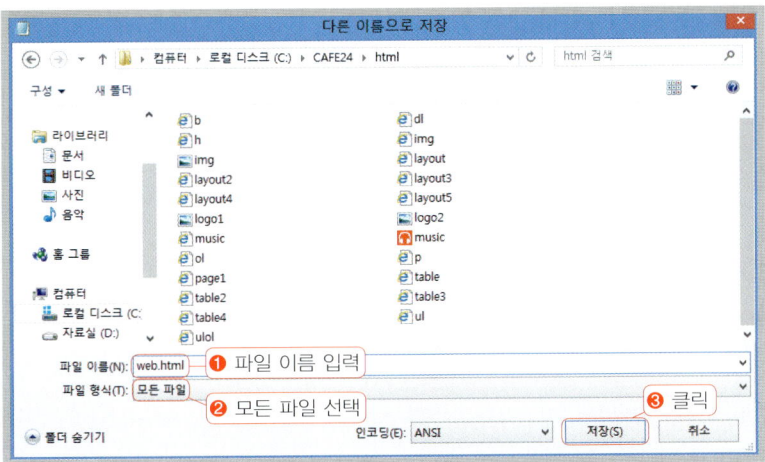

04 위에서 저장한 파일을 더블클릭하여 실행해 보면 웹 브라우저에 아래와 같은 결과가 나오는 것을 볼 수 있습니다.

02 제목 태그

제목 태그는 글자의 속성을 변경하는 태그이기도 하며 문서에서 역할의 중요도에 따른 표기
로 사용하기도 합니다.

01 메모장을 실행한 후에 아래의 내용 입력합니다. 〈body〉 블록에서 사용된 〈h1〉 ~ 〈h6〉는
header를 의미하며 글의 제목으로 사용될 글자의 크기를 의미합니다.

```
<html>
  <head>
    <title> Header </title>
  </head>
  <body>
    <h1> 자유로운 디자인 </h1>
    <h2> 간편 생성 </h2>
    <h3> 이용요금 무료 </h3>
    <h4> 모바일 결제 </h4>
    <h5> 편리한 장바구니 </h5>
    <h6> 마이페이지 기능 </h6>
  </body>
</html>
```

02 작성된 문서를 'h.html'로 저장하고 웹 브라우저를 통해 결과를 확인해 보면 〈h1〉에 해당하는
부분의 글자가 제일 크게 표시되고, 〈h6〉에 해당하는 글자가 가장 작게 표시되는 것을 볼 수
있습니다.

03 문단 태그

문단을 의미하는 〈p〉 태그는 paragraph의 줄임말로 단락을 뜻합니다. 문단을 구분 지을 때
사용하며 웹 문서를 만들 때 많이 쓰이는 태그입니다.

01 메모장을 실행하여 아래와 같은 내용의 태그를 입력하고, 'p.html'로 저장합니다.

```
<html>
  <head>
    <title> 단락 구분 </title>
  </head>
  <body>
    <h1> 모바일웹 쇼핑몰 </h1>
    <p> 강력해진 모바일웹 쇼핑몰 서비스 </p>
    <p> 모바일에서 회원가입부터 상품 구매까지 원스톱 쇼핑이 가능한</p>
    <p> 더욱 강력해진 모바일 쇼핑몰 서비스를 만나보실 수 있습니다.</p>
  </body>
</html>
```

02 위에서 저장한 'p.html' 파일을 더블클릭하면 아래와 같이 〈h1〉 태그와 〈p〉 태그를 활용하여
만든 문서의 결과를 볼 수 있습니다.

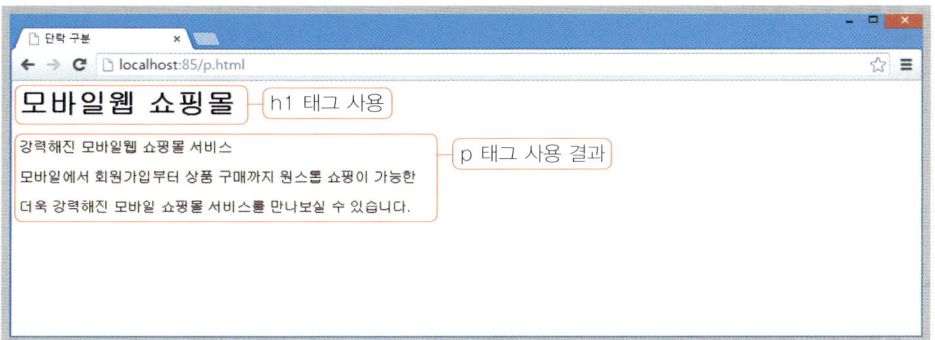

04 글자 태그

글자 태그를 활용하면 웹 페이지에 사용되는 글자에 굵기, 기울기, 첨자, 밑줄 등 다양한 효
과를 적용할 수 있습니다.

글자 속성 태그에는 아래와 같은 종류가 있습니다.

글자 속성 태그	기능
⟨b⟩ ~ ⟨/b⟩	굵게
⟨i⟩ ~ ⟨/i⟩	기울임
⟨small⟩ ~ ⟨/small⟩	작은글씨
⟨sub⟩ ~ ⟨/sub⟩	아래첨자
⟨sup⟩ ~ ⟨/sup⟩	위첨자
⟨ins⟩ ~ ⟨/ins⟩	밑줄
⟨del⟩ ~ ⟨/del⟩	취소선

01 메모장을 실행하여 아래와 같은 내용의 태그를 입력하고, 'b.html'로 저장합니다.

```html
<html>
  <head>
    <title> 글자태그 </title>
  </head>
  <body>
    <p><b> 나만의 모바일 홈화면 아이콘 등록 </b></p>
    <p><i> 나만의 모바일 홈화면 아이콘 등록 </i></p>
    <p><small> 나만의 모바일 홈화면 아이콘 등록 </small></p>
    <p>아래첨자<sub> 나만의 모바일 홈화면 아이콘 등록 </sub></p>
    <p>위첨자<sup> 나만의 모바일 홈화면 아이콘 등록 </sup></p>
    <p><ins> 나만의 모바일 홈화면 아이콘 등록 </ins></p>
    <p><del> 나만의 모바일 홈화면 아이콘 등록 </del></p>
  </body>
</html>
```

02 브라우저로 결과를 확인해 보면 글자 태그가 적용된 것을 볼 수 있습니다.

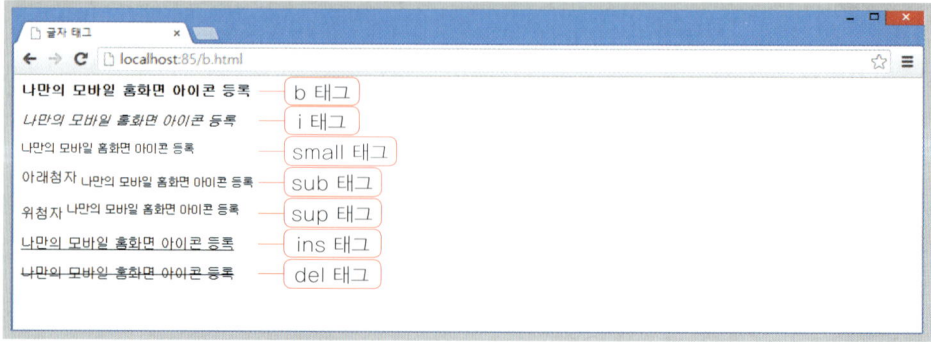

05 <ul> 태그

〈ul〉 태그는 순서 없이 만드는 목록(Unordered List) 태그입니다. HTML5에서 중요도가 더욱 높아진 태그가 되었습니다.

01 메모장을 실행하여 아래의 내용을 입력하고, 'ul.html'로 저장합니다.

```
<html>
  <head>
    <title> 모바일웹 쇼핑몰 뉴버전 출시 </title>
  </head>
  <body>
    <h1>모바일웹 특징</h1>
    <ul>
      <li>자유로운 디자인</li>
      <li>간편한 생성</li>
      <li>이용요금 무료</li>
    </ul>
  </body>
</html>
```

02 〈ul〉 태그를 사용한 결과로 각 행에 글머리 기호가 붙은 목록이 만들어진 것을 볼 수 있습니다.

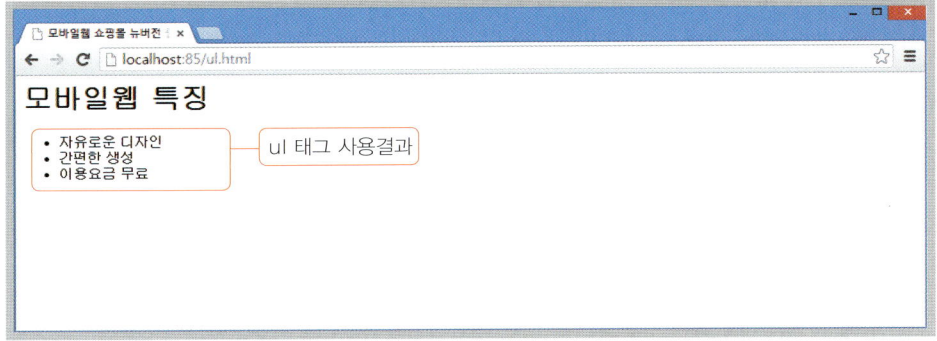

〈li〉 태그는 list item의 의미로 〈ul〉 또는 〈ol〉 태그의 범위에서 목록을 구성하는 항목을 표현합니다.

06 <ol> 태그

〈ol〉 태그는 글머리를 숫자 또는 영문자 등으로 표시하는 순서가 있는 목록(Ordered List) 태그입니다.

01 메모장을 실행하여 아래의 내용을 입력하고, 'ol.html'로 저장합니다.

```html
<html>
  <head>
    <title> 모바일웹 쇼핑몰 뉴버전 출시 </title>
  </head>
  <body>
    <h1>고객제공 주요기능</h1>
    <ol>
      <li>모바일 회원가입</li>
      <li>회원/비회원구매</li>
      <li>마이페이지 확인</li>
      <li>상품후기</li>
      <li>찜상품 구매</li>
      <li>관심상품 관리</li>
    </ol>
  </body>
</html>
```

02 결과를 확인해 보면 글머리에 숫자로 표시된 목록이 만들어진 것을 볼 수 있습니다.

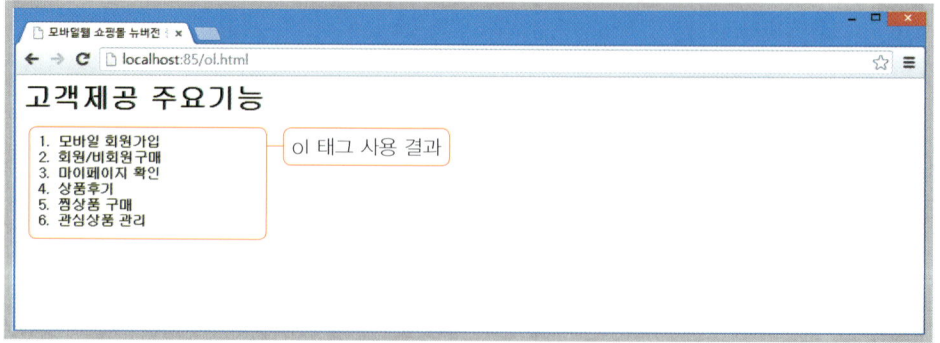

07 **<ul>과 <ol>을 함께 사용할 경우**

실제 사용되는 웹 페이지에서는 〈ul〉 태그와 〈ol〉 태그를 함께 사용하여 표현하는 경우가 많이 있습니다. 아래 소스를 통해 함께 사용하는 경우 표현되는 방법을 알아보겠습니다.

01 메모장을 실행하여 아래의 내용을 입력하고, 'ulol.html'로 저장합니다.

```
<html>
  <head>
    <title> 모바일웹 쇼핑몰 뉴버전 출시 </title>
  </head>
  <body>
    <ul>
      <li>모바일웹 특징</li>
      <ol>
        <li>자유로운 디자인</li>
        <li>간편한 생성</li>
        <li>이용요금 무료</li>
      </ol>

      <li>고객제공 주요기능</li>
      <ol>
        <li>모바일 회원가입</li>
        <li>회원/비회원구매</li>
        <li>마이페이지 확인</li>
        <li>상품후기</li>
        <li>찜상품 구매</li>
        <li>관심상품 관리</li>
      </ol>
    </ul>
  </body>
</html>
```

02 〈ul〉 태그와 〈ol〉 태그가 함께 사용되어 각 행의 글머리에 기호와 숫자가 함께 표현된 것을 볼 수 있습니다.

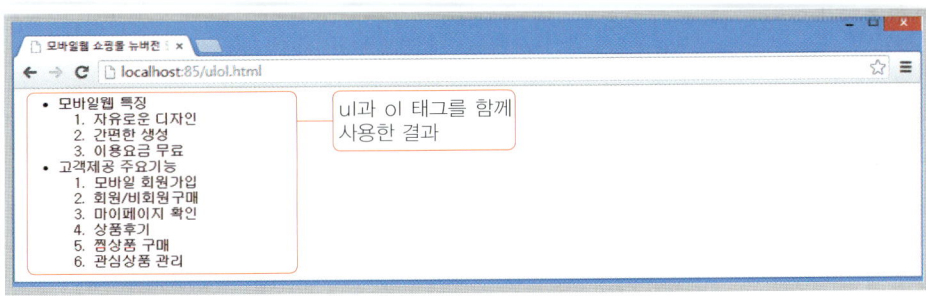

08 <dl> 정의 목록 태그

정의 목록 태그 〈dl〉은 definition list의 약자로 사전 등에서 쓰이는 용어 정리 등을 표현할 때 사용되는 태그입니다.

01 메모장을 실행한 후에 아래 소스를 입력하고, 'dl.html'로 저장합니다.

```html
<html>
  <head>
    <title> 모바일웹 쇼핑몰 뉴버전 출시 </title>
  </head>
  <body>
    <dl>
      <dt>자유로운 디자인</dt>
      <dd>원클릭 간편 디자인과 자유로운 html 디자인을 모두 제공</dd>

      <dt>간편한 생성</dt>
      <dd>별도의 신청 없이 모바일 쇼핑몰이 자동생성 됩니다.</dd>

      <dt>이용요금 무료</dt>
      <dd>모바일 쇼핑몰 구축은 별도의 비용없이 무료로 신청할 수 있습니다.</dd>
    </dl>
  </body>
</html>
```

02 웹 브라우저를 통해 결과를 확인해 보면 정의 목록과 설명으로 표현된 것을 볼 수 있습니다.

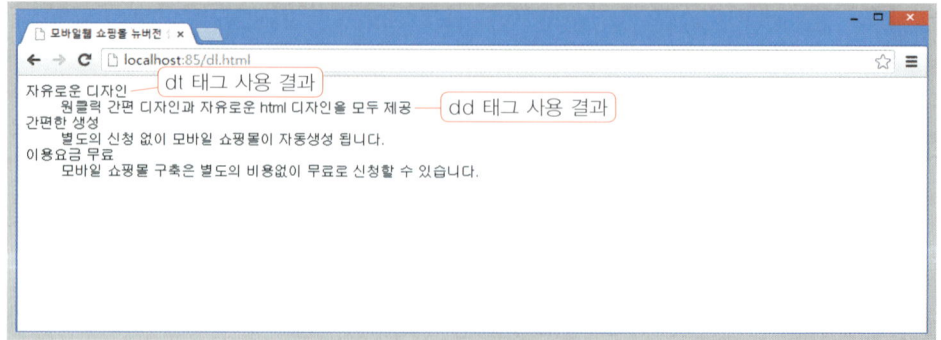

〈dt〉와 〈dl〉 태그는 〈dl〉 태그의 범위 내에서 사용되면 정의하려는 용어(〈dt〉)와 용어의 설명(〈dd〉)을 나타냅니다.

09 테이블(<table>) 태그

HTML5 이전에는 테이블 태그를 많이 사용해서 페이지 레이아웃을 구성하였습니다. HTML5를 사용하는 웹 표준에서 〈table〉 태그의 사용 빈도는 줄고 〈div〉 태그를 활용하여 레이아웃을 구성하는 추세입니다. 그러나 꼭 익혀 두어야 하는 태그입니다.

테이블 태그의 구조는 아래와 같습니다.

테이블 태그 구조	기능
〈table〉 ∼ 〈 /table〉	테이블 태그 정의
〈th〉 ∼ 〈/th〉	행의 제목셀 표시
〈tr〉 ∼ 〈/tr〉	테이블의 행 태그
〈td〉 ∼ 〈/td〉	행의 셀 태그

01 메모장을 실행하여 아래의 내용을 입력하고, 'table.html'로 저장합니다.

```
<html>
  <head>
    <title> 테이블 태그 </title>
  </head>
  <body>
    <table border="1">
      <tr>
        <td> 메인화면 </td>
        <td> 카테고리 </td>
        <td> 상품리스트 </td>
        <td> 마이페이지 </td>
      </tr>

      <tr>
        <td> 장바구니 </td>
        <td> 관심상품 </td>
        <td> 상품후기 </td>
        <td> 로그인 </td>
      </tr>
    </table>
  </body>
</html>
```

02 웹 브라우저를 통해 확인해 보면 아래와 같은 결과를 볼 수 있습니다.

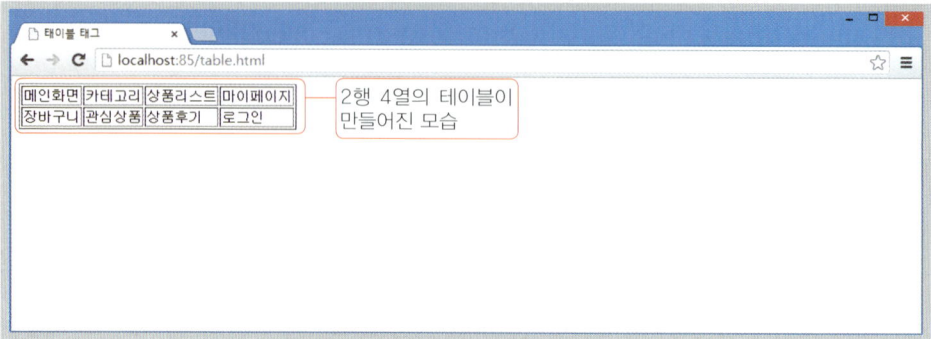

03 〈td〉 태그에서 colspan 속성을 활용하여 가로로 셀을 병합하는 문서로 변경하여 'table2.html'로 저장합니다.

```html
<html>
  <head>
    <title> 태이블 태그2 </title>
  </head>
  <body>
    <table border="1">
      <tr>
        <td colspan="4"> 모바일 쇼핑몰 메뉴 구성 </td>
      </tr>

      <tr>
        <td > 장바구니 </td>
        <td> 관심상품 </td>
        <td> 상품후기 </td>
        <td> 로그인 </td>
      </tr>
    </table>
  </body>
</html>
```

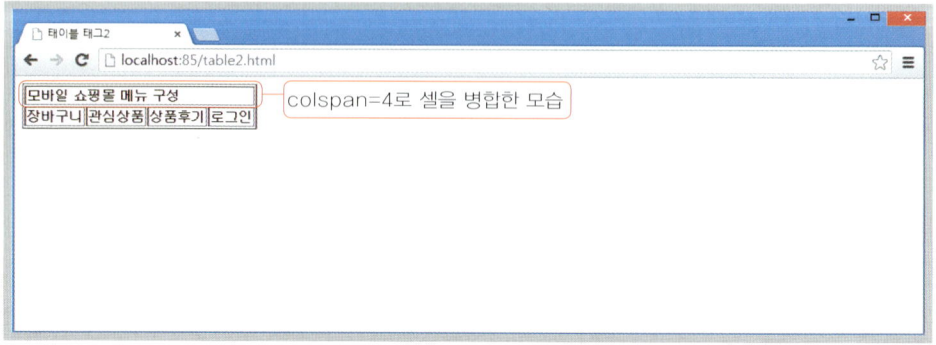

04 ⟨td⟩ 태그에서 rowspan 속성을 활용하여 세로로 셀을 병합하는 문서를 변경하여 'table3.html'로 저장합니다.

```html
<html>
  <head>
    <title> 태이블 태그3 </title>
  </head>
  <body>
    <table border="1">
      <tr>
        <td rowspan="4"> 모바일 쇼핑몰 메뉴 구성 </td>
        <td > 장바구니 </td>
      </tr>

      <tr>
        <td> 관심상품 </td>
      </tr>

      <tr>
        <td> 상품후기 </td>
      </tr>

      <tr>
        <td> 로그인 </td>
      </tr>

    </table>
  </body>
</html>
```

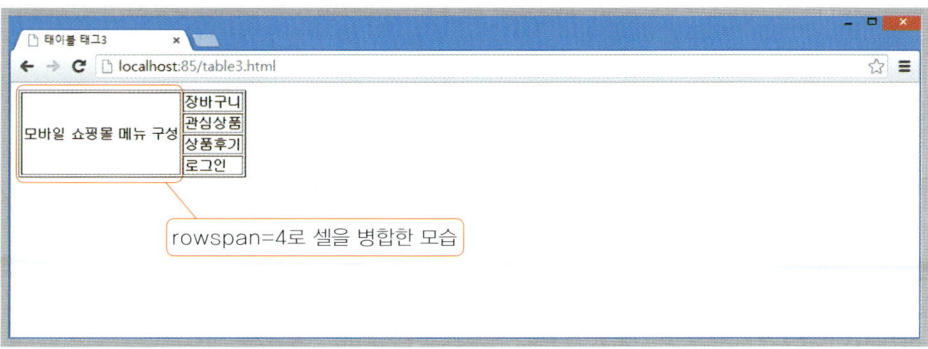

05 colspan 속성과 rowspan 속성을 함께 사용하여 HTML 문서를 변경하여 'table4.html'로 저장합니다.

```html
<html>
  <head>
    <title> 태이블 태그4 </title>
  </head>
  <body>
    <table border="1">
      <tr>
        <td colspan="3"> 멋남 </td>
        <td colspan="2"> 검색 </td>
      </tr>

      <tr>
        <td> 카테고리 </td>
        <td> 장바구니 </td>
        <td> 주문조회 </td>
        <td> 이벤트 </td>
        <td rowspan="2"> 마이페이지 </td>
      </tr>

      <tr>
        <td> 아우터 </td>
        <td> 가디건 </td>
        <td> 니트 </td>
        <td> 신발 </td>
      </tr>
    </table>
  </body>
</html>
```

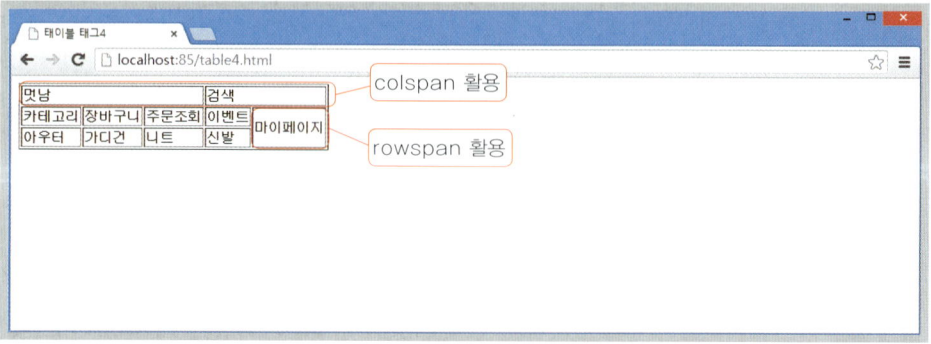

10 이미지(<img>) 태그

쇼핑몰에 배너 및 이미지를 출력하기 위해서는 이미지(〈img〉) 태그를 사용해야 합니다.

01 메모장을 실행하여 아래의 내용을 입력하고, 'img.html'로 저장합니다.

```
<html>
  <head>
    <title> 이미지 태그 </title>
  </head>
  <body>
    <img src="img.jpg" alt="상품촬영" width="300" height="220" />
  </body>
</html>
```

02 결과를 확인해 보면 웹 브라우저에 이미지가 나타나는 것을 볼 수 있습니다.

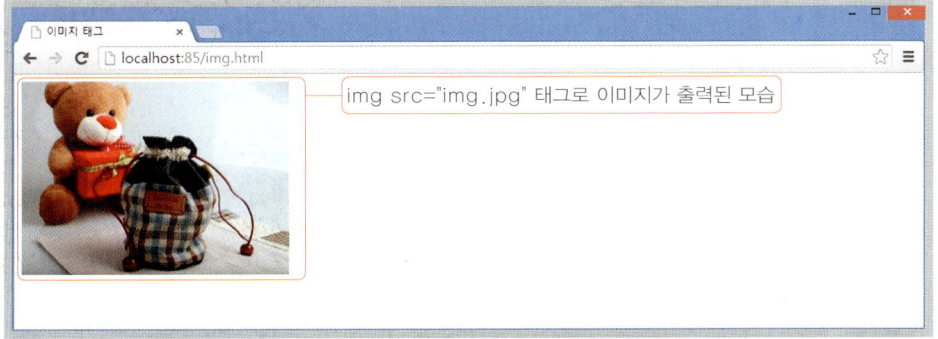

img src="img.jpg" 태그로 이미지가 출력된 모습

〈img〉 태그에서 사용된 'src' 속성은 이미지 파일의 경로를 나타냅니다. 'alt' 속성은 이미지 파일을 찾지 못했을 때 대신하여 표시할 문구를 지정합니다. 'width'와 'height' 속성은 표시할 그림의 가로/세로 크기를 지정합니다.

11 　쇼핑몰의 기본 구조 이해하기 – DOM tree 구조

웹 페이지는 크게 Header, Container, Footer의 구조를 갖습니다. 이 기본 구조에 대한 레이아웃을 잡을 수 있으면 소스 대부분이 보이게 될 것입니다.

01 아래의 소스를 메모장에 입력하고, 'domtree.html'로 저장합니다.

```html
<html>
  <head>
    <title> Layout </title>
  </head>
  <body>
    <div id="wrap">
      <div id="header"> </div>
      <div id="container">
        <div id="snb"> </div>
        <div id="contents"> </div>
      </div>
      <div id="footer"> </div>
    </div>
  </body>
</html>
```

02 위 소스를 그림으로 표현하면 아래와 같은 그림으로 표현됩니다.

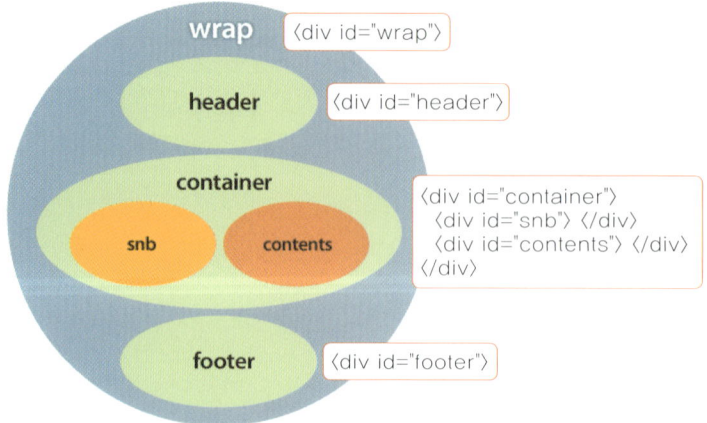

12 쇼핑몰 레이아웃 코딩 응용 실습

실제 코딩을 통해 쇼핑몰 레이아웃의 구조를 이해하는 과정입니다.

01 아래의 소스를 메모장에 입력하고 저장합니다. 파일명은 'layout5.html'로 합니다.

```html
<html>
  <head>
    <title> Layout </title>
    <style>
      body{
          margin:0;
          padding:0;
      }
      #wrap {
          width:100%;
          background:#4A2B1E;
      }
      #header {
          width:300px;
          height:100px;
          background:#C77F50;
      }
      #container {
          width:300px;
          height:300px;
          background:#C77F8E;
      }
      #container #snb {
          float:left;
          width:100px;
          height:200px;
          background:#C77FC7;
      }
      #container #contents {
          float:right;
          width:200px;
          height:200px;
          background:#AB42C7;
      }
      #footer {
          clear:both;
          width:300px;
          height:100px;
```

```
        background:#DC6AC7;
      }
    </style>
  </head>
  <body>
    <div id="wrap">
      <div id="header"> header </div>
      <div id="container">
        <div id="snb"> snb </div>
        <div id="contents"> contents </div>
      </div>
      <div id="footer"> footer </div>
    </div>
  </body>
</html>
```

02 일반적으로 사용되는 웹 페이지의 레이아웃을 작성해 보았습니다. 웹 브라우저를 이용하여 결과를 확인해 봅니다. cafe24에서 사용되는 쇼핑몰의 구조도 이와 같은 구조 속에서 이루어지기 때문에 기본적인 웹 페이지의 레이아웃을 제시하는 위의 소스를 이해한다면 자신의 쇼핑몰에 적용되는 레이아웃을 수정하는 것이 한결 쉬워질 것입니다.

디자인 기본 관리 기능 익히기

스마트 디자인에서 제공하는 디자인 추가, 삭제, 예약, 복사 등 쇼핑몰을 만들기 위해 기본 적으로 필요한 기능을 위주로 살펴봅니다.

01 디자인 관리 화면 구성

처음 디자인 관리 화면에 접속하면 어떤 것부터 해야 할지 모를 수 있습니다. 먼저 디자인 관리의 화면 구성을 이해한다면 조금 더 쉽게 쇼핑몰 제작을 시작할 수 있을 것입니다.

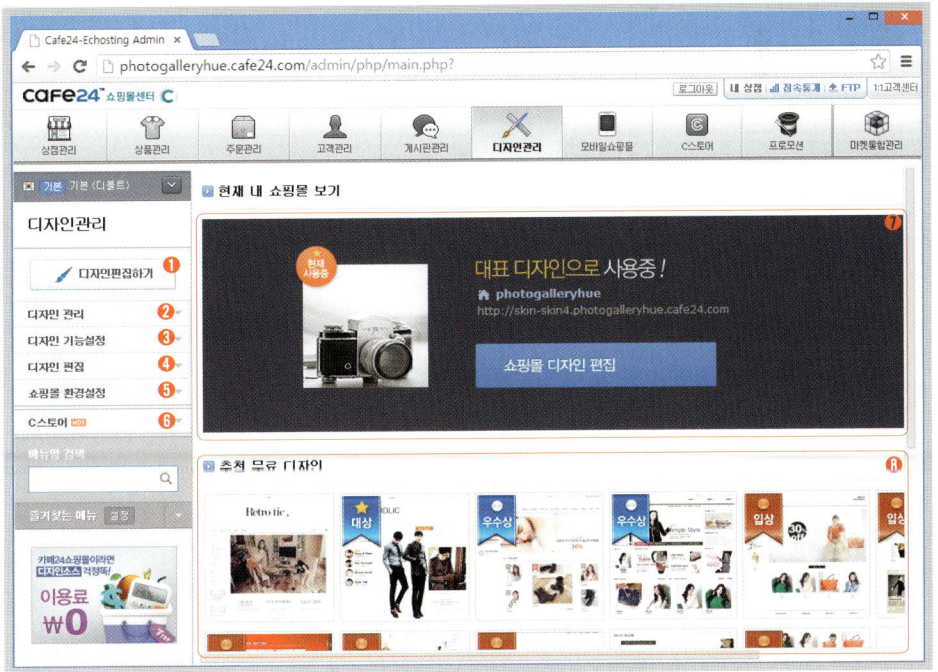

❶ 디자인편집하기

'디자인편집하기' 메뉴는 현재 대표 디자인으로 사용 중인 디자인을 편집할 수 있는 메뉴입니다. '디자인편집하기' 메뉴를 선택하면 디자인을 편집할 수 있는 새로운 창이 나타납니다.

편집 창은 디자인과 HTML 소스를 함께 보며 수정할 수 있도록 구성되어 있으며 초보자도 쉽게 작업할 수 있도록 만들어져 있습니다. 실전으로 로고와 메인 등을 변경하는 작업을 뒤에서 함께 진행할 예정입니다.

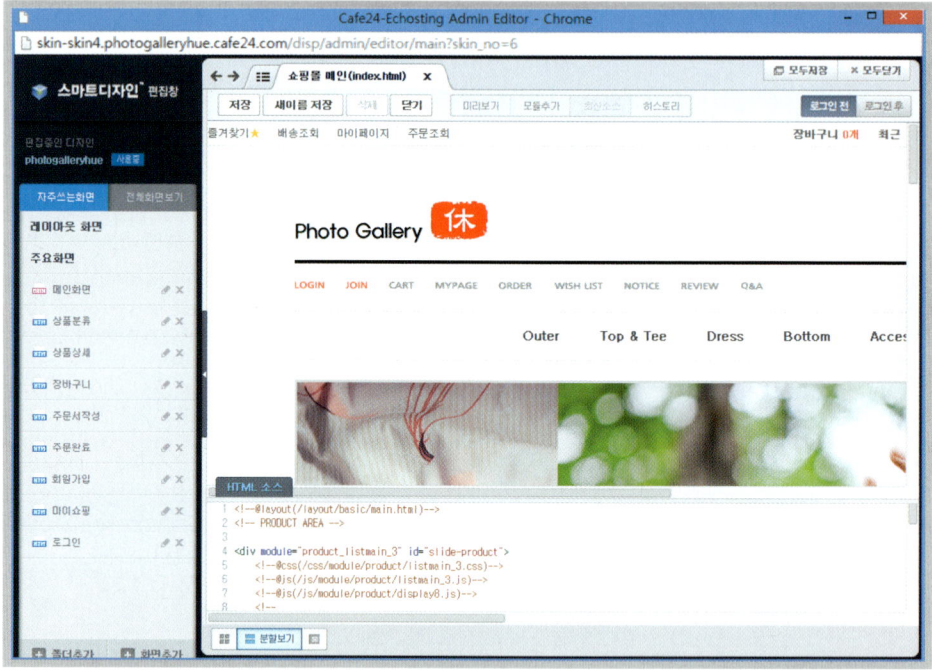

[스마트디자인 편집 창]

❷ 디자인 관리

디자인 관리 메뉴를 통해 사용자가 추가한 디자인이 어떤 것인지를 확인할 수 있으며, 새로운 디자인의 추가, 예약, 백업 및 복구를 할 수 있습니다.

[새로운 디자인 추가 화면]

❸ 디자인 기능 설정

디자인 기능에서는 쇼핑몰의 인트로(intro) 화면 설정, 팝업 창 관리, 플래시를 제작해 주는 플래시 메이커, 아이콘 관리, 쇼핑몰 알리미 기능 등을 설정할 수 있습니다. 기존에는 이미지 슬라이드를 제작하는 데 어려움이 있었으나 이제는 카페24에서 제공되는 플래시 메이커 프로그램을 활용하면 누구나 쉽게 플래시로 구현되는 이미지 슬라이드를 제작할 수 있습니다.

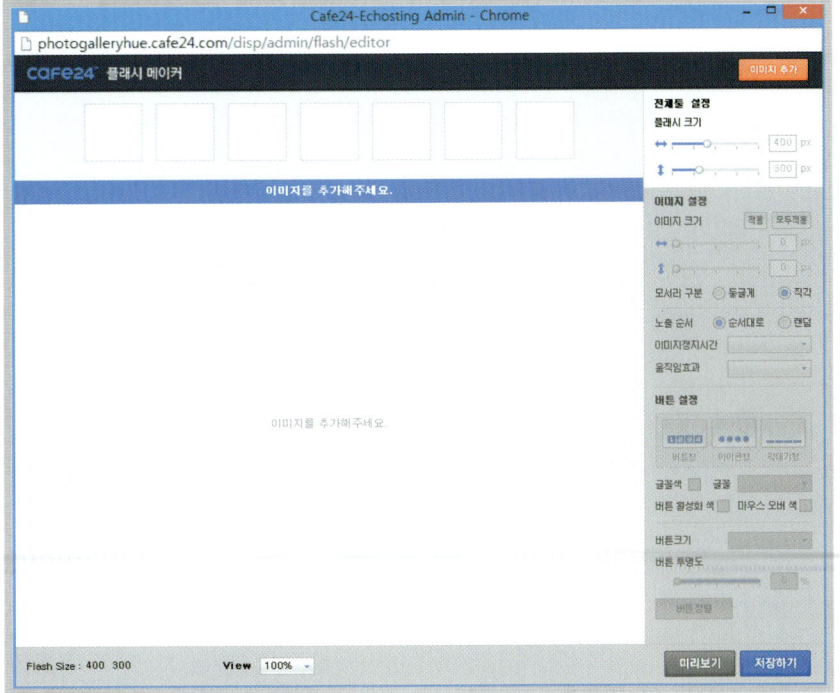

[플래시를 만드는 플래시 메이커 화면]

❹ 디자인 편집

디자인 편집 메뉴는 전체 레이아웃 화면과 주요 화면 구성에 관한 메뉴별 상세한 내용을 담고 있습니다. 디자인 편집을 하며 위치를 찾기가 어렵거나 위치별 설명을 보고 싶다면 디자인 편집 메뉴를 활용하면 됩니다.

[쇼핑몰 전체를 설명하는 화면]

❺ 쇼핑몰 환경설정

쇼핑몰 환경설정 메뉴에서는 쇼핑몰을 방문한 사람들이 최근에 본 상품 개수를 몇 개까지 노출할 것인지에 대한 부분과 웹 브라우저의 제목, 검색엔진 최적화, 외부 스크립트 등을 설정할 수 있습니다.

[쇼핑몰 환경설정 화면]

❻ C 스토어

C 스토어 메뉴는 쇼핑몰 운영에 유용한 기능을 간단히 설치하여 사용할 수 있도록 다양한 어플리케이션을 제공하는 온라인 장터입니다. 배너 만들기, 설문 조사, SNS 등 쇼핑몰에 필요한 기능을 무료 또는 유료로 구매하여 쇼핑몰에 쉽게 설치하여 사용할 수 있도록 하는 기능입니다.

[C 스토어의 인기 앱]

❼ 사용중인 대표 디자인 표시

무료로 등록해서 사용할 수 있는 10개의 디자인 중에 현재 쇼핑몰에 연결된 대표 디자인을 표시합니다. 현재 사용 중인 디자인을 편집하고 싶을 때는 [쇼핑몰 디자인 편집] 버튼을 클릭하여 디자인 편집을 진행할 수 있습니다.

[대표 디자인으로 설정된 디자인 미리 보기]

❽ 추천 디자인 미리 보기

전체 6,000여 개의 디자인이 등록되어 있으며 그중에 180개 정도가 무료로 제공되고 있습니다. 무료로 제공되고 있는 디자인은 누구나 자유롭게 변경하여 사용할 수 있습니다.

[무료 디자인 리스트]

02 새로운 디자인 추가

어떤 디자인이 나에게 맞는지 아직 모르는 경우 새로운 디자인을 추가하고 삭제하면서 나에게 맞는 디자인을 선택하는 과정이 우선 필요합니다. 무료 디자인은 10개까지 추가 가능하며 마음에 들지 않으면 추가된 디자인을 삭제하고 다른 디자인을 추가할 수 있습니다.

01 새로운 디자인을 추가하기 위해 [디자인관리]-[디자인 추가] 메뉴를 클릭한 후에 '디자인 추가' 페이지에서 [무료 디자인]을 클릭합니다.

02 디자인 중에 마음에 드는 디자인을 클릭합니다. 여기에서는 '스마트디자인 무료_남성3'을 선택합니다.

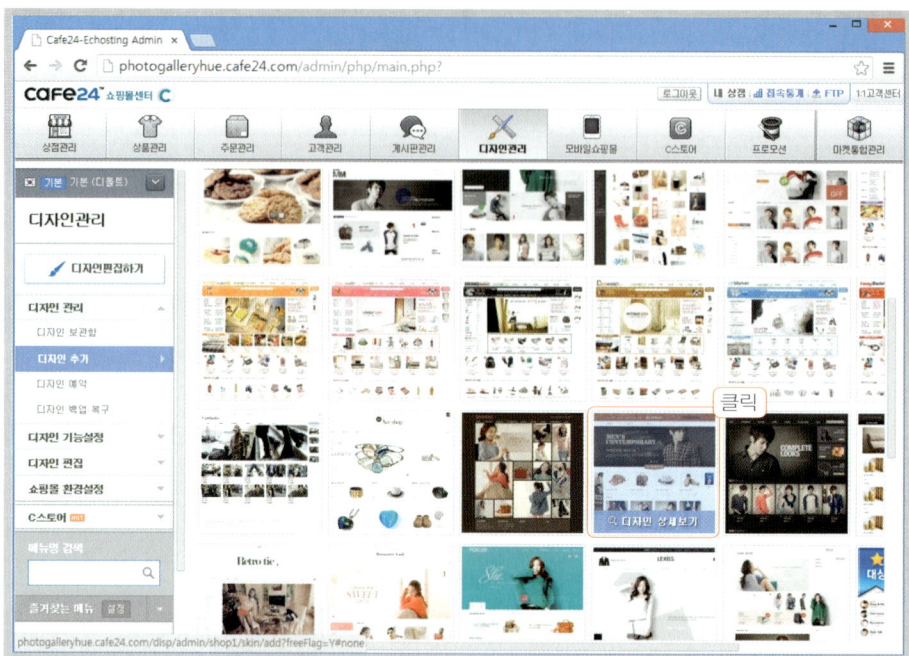

03 '디자인 상세보기' 페이지에서 디자인을 미리 보기하여 디자인이 마음에 들면, [디자인 추가] 버튼을 클릭하여 새로운 디자인을 추가합니다.

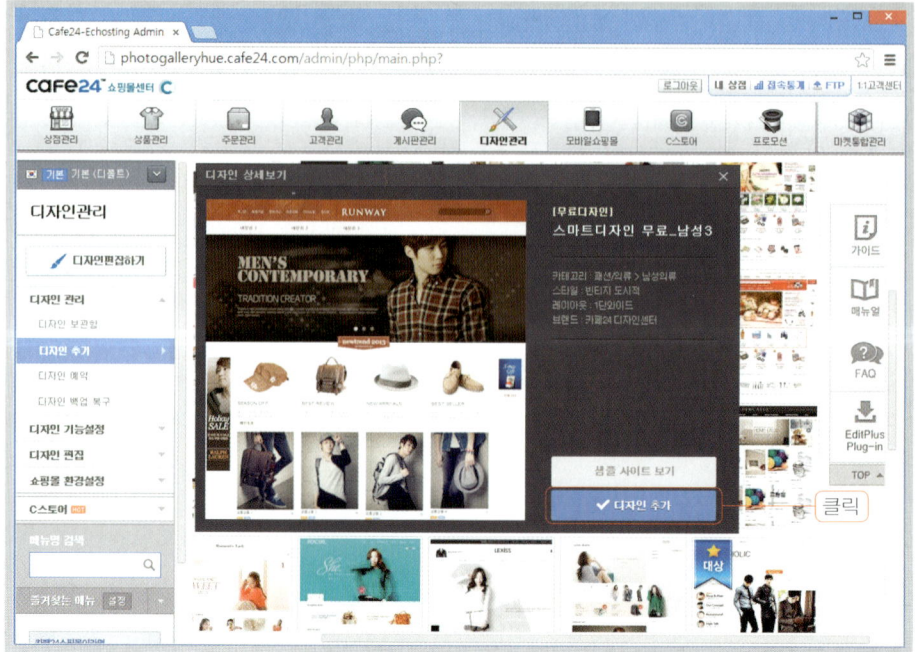

04 디자인을 보관함에 담을 것인지를 묻는 대화 상자에서 [확인] 버튼을 클릭합니다.

05 무료디자인 변경 요청에 관한 안내 페이지에서 내용을 확인하고 [확인] 버튼을 클릭합니다.

06 디자인이 추가되었는지 확인하기 위해 [디자인 관리]-[디자인 보관함] 메뉴를 클릭하여 디자인이 추가된 것을 확인합니다.

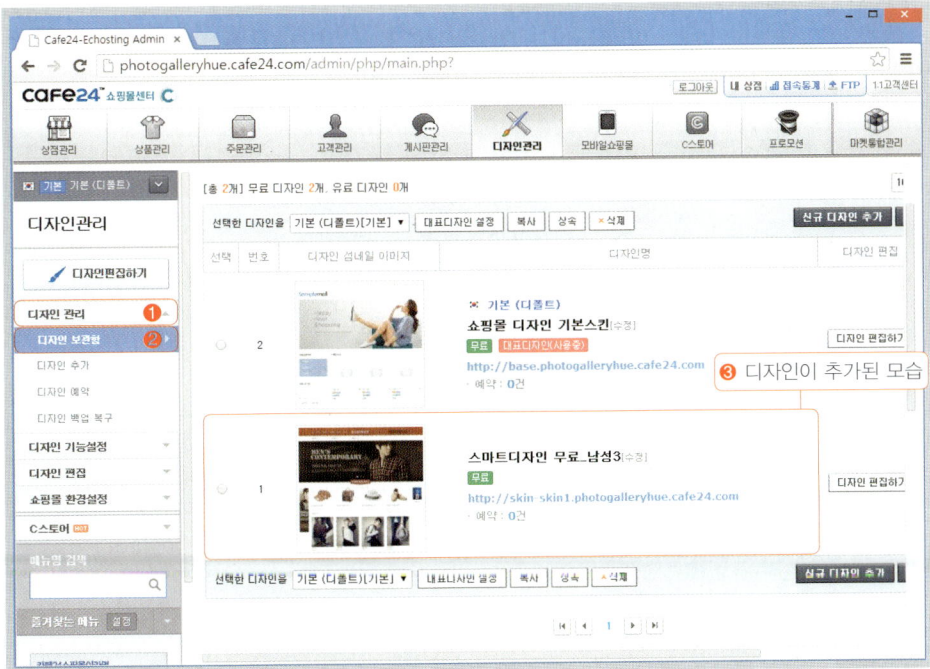

03 디자인 복사/상속/삭제 기능 활용

디자인을 관리하는 기능 중에 대표적으로 많이 사용하는 기능은 디자인의 복사, 상속, 삭제 기능입니다. 각각의 기능이 쇼핑몰에 어떻게 적용되고 있는지 살펴보겠습니다.

3.1 디자인 복사

디자인 복사의 경우는 현재까지 만들어 놓은 디자인을 하나 더 복사해 놓는 기능입니다. 현재 사용되고 있는 쇼핑몰의 경우 수정할 부분이 있다면 직접 수정을 적용해도 되지만 복사한 후에 새로운 내용을 추가하여 수정한 뒤에 에러가 없을 경우 새로운 쇼핑몰에 적용하는 방법을 권장합니다.

01 디자인 복사 기능 사용하기 위해서는 먼저 복사하려고 하는 디자인을 선택하고 [복사] 버튼을 클릭합니다.

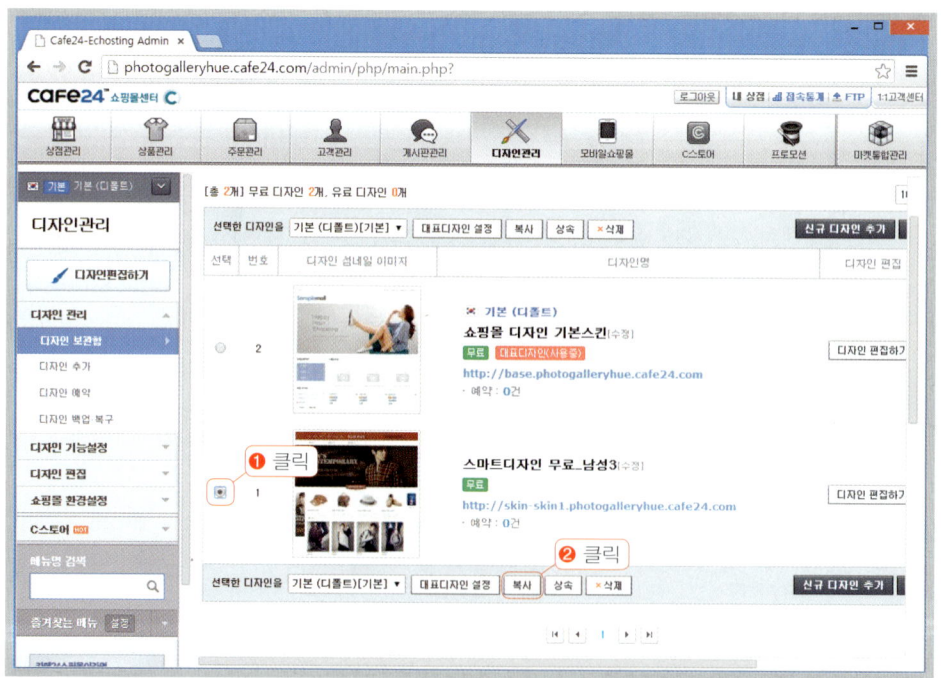

02 '디자인 복사' 창에서 복사된 디자인의 이름이 되는 '복사디자인명'을 입력하고 [저장] 버튼을 클릭합니다.

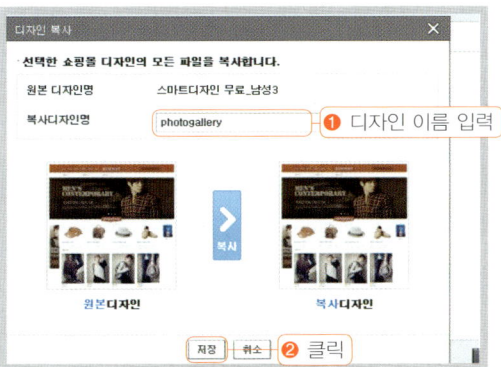

03 디자인 복사 안내 페이지에서 [확인] 버튼을 클릭합니다.

04 '디자인 보관함'에서 디자인이 복사된 것을 확인할 수 있습니다.

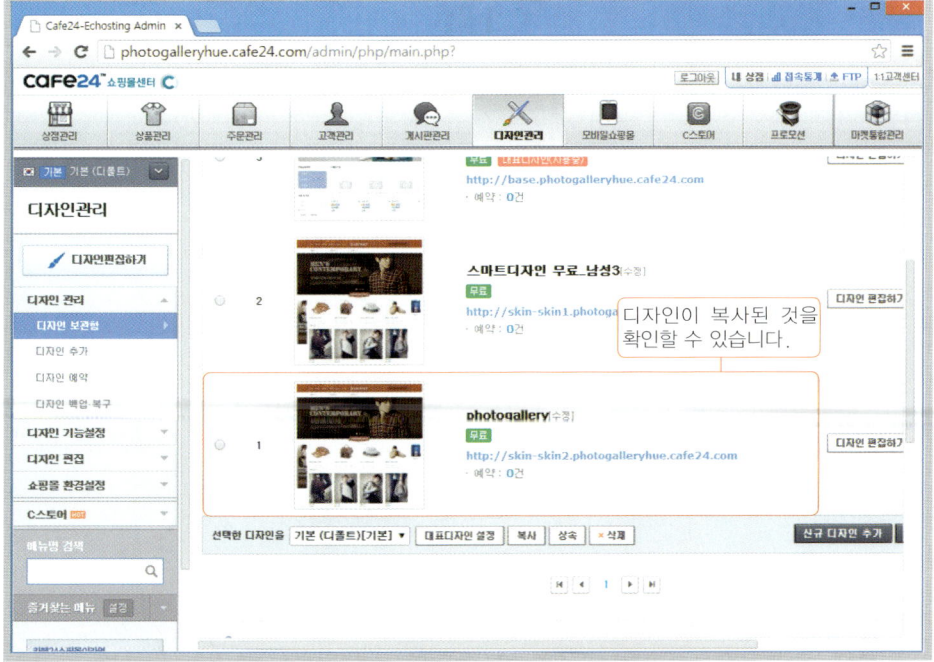

3.2 디자인 상속

디자인 상속은 상속해준 디자인을 변경하면 상속받은 디자인도 함께 변경되지만, 반대로 상
속받은 디자인을 변경하면 상속한 디자인은 변경되지 않는 기능입니다.

01 디자인 상속 기능을 이용하려고 하는 디자인을 선택하고 [상속] 버튼을 클릭합니다.

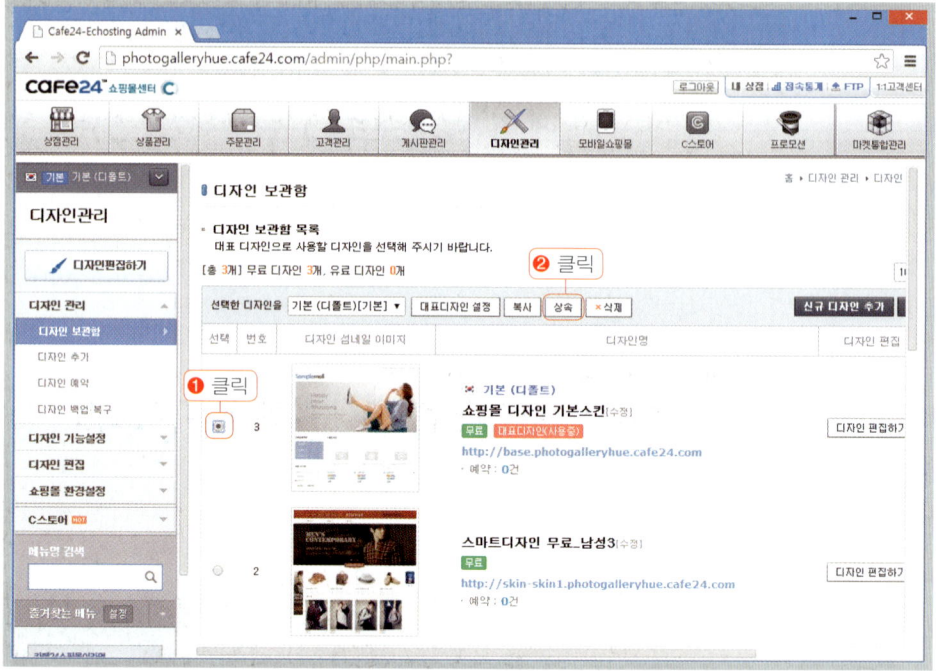

O2 '디자인 상속' 창에서 '상속디자인명'을 입력하고 [저장] 버튼을 클릭합니다.

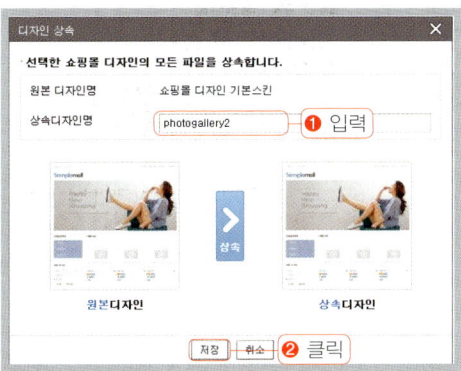

O3 디자인 상속 페이지에서 [확인]버튼을 클릭합니다.

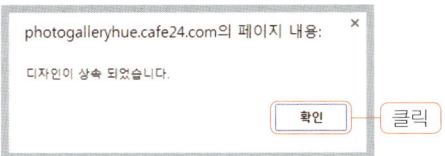

O4 디자인 보관함의 디자인 목록을 살펴보면 상속된 디자인에는 화살표(🔃) 이미지를 나타내어 상속된 디자인임을 확인할 수 있다.

3.3 디자인 삭제

무료 디자인은 10개까지 추가할 수 있습니다. 그리고 디자인이 마음에 들지 않으면 보관함의 디자인을 삭제할 수 있습니다.

01 디자인 삭제 과정을 진행해 보기 위해 디자인 보관함의 디자인 목록에서 삭제하려고 하는 디자인을 선택하고 [삭제] 버튼을 클릭합니다.

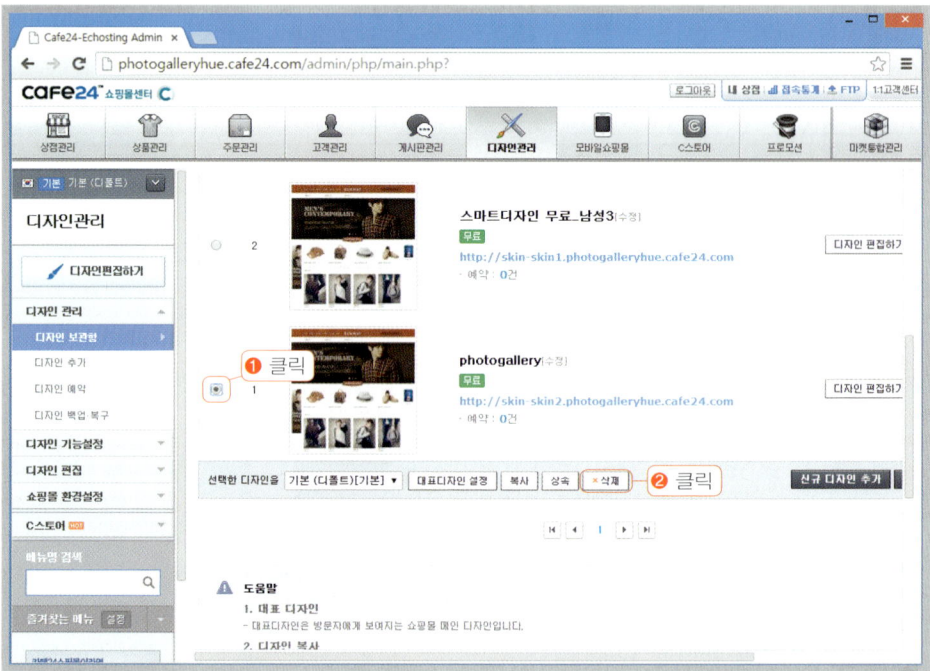

02 디자인 삭제에 대한 안내 페이지를 볼 수 있습니다. 안내 페이지에서 [확인] 버튼을 클릭합니다.

03 디자인 보관함의 디자인 목록에서 디자인이 삭제된 것을 확인할 수 있습니다.

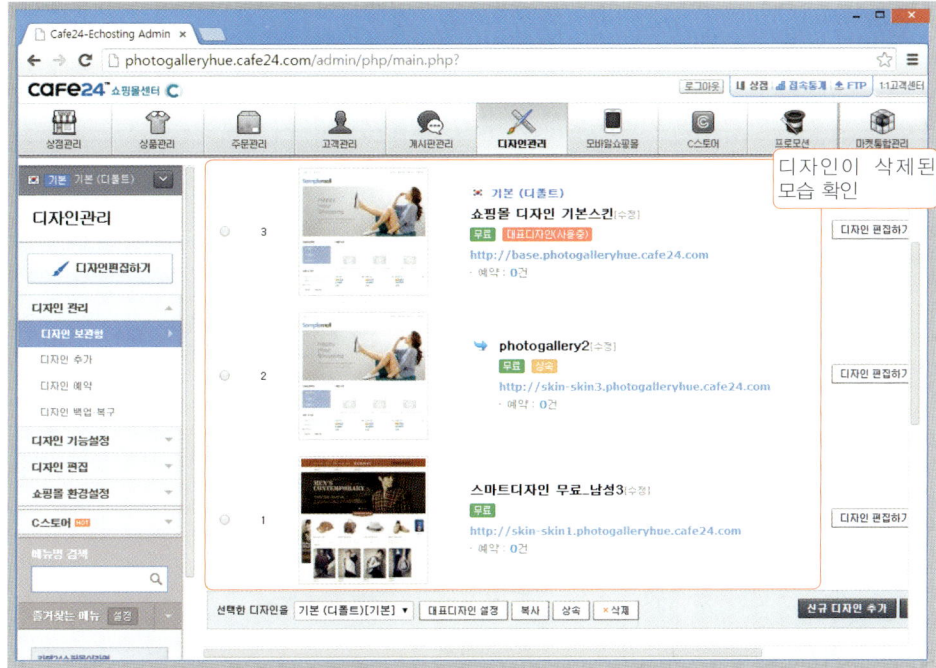

같은 방법으로 여러 디자인을 추가하고 삭제하는 과정을 반복하면서 원하는 디자인 유형을 찾아봅니다. 디자인 공모전에서 수상한 작품들도 있으니 여러 디자인을 추가해 본 후에 하나를 정하는 방법으로 디자인을 선택하는 것이 좋습니다.

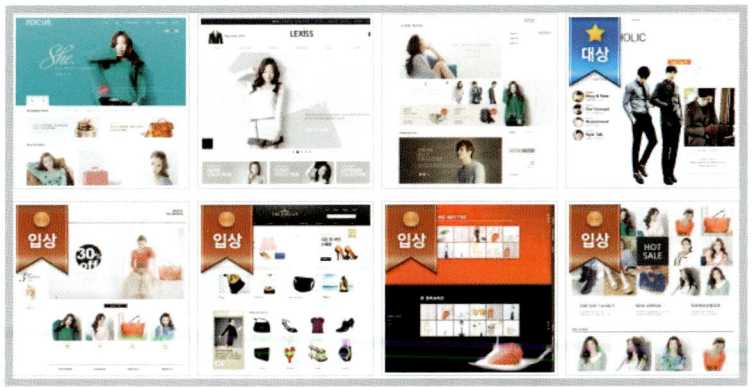

04 대표 디자인 설정과 디자인 이름 변경

여러 디자인 중에서 현재 쇼핑몰에 적용하려고 하는 디자인을 '대표 디자인'이라고 합니다. 대표 디자인은 다른 디자인으로 자유롭게 변경 가능하니, 구분하기 쉽도록 디자인의 이름을 변경해 놓는 것이 편리합니다.

01 디자인 보관함의 디자인 목록에서 대표 디자인으로 등록하려는 디자인을 선택하고 [대표디자인 설정] 버튼을 클릭합니다.

02 대표 디자인 설정에 관한 안내 문구를 읽은 후에 [확인] 버튼을 클릭합니다.

03 선택했던 디자인이 대표 디자인으로 등록된 것을 확인할 수 있습니다.

04 대표 디자인으로 설정된 디자인의 이름을 변경하기 위해 디자인의 기본 이름 옆에 있는 [수정] 버튼을 클릭합니다.

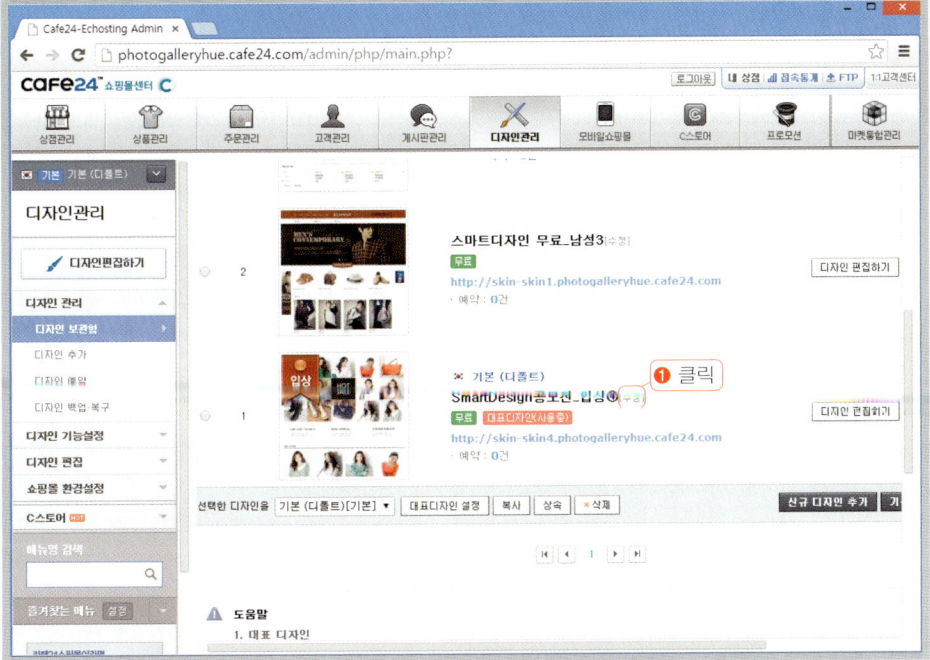

05 '디자인명 디자인 썸네일 이미지 수정' 창에서 수정할 디자인 이름을 입력하고 '디자인 썸네일 이미지'를 변경하기 위해 [파일 선택] 버튼을 클릭합니다.

06 쇼핑몰의 디자인 썸네일 이미지로 사용하려고 하는 이미지를 선택하고 [열기] 버튼을 클릭합니다.

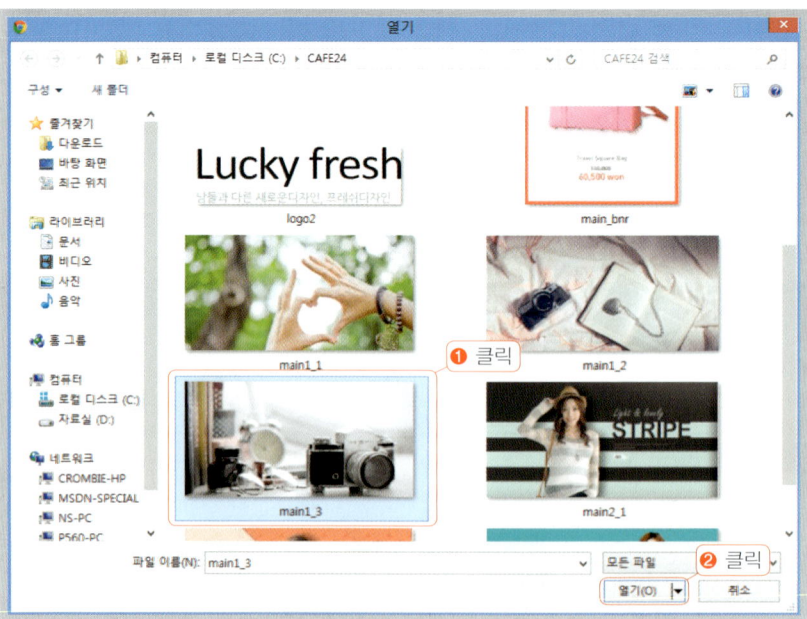

07 [디자인명 디자인 썸네일 이미지 수정] 창에서 [수정] 버튼을 클릭합니다.

08 대표 디자인의 디자인 이름과 썸네일 이미지가 변경된 것을 확인할 수 있습니다.

디자인 편집하기

스마트 디자인의 편리한 기능을 활용하고 포토샵(photoshop)과 HTML을 조금만 할 수 있으면 누구나 쉽게 디자인을 변경할 수 있습니다. 그렇지만 무료로 제공하는 디자인 중에는 디자인 변경을 위해 HTML에 대한 중급 이상의 수준이 있어야 하는 디자인도 포함되어 있습니다.

선택한 디자인에 따라 디자인을 변경하는 방법이 조금씩 다를 수 있기 때문에 책에서는 다양한 방법으로 디자인을 변경하는 과정을 진행해 보겠습니다.

01 모듈별 편집 버튼으로 수정하는 방법

기본적으로 제공해 주는 모듈별 편집 버튼을 이용하여 디자인을 수정 방법이 있습니다. 현재로서는 제일 쉬운 방법이며 대부분의 디자인에서 모듈별 편집 버튼을 제공하고 있습니다.

01 대표디자인의 디자인을 편집하기 위해서 [디자인 편집하기] 버튼을 클릭합니다.

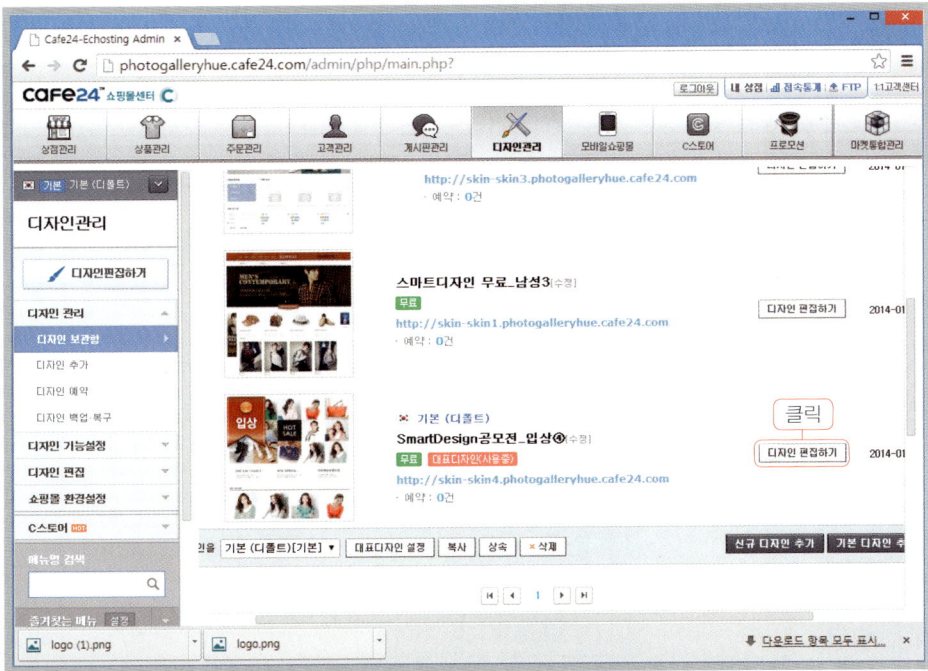

02 로고를 변경하기 위해 로고 이미지 위에 마우스를 올리면 [편집] 버튼이 활성화되는 것을 볼 수 있습니다. 로고 이미지의 편집을 진행하기 위해 [편집] 버튼을 클릭합니다.

03 편집 화면에 연결된 것을 볼 수 있습니다. 편집 화면에서 [속성] 버튼을 클릭합니다.

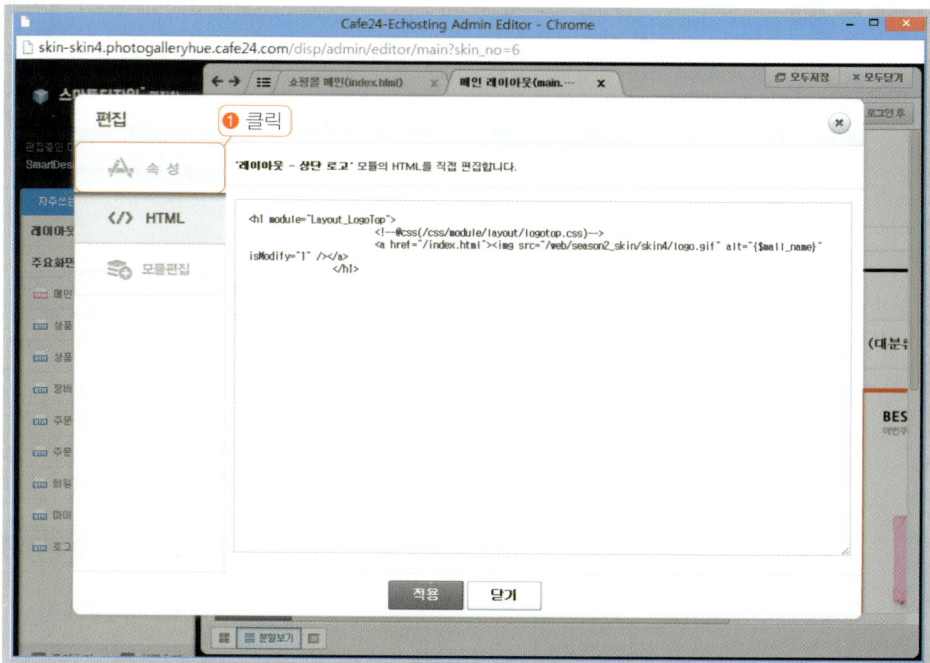

04 로고 이미지를 찾아오기 위해 속성 페이지에서 [파일 선택] 버튼을 클릭합니다.

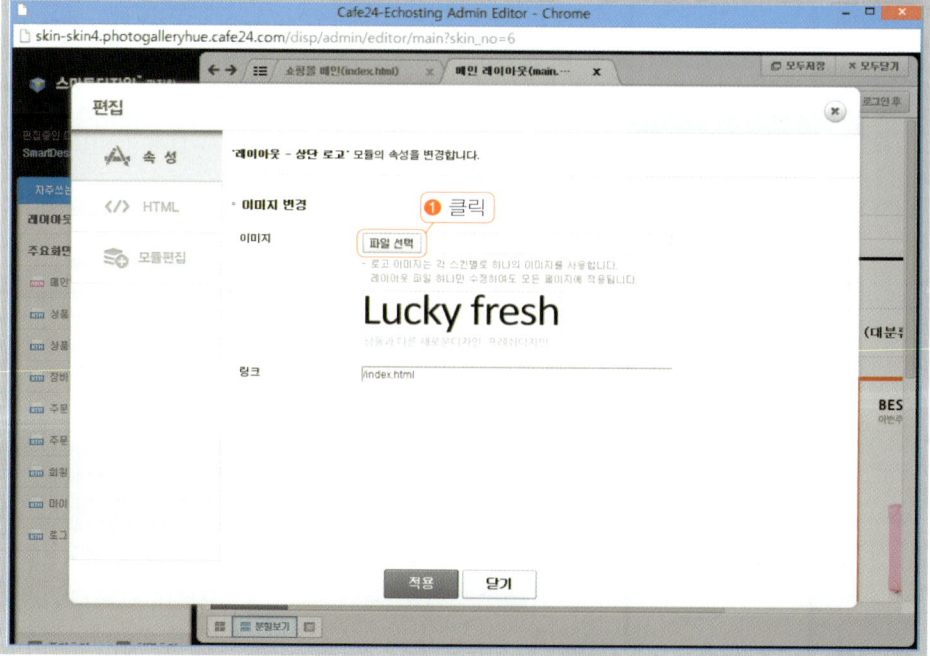

05 [열기] 대화 상자에서 'logo1.gif' 파일을 선택하고 [열기] 버튼을 클릭합니다.

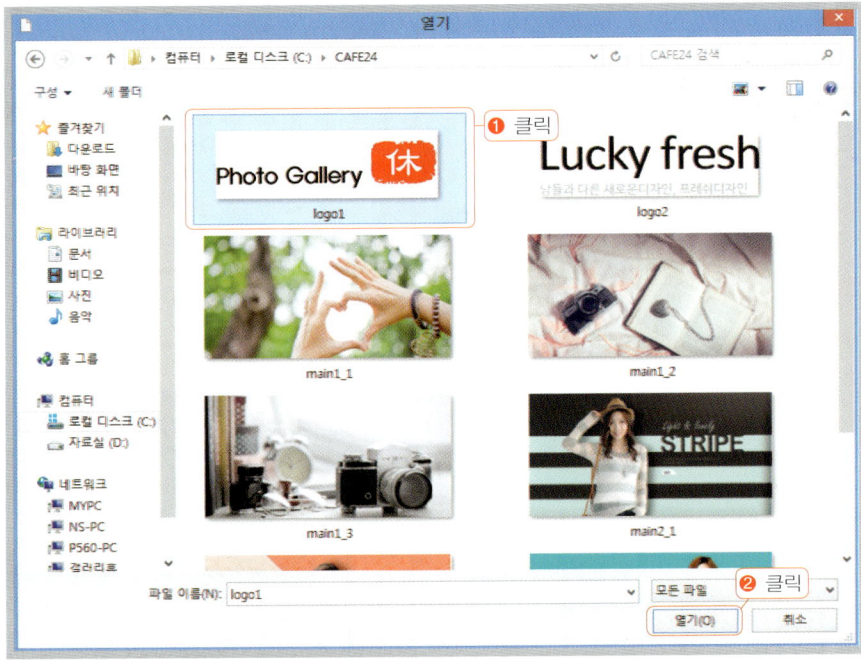

06 미리 보기 영역에 등록하려고 하는 로고가 표시되는 것을 볼 수 있습니다. 변경된 로고 이미지를 현재 디자인에 적용하려면 [적용] 버튼을 클릭합니다.

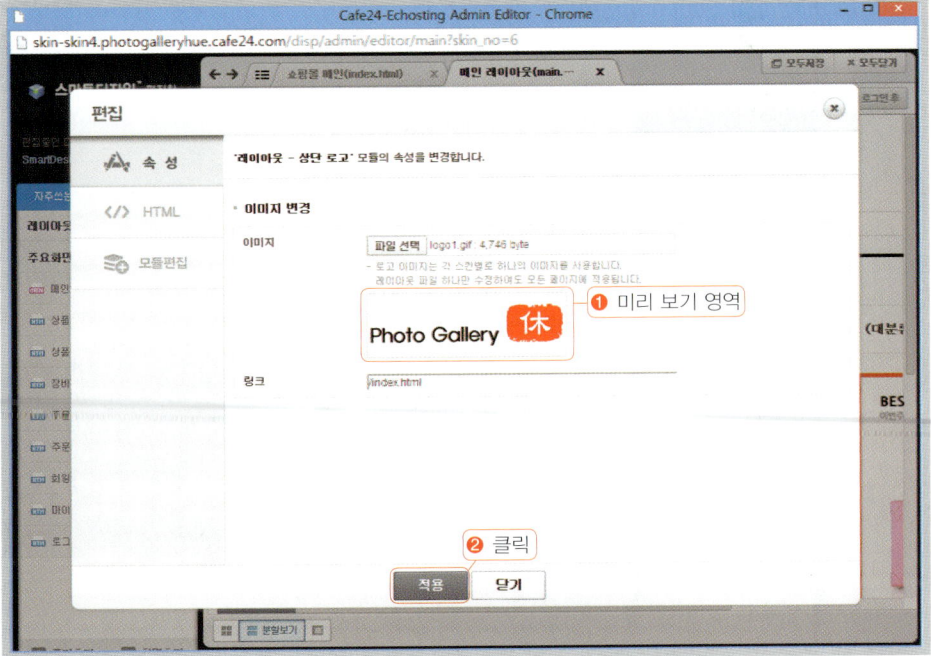

07 모듈 편집을 활용하여 변경한 로고가 적용된 것을 볼 수 있습니다.

08 [저장] 버튼을 클릭하여 로고 이미지 수정을 마무리합니다.

02 HTML로 편집하는 방법

모듈별 [편집] 버튼이 나타나지 않는 경우가 있습니다. 이 경우는 HTML을 수정하여 디자인을 변경해야 하며 HTML 소스를 분석할 수 있는 능력이 있어야 가능합니다. 이번 파트를 보며 어렵다고 느껴질 경우는 앞서 살펴보았던 HTML 정리 파트를 보면 이해가 쉬울 것입니다.

01 마우스 포인터를 올려 두어도 [편집] 버튼이 나타나지 않는 경우는 HTML 소스에서 수정해야 합니다. 하단의 [분할보기] 메뉴를 클릭하면 [HTML 소스] 버튼이 나타납니다. 그 버튼을 위쪽으로 드래그하면 소스와 함께 레이아웃 화면을 볼 수 있습니다.

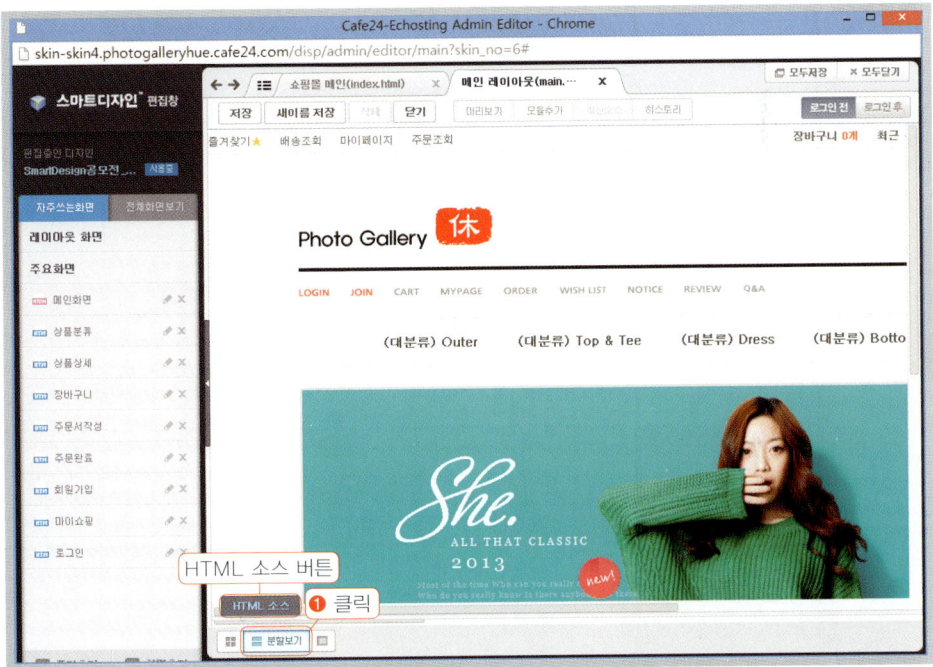

02 현재의 위치를 찾기 위해 메인 화면 레이아웃의 위쪽에 있는 메뉴바를 클릭하면 HTML 소스 보기 화면의 내용이 블록으로 설정되는 것을 볼 수 있습니다. 이제 주변의 소스를 찾아서 현재 수정하려고 하는 메인 배너와 관련된 코드의 위치를 알아냅니다.

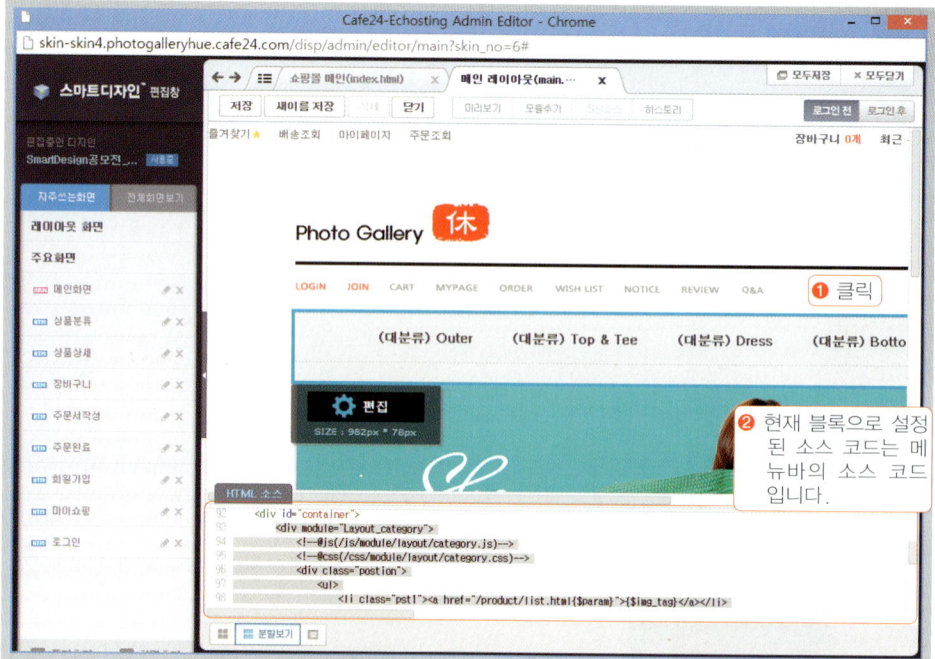

03 HTML 소스 영역 오른쪽의 스크롤 바를 조금 내리면 메인 배너와 관련된 HTML 소스를 볼 수 있습니다.

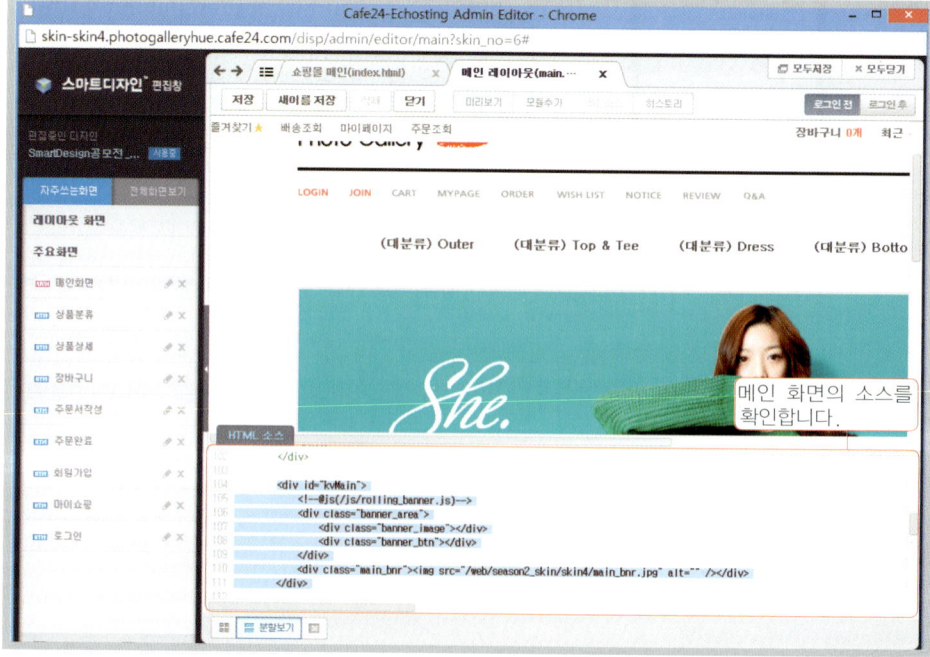

```
<div id="kvMain">
  <!--@js(/js/rolling_banner.js)-->
  <div class="banner_area">
    <div class="banner_image"></div>
    <div class="banner_btn"></div>
  </div>
  <div class="main_bnr"><img src="/web/season2_skin/skin4/main_bnr.jpg" alt="" /></div>
  </div>
</div>
```

04 소스를 확인하는 방법은 여러 가지가 있으나 가장 좋은 방법은 스타일을 적용해 보는 방법입니다. 'style=display:none;'을 적용하면 현재의 위치를 감추는 기능입니다.

```
<div id="kvMain"  style=display:none;>
```

05 소스를 입력한 후에 상단에 있는 [저장] 버튼을 클릭하여 메인 배너 이미지의 자리가 감추어지는지 확인합니다.

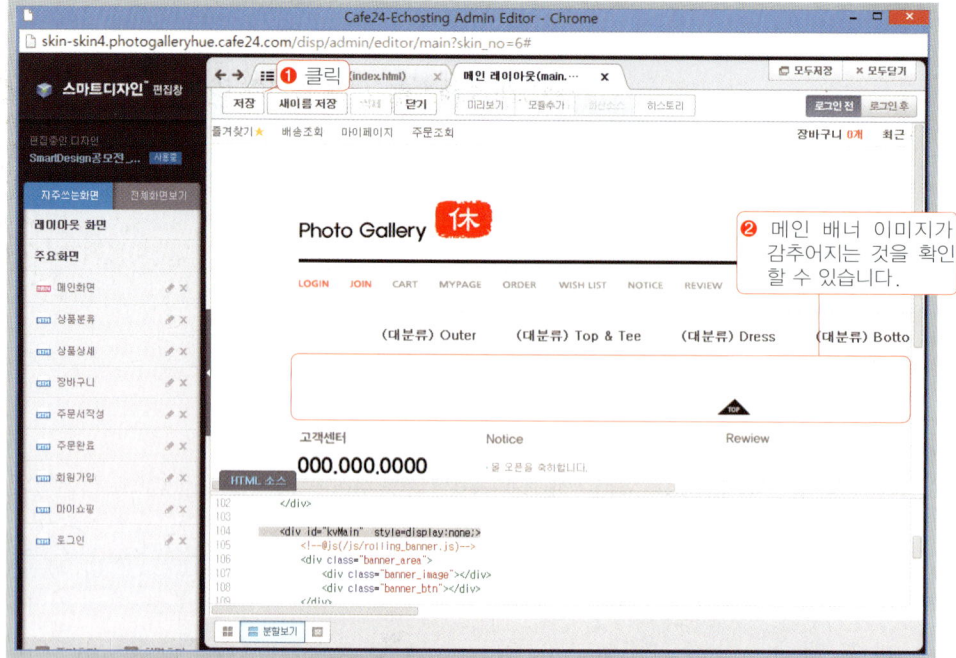

06 소스 전체를 수정하기 전에 이번에는 메인 배너의 이미지를 원하는 이미지로 바꾸는 방법을 알아보겠습니다.

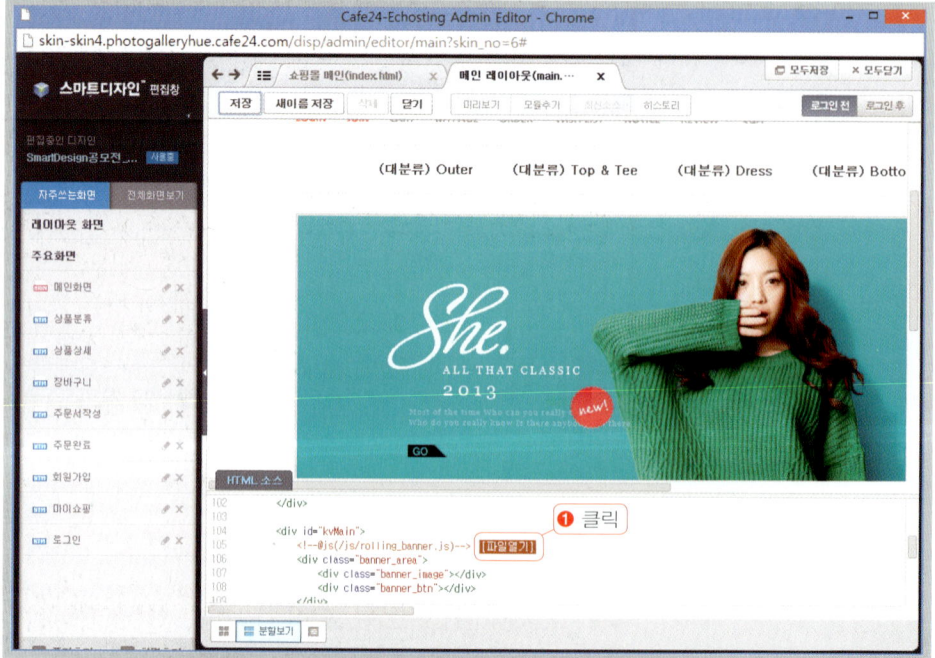

먼저 메인 배너를 나타내는 불록의 수정된 스타일을 제거하여 원래의 코드로 되돌립니다.

수정 후의 코드 :   <div id="kvMain" style=display:none;>

원래의 코드 :   <div id="kvMain">

롤링 배너 소스에 해당하는 아래 소스에 마우스를 올릴 때 표시되는 [파일열기] 버튼을 클릭합니다.

```
<!--@js(/js/rolling_banner.js)-->
```

07 메인 배너의 이미지를 순차적으로 바꾸어 주는 배너의 소스 코드를 확인할 수 있습니다.

```
aBanner.push({url: '/product/detail.html?product_no=4&cate_no=4&display_group=1',
img: '/web/season2_skin/skin4/1.jpg'});
aBanner.push({url: '/product/detail.html?product_no=5&cate_no=4&display_group=1',
img: '/web/season2_skin/skin4/2.jpg'});
aBanner.push({url:/product/detail.html?product_no=14&cate_no=4&display_group=1',
img: '/web/season2_skin/skin4/3.jpg'});
```

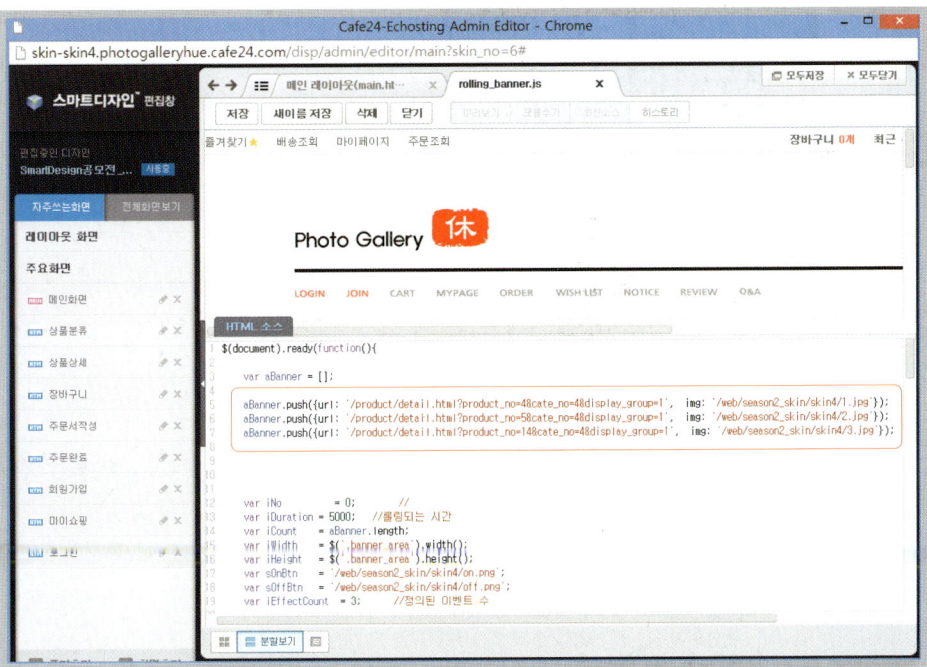

08 메인 배너에서 사용하려는 이미지를 FTP를 통해 같은 경로에 업로드하고 아래 소스를 수정하면 됩니다. FTP로 이미지를 업로드하는 부분은 아래 내용에 이어서 설명하고 있습니다. 파일 이름을 같게 해서 처음부터 만드는 방법과 두 번째로 파일 이름이 다르게 "1.JPG", "2.JPG", "3.JPG" 파일을 업로드하여 필요한 파일 이름으로 수정하는 방법입니다.

```
/web/season2_skin/skin4/1.jpg -> mian1_1.jpg
/web/season2_skin/skin4/2.jpg -> main1_2.jpg
/web/season2_skin/skin4/3.jpg -> main1_3.jpg
```

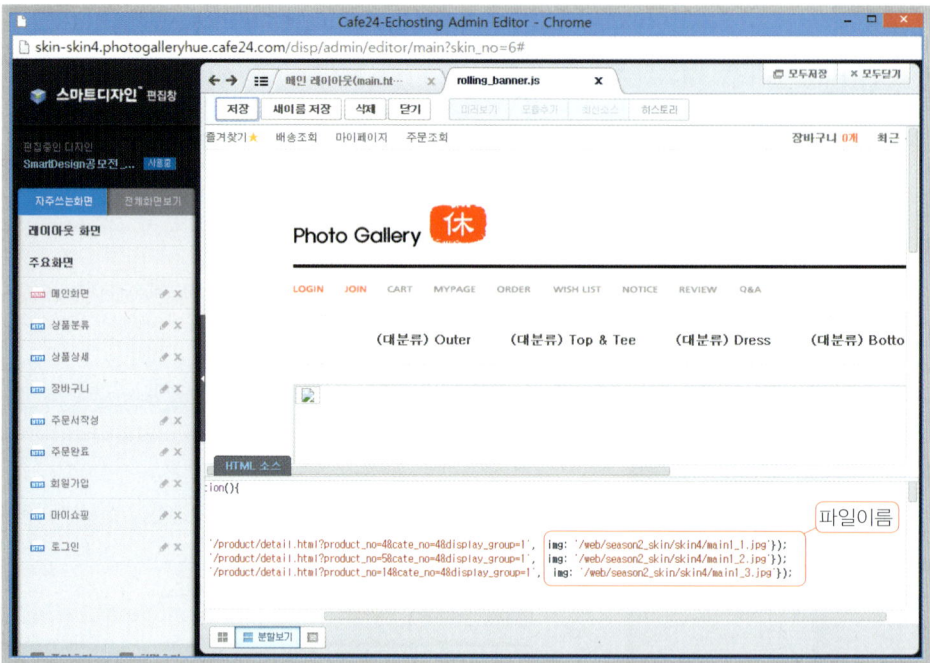

03 FTP를 통해 이미지를 올리는 방법

FTP(File Transfer Protocol)는 인터넷을 통해 파일을 전송하기 위해 만들어진 전송 규약입니다. 웹을 다루는 곳은 어디에나 쓰이는 용어이며, 카페 24 쇼핑몰에서도 별도의 파일을 업로드해야 하는 경우는 FTP를 활용하게 됩니다.

O1 메인 배너에 사용할 별도의 이미지를 업로드하기 위해 [스마트디자인 편집창]을 닫고 관리자 페이지로 이동합니다.

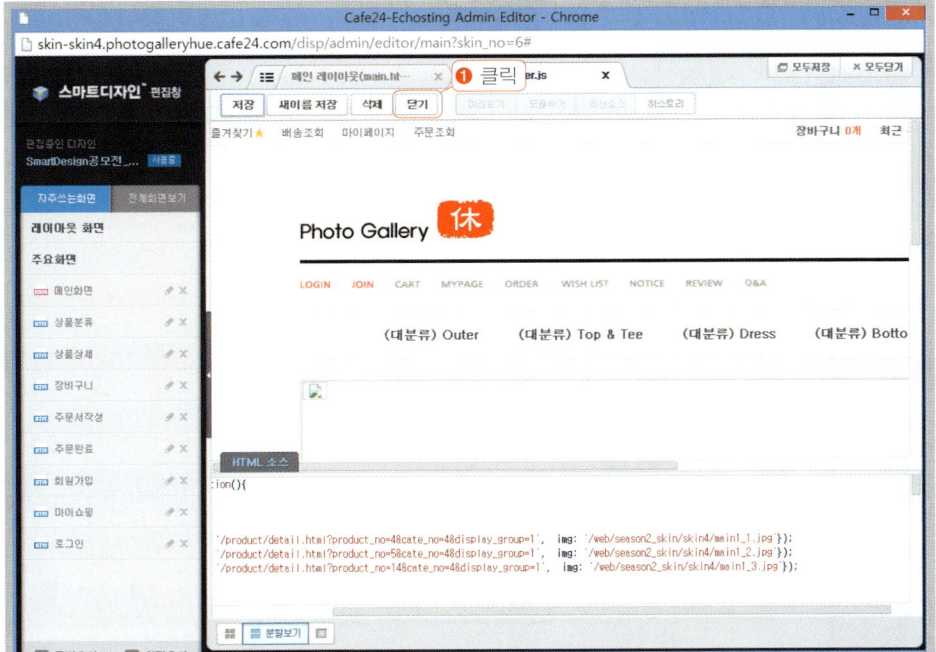

02 관리자 페이지 상단에 있는 [FTP] 버튼을 클릭합니다.

03 FTP 페이지의 왼쪽에 있는 [웹 FTP]-[웹 FTP 접속] 메뉴를 클릭합니다.

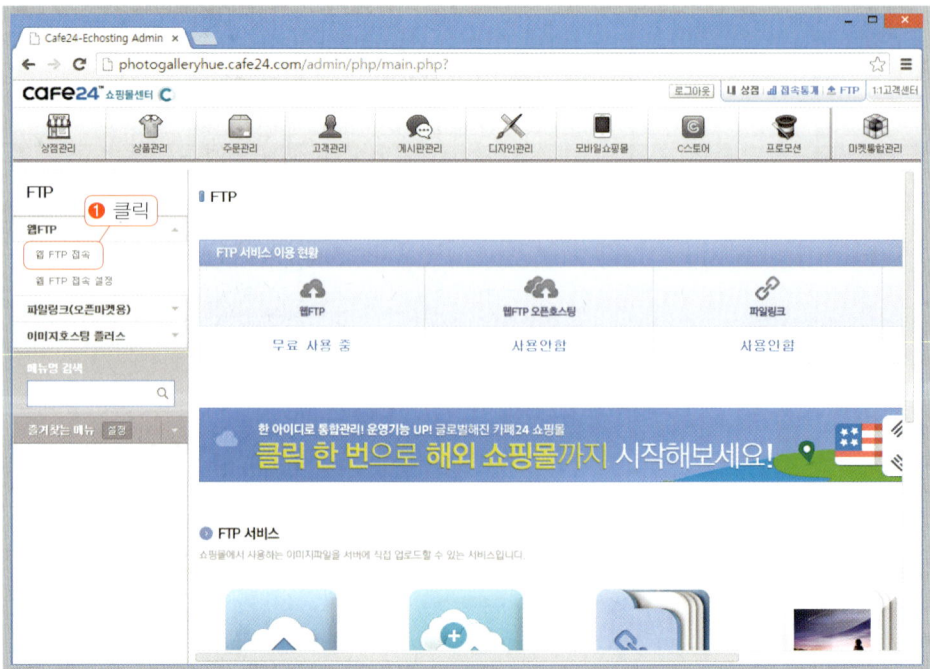

04 FTP 로그인 정보를 입력하는 창에서 암호를 입력하고 [연결] 버튼을 클릭합니다. 아이디와 패스워드는 카페24에 회원가입할 때 등록한 것입니다.

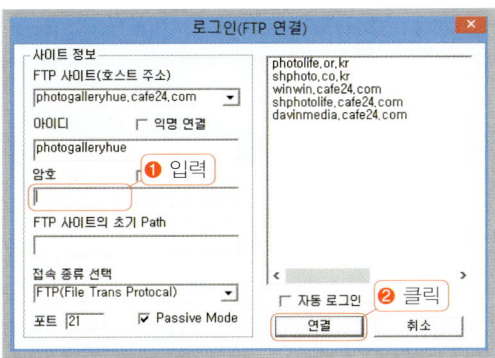

05 서버의 폴더 목록에서 "/web/season2_skin/skin4/" 폴더로 이동합니다. 하단에 있는 메인 배너의 이미지로 사용할 파일을 선택한 후에 [업로드] 버튼을 클릭합니다.

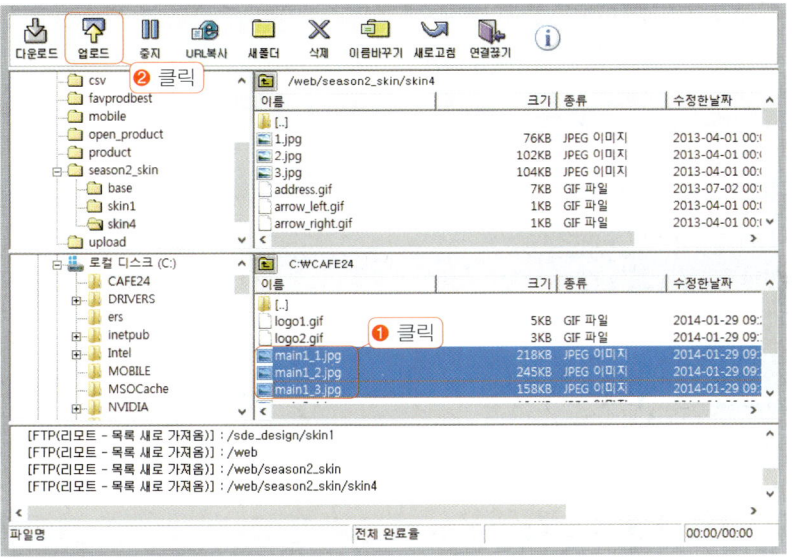

06 파일이 업로드된 것을 확인할 수 있습니다.

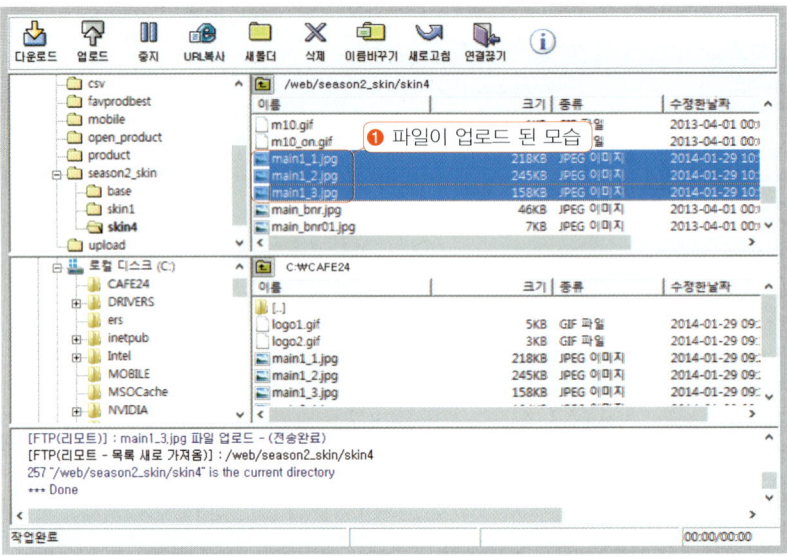

07 디자인 관리 페이지로 접속해서 확인해 보면 정상적으로 메인 배너의 이미지가 표시되는 것을
확인할 수 있습니다.

04 맞지 않는 링크 수정 방법

쇼핑몰 곳곳에 있는 배너는 임의로 설정해 놓은 경우가 많아 배너를 클릭해도 페이지가 없다고 표시되거나 연결이 안 되는 경우가 많이 있습니다. 이런 경우의 소스를 다시 설정하는 방법을 알아보겠습니다.

01 메인 화면에 있는 SALE 배너에 링크를 걸기 위해 해당 배너 이미지를 클릭하여 이동할 페이지의 주소를 먼저 추출해야 합니다. 이어서 배너에 링크를 설정하려는 상품이 있는 페이지로 이동하여 상단에 있는 주소를 복사합니다. 복사는 주소줄 빈 곳에서 마우스 오른쪽 버튼을 눌러 나타나는 단축 메뉴에서 [복사]를 선택합니다.

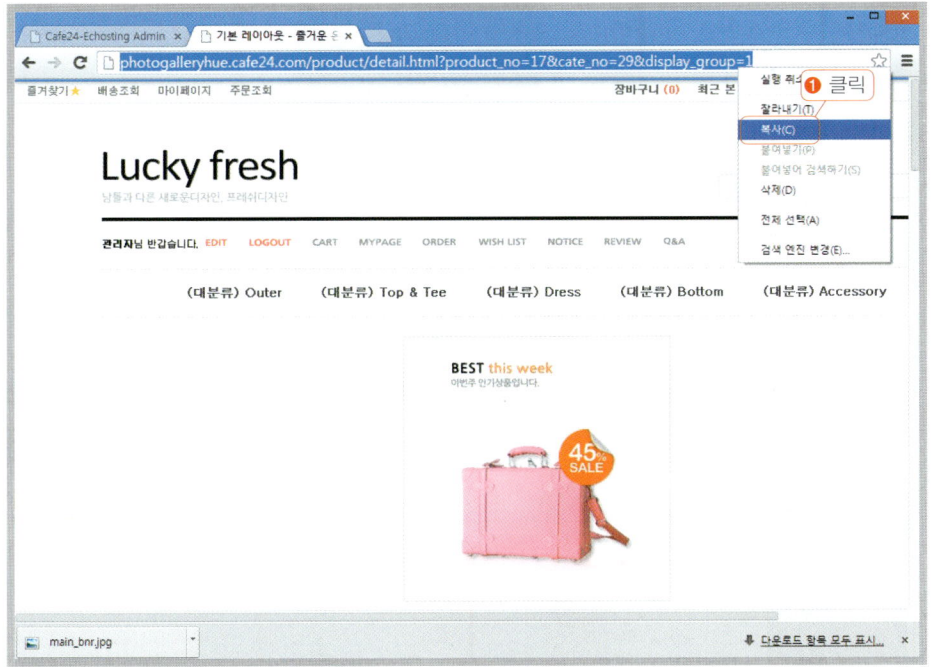

02 링크를 설정하려는 배너에 마우스를 올리면 [편집] 버튼이 나옵니다. [편집] 버튼을 클릭합니다.

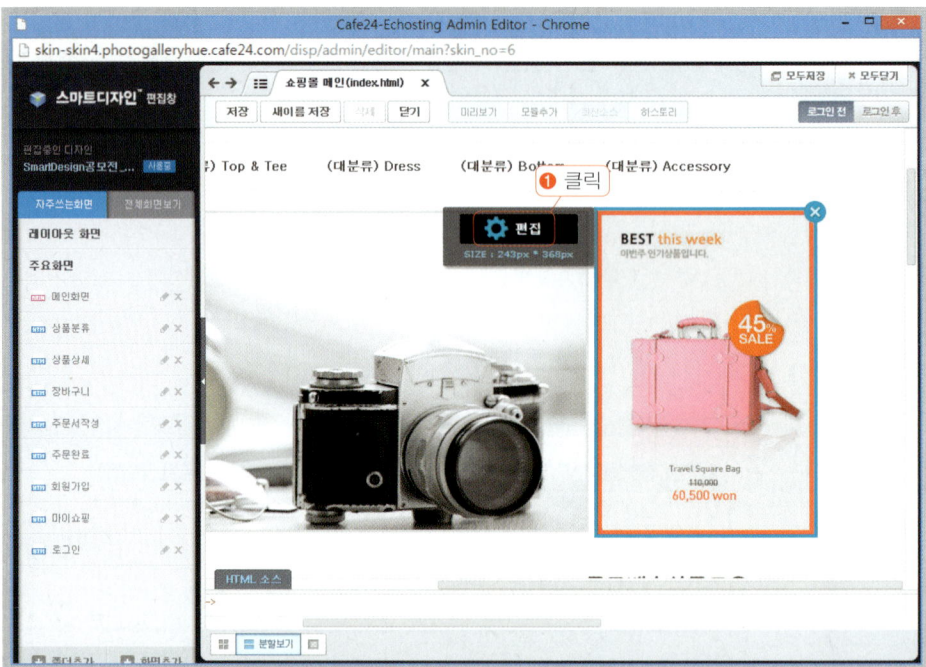

03 편집 화면에서 [속성] 메뉴로 이동한 후에 '링크' 항목에 복사한 주소를 붙여넣기 합니다.

04 붙여넣기한 주소를 확인한 후 [적용] 버튼을 클릭합니다.

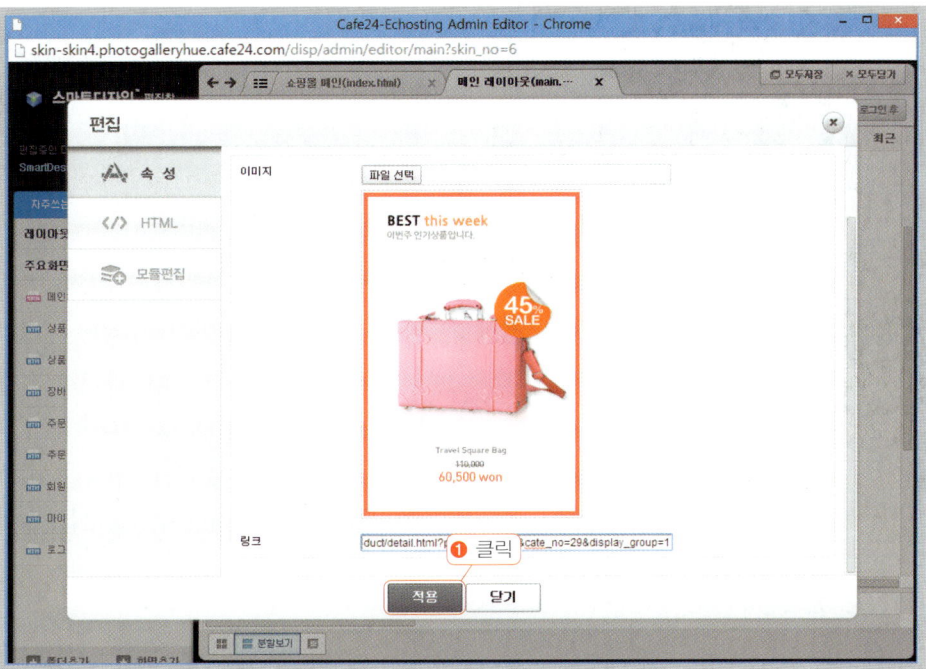

05 [스마트디자인 편집창]으로 이동된 것을 볼 수 있습니다. 링크가 정상적으로 작동하는지 확인하기 위해 [닫기] 버튼을 클릭하여 [스마트디자인 편집창]을 닫습니다.

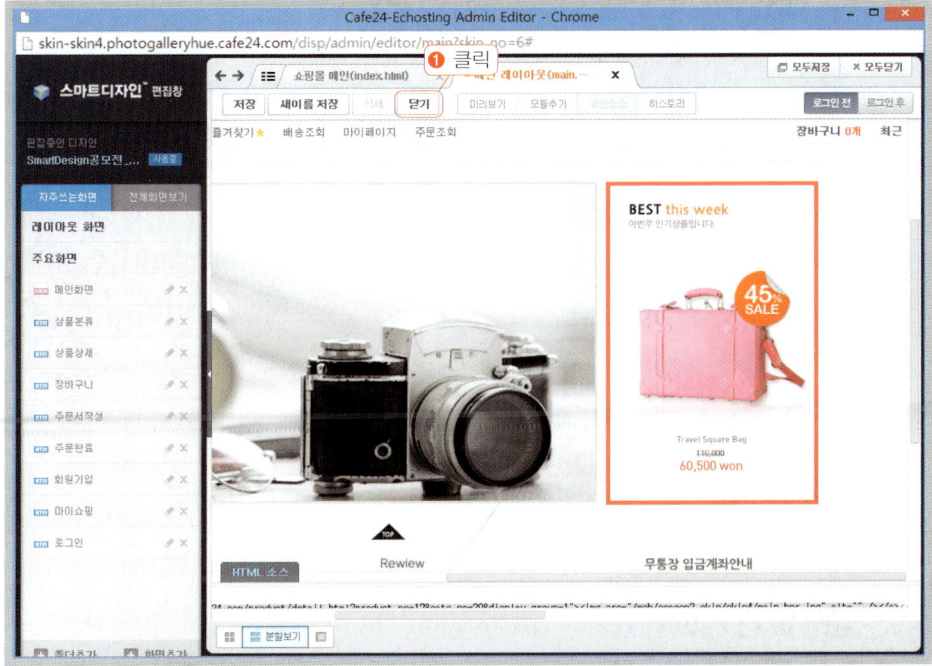

06 관리자 페이지로 이동하여 관리자 페이지의 상단에 있는 [내 상점] 버튼을 클릭합니다.

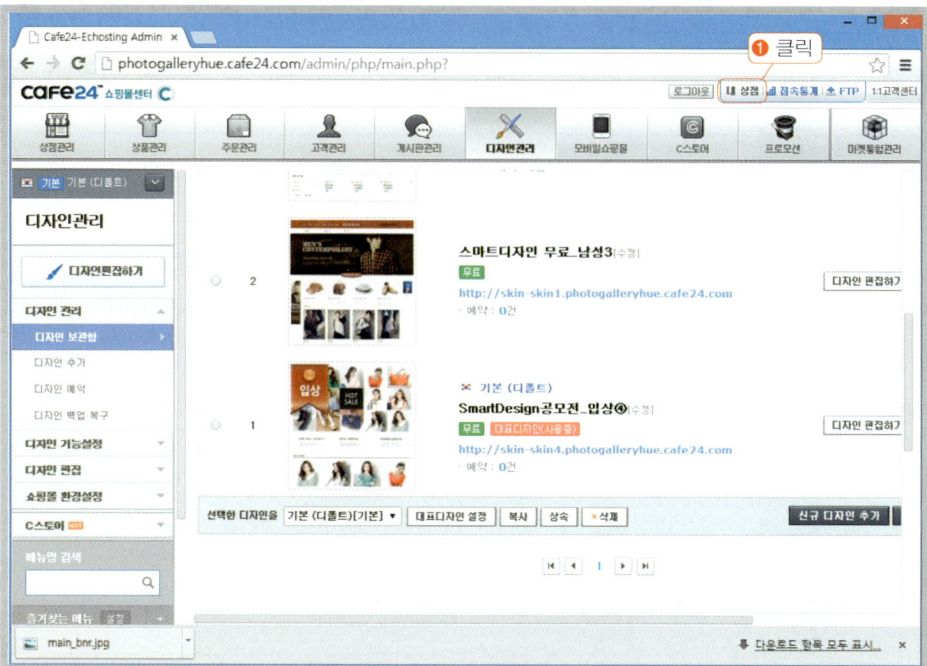

07 쇼핑몰로 접속한 후에 메인 화면에 있는 'SALE 배너'를 클릭하여 해당 상품이 있는 페이지로 정상적으로 이동하는지 확인합니다.

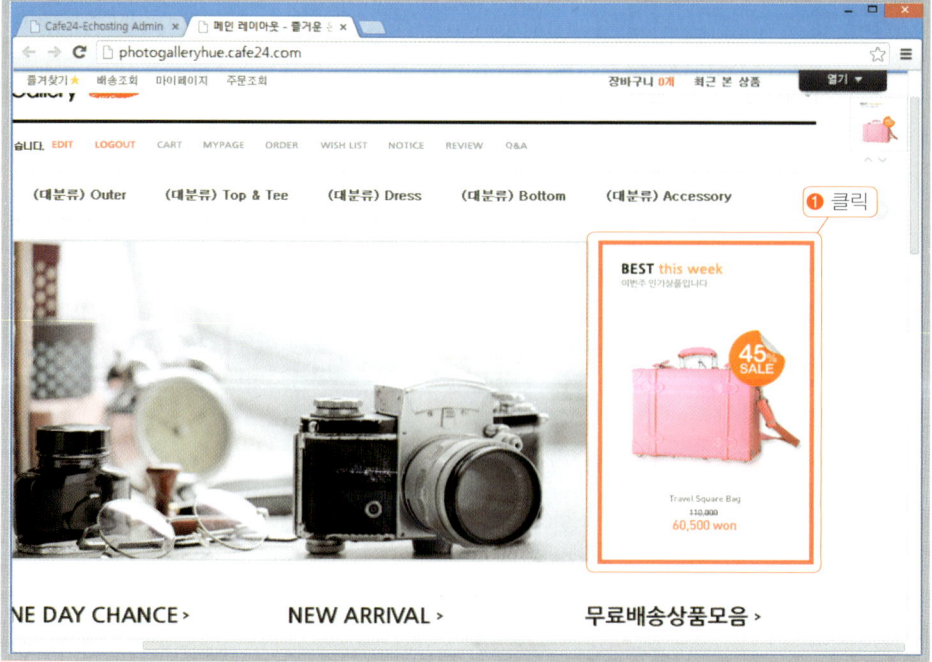

08 배너와 연결된 페이지로 정상적으로 이동되었는지 확인합니다.

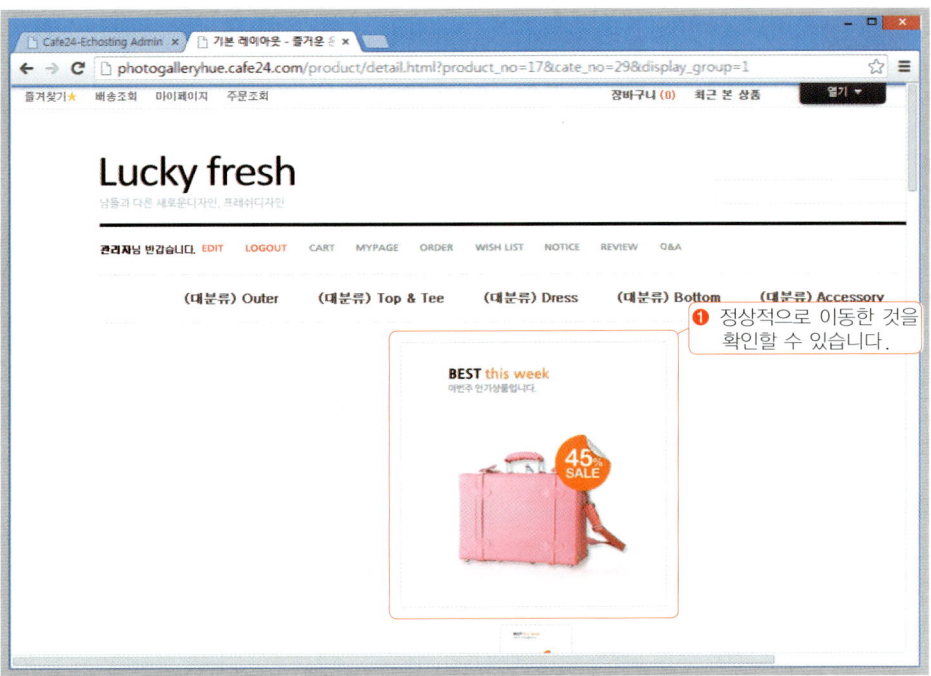

① 정상적으로 이동한 것을 확인할 수 있습니다.

05 디자인 예약 기능으로 쇼핑몰 예약하기

쇼핑몰을 수정해야 하는 경우나 특정 이벤트를 진행할 때 하나의 쇼핑몰을 다시 만들고 예약 기능을 활용하여 원하는 날짜와 시간에 띄울 수 있습니다.

01 쇼핑몰 디자인 예약 기능을 활용하기 위해 [디자인관리]-[디자인 예약] 메뉴를 클릭합니다.

02 디자인 예약 페이지에서 새로운 디자인을 예약하기 위해 [디자인 예약] 버튼을 클릭합니다.

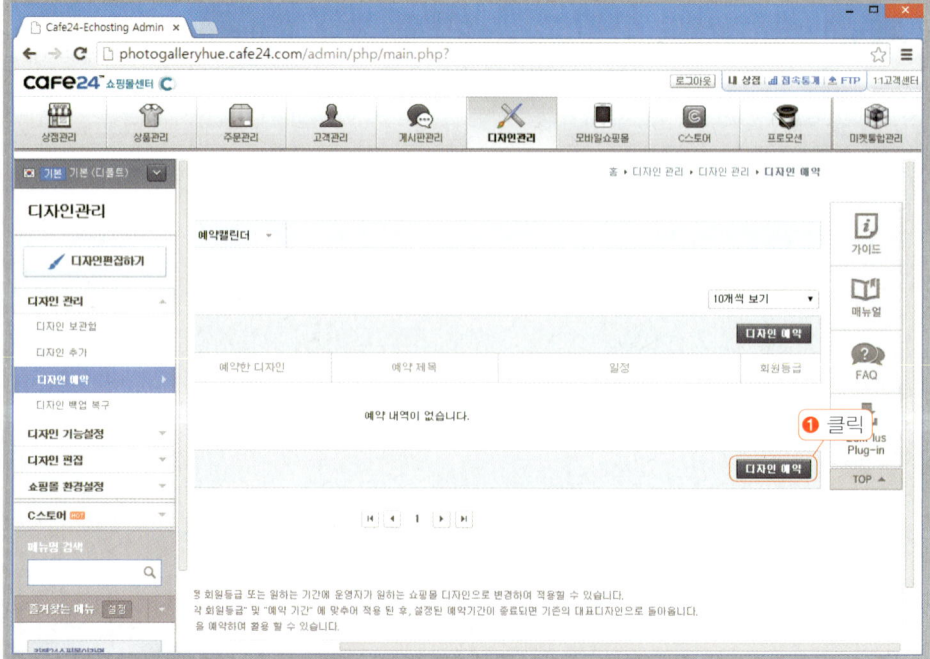

03 쇼핑몰 디자인 선택 화면에서 예약할 쇼핑몰 디자인을 선택합니다.

04 예약설정 페이지에서 예약 제목, 예약 회원등급, 예약 기간을 자유롭게 설정할 수 있습니다. 내용을 입력한 후에 [저장] 버튼을 클릭합니다.

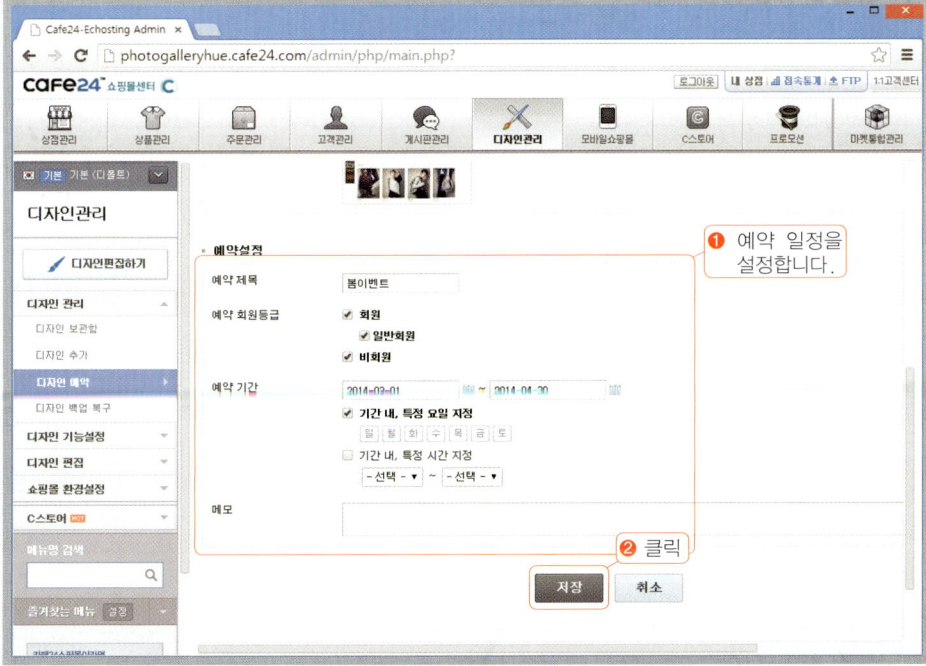

05 예약 스킨에 대한 안내 페이지에서 [확인] 버튼을 클릭합니다.

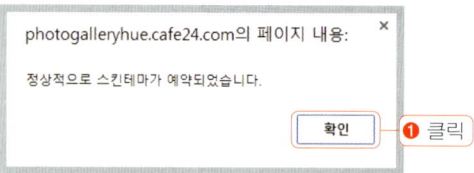

06 디자인관리에서 [디자인 예약] 메뉴를 클릭하면 예약된 디자인 목록을 확인할 수 있습니다.

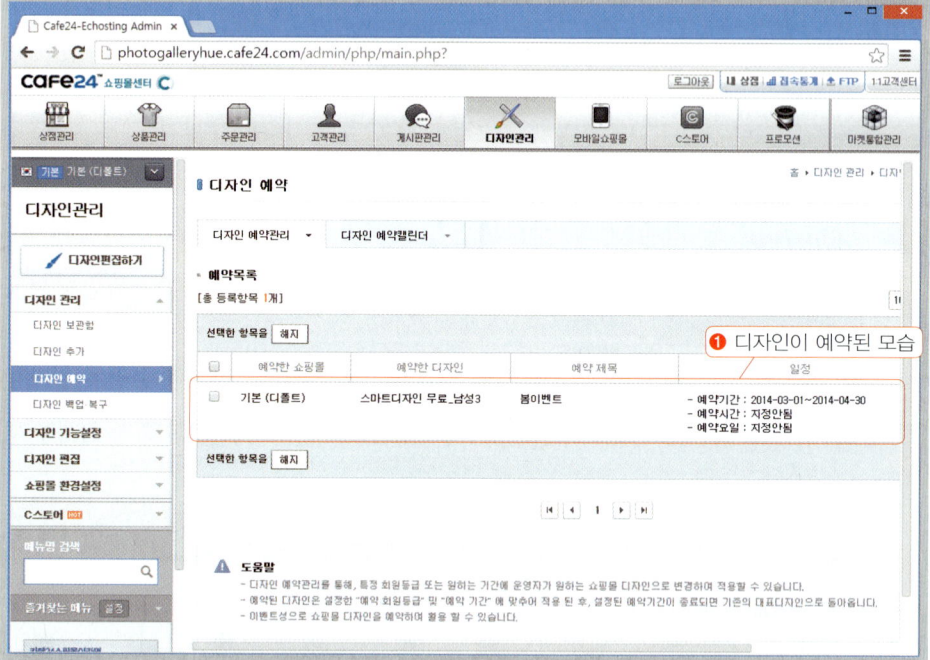

06 스마트 디자인 새로운 화면 추가 - 견적서 화면 추가

스마트 디자인에는 새로운 페이지를 추가하고 사용할 수 있는 기능이 있습니다. 그중에서 많은 분이 추가하고 싶어 하는 견적서 페이지를 만들어 보겠습니다.

01 [스마트디자인 편집창]으로 접속한 후에 새로운 페이지를 추가하기 위해 [화면 추가] 버튼을 클릭합니다.

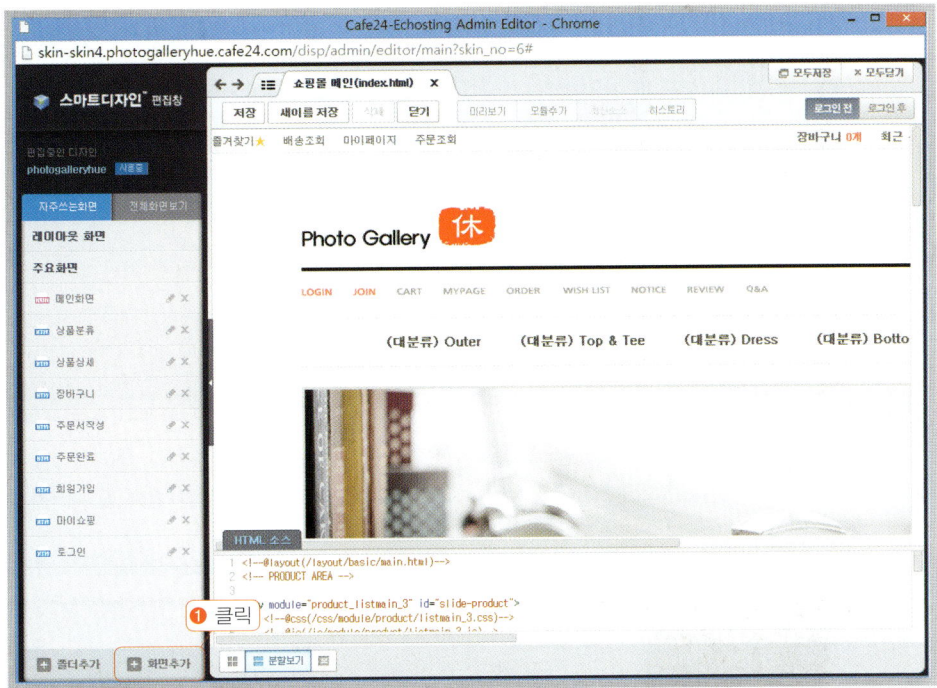

02 [쇼핑몰 화면 추가] 창에서 파일명을 "form.html"로 입력하고 [저장] 버튼을 클릭합니다.

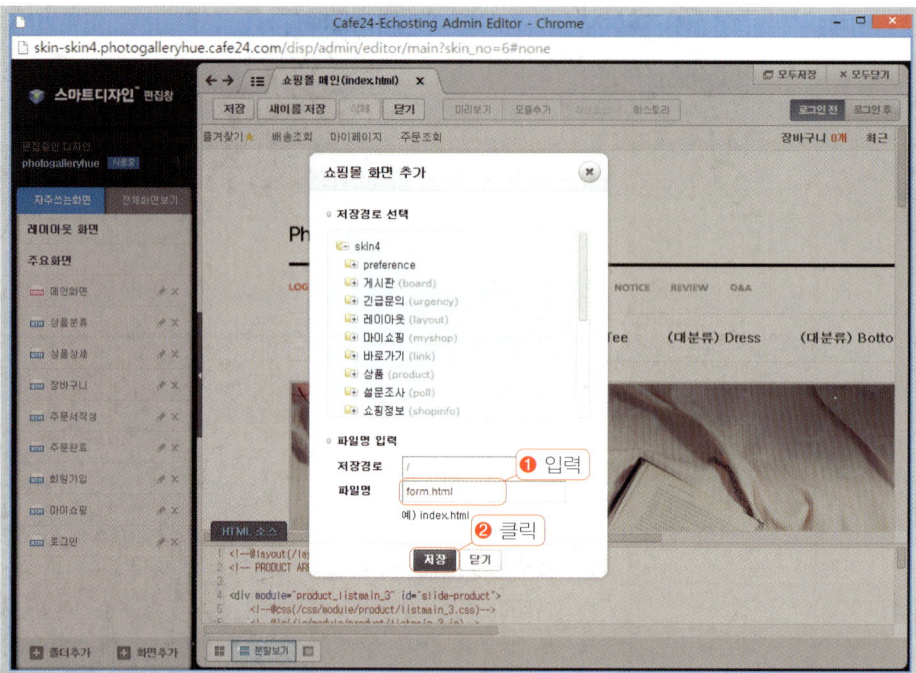

03 메인 화면에 빈 페이지가 추가된 것을 볼 수 있으며 추가된 페이지에 원하는 모듈을 삽입하여 사용할 수 있습니다. 견적서 모듈을 추가하여 사용하기 위해 [편집] 버튼을 클릭합니다.

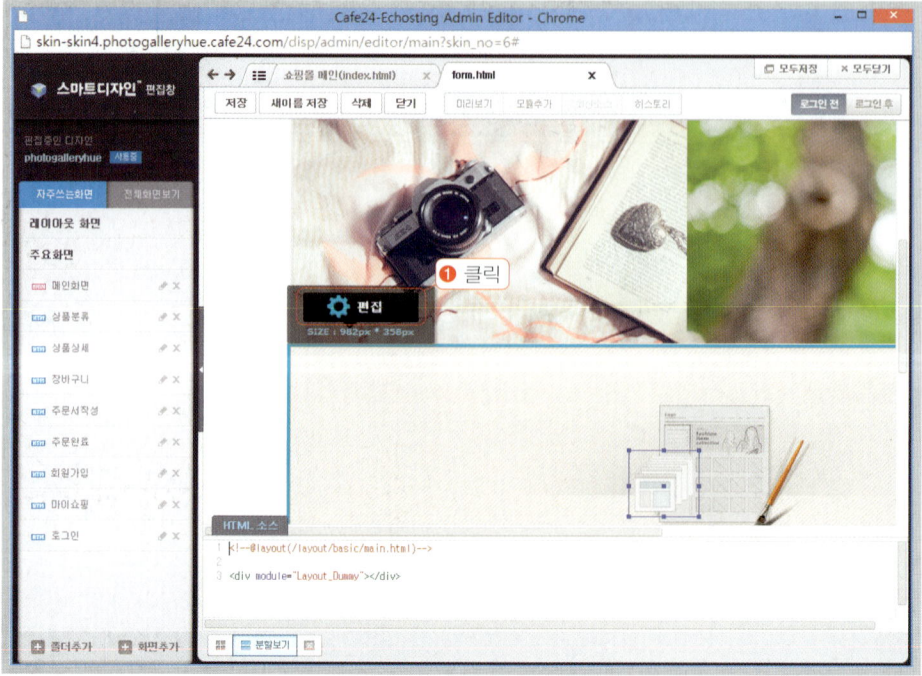

04 [모듈편집] 창에서 [전체 모듈]-[온라인견적서]-[견적서 신청자 입력 폼]을 선택하고 [적용] 버튼을 클릭합니다.

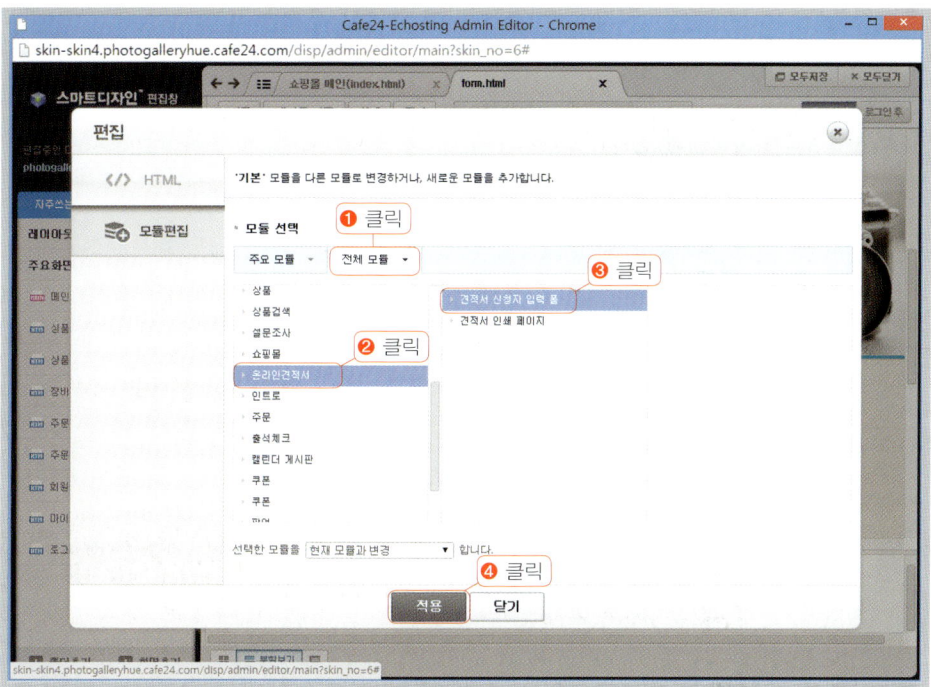

05 견적서가 입력된 것을 확인할 수 있습니다. 상단에 있는 [저장] 버튼을 클릭하여 변경된 내용을 저장하고, 이어서 [닫기] 버튼을 클릭하여 새로운 견적서 페이지를 만드는 것을 완료합니다.

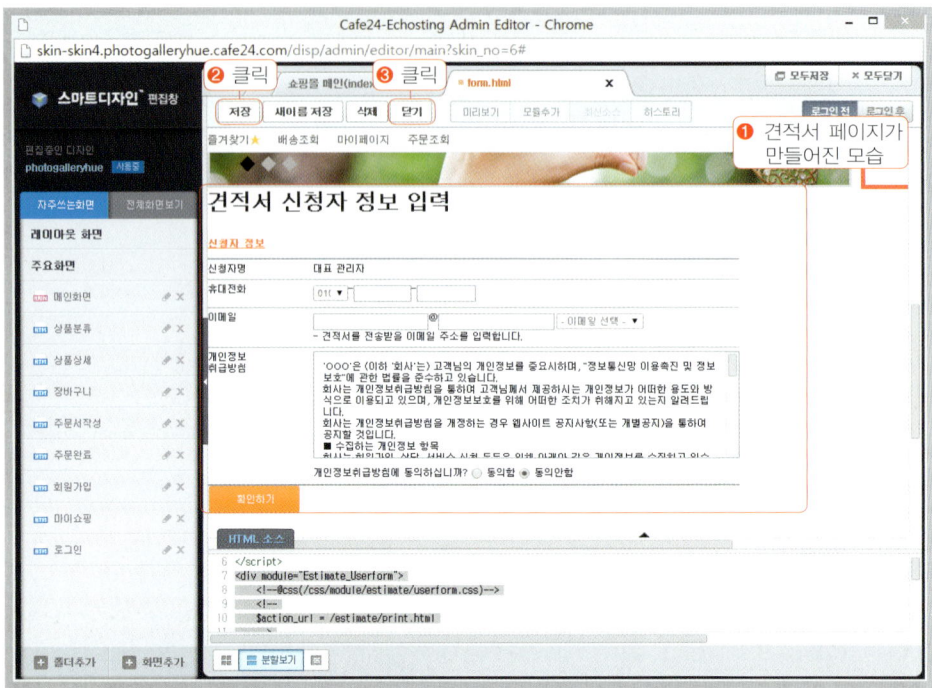

07 새로 만든 페이지에 하이퍼링크 설정하기

새로 만든 페이지를 사용자가 이용하도록 하기 위해서는 하이퍼링크를 설정해야 합니다. 새로운 메뉴를 추가하거나 배너를 추가하여 하이퍼링크를 설정할 수 있습니다. 여기에서는 배너에 하이퍼링크를 설정하는 과정을 진행합니다.

01 편집 메뉴로 접속한 후에 [전체화면보기]를 클릭하고 "form.html" 페이지에서 마우스 오른쪽 버튼을 클릭한 후에 표시되는 단축 메뉴에서 [링크 주소 복사] 메뉴를 클릭합니다.

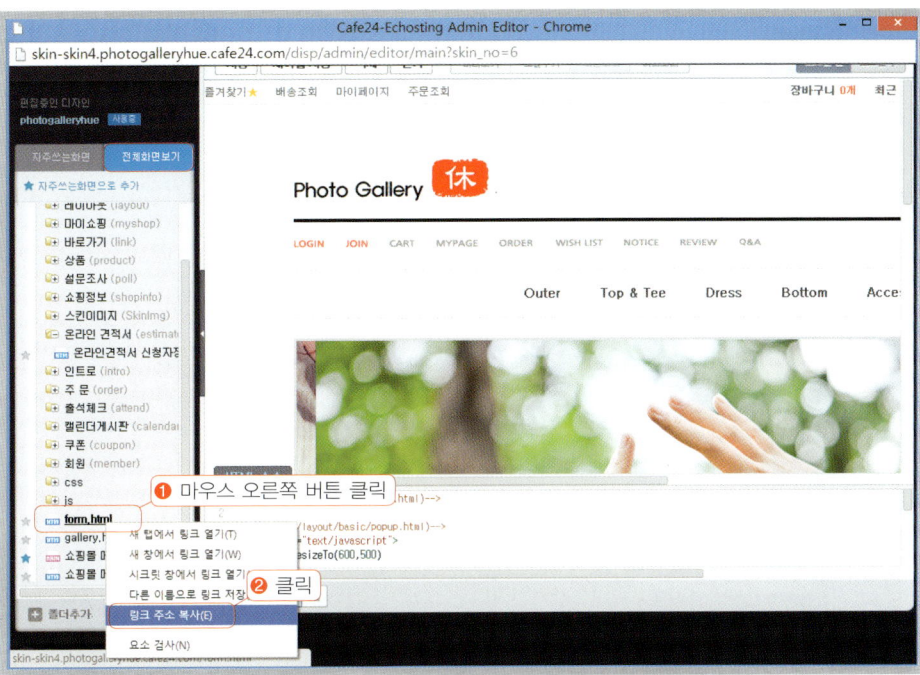

02 메인 화면에서 견적서 페이지를 연결할 배너에서 [편집] 버튼을 클릭합니다.

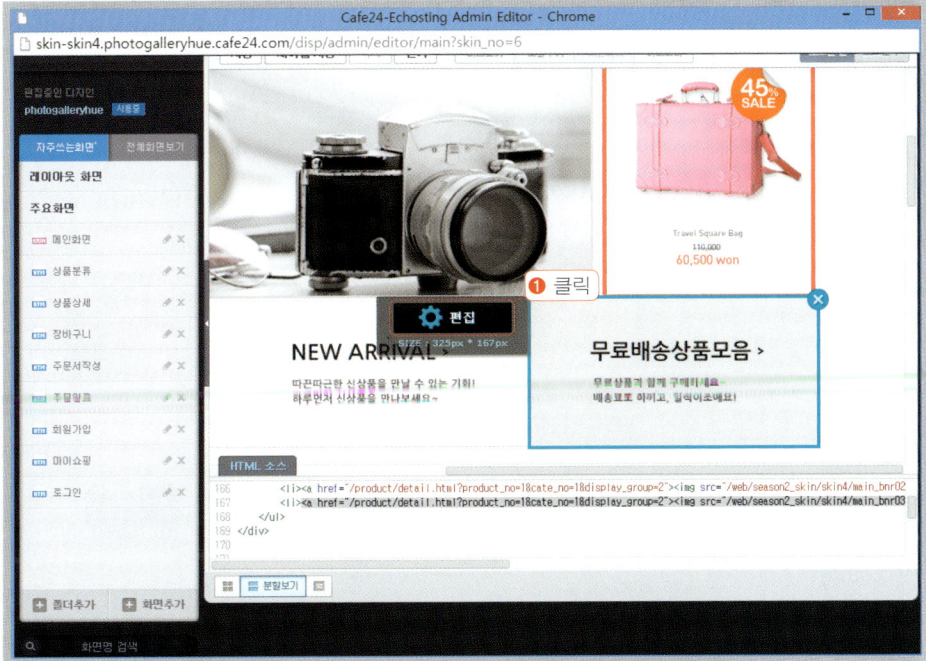

03 편집 화면에서 [속성] 메뉴로 이동하고 이미지 항목에 있는 [파일 선택] 버튼을 클릭합니다.

04 추가할 견적서 페이지로 링크하려는 배너에 사용될 이미지를 선택하고 [열기] 버튼을 클릭하여
배너 이미지를 적용합니다.

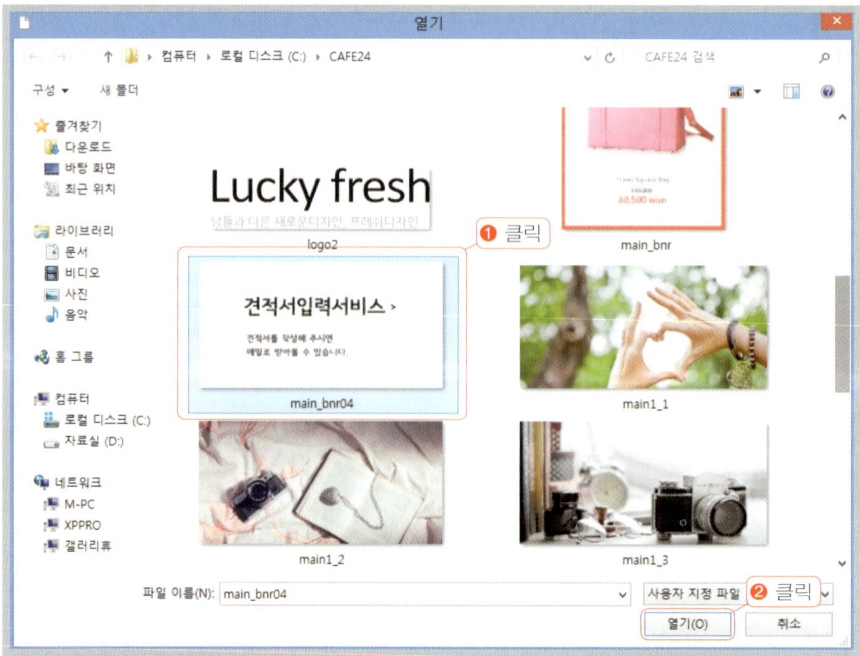

05 복사해 놓았던 링크 주소를 링크 항목에 붙여넣기 합니다. 링크 주소가 붙여넣기 된 것을 확인하고 [적용] 버튼을 클릭하여 배너 이미지 변경을 완료합니다.

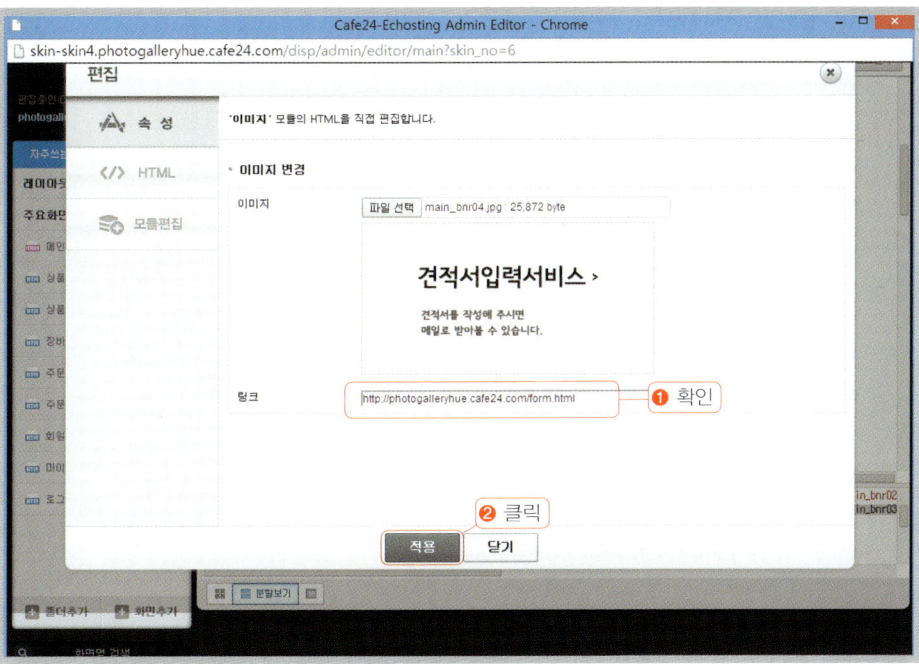

06 배너가 적용된 것을 확인한 후 상단에 있는 [저장] 버튼을 클릭하여 편집된 내용을 저장하고, 이어서 [닫기] 버튼을 클릭하여 [스마트디자인 편집창]을 닫기 합니다.

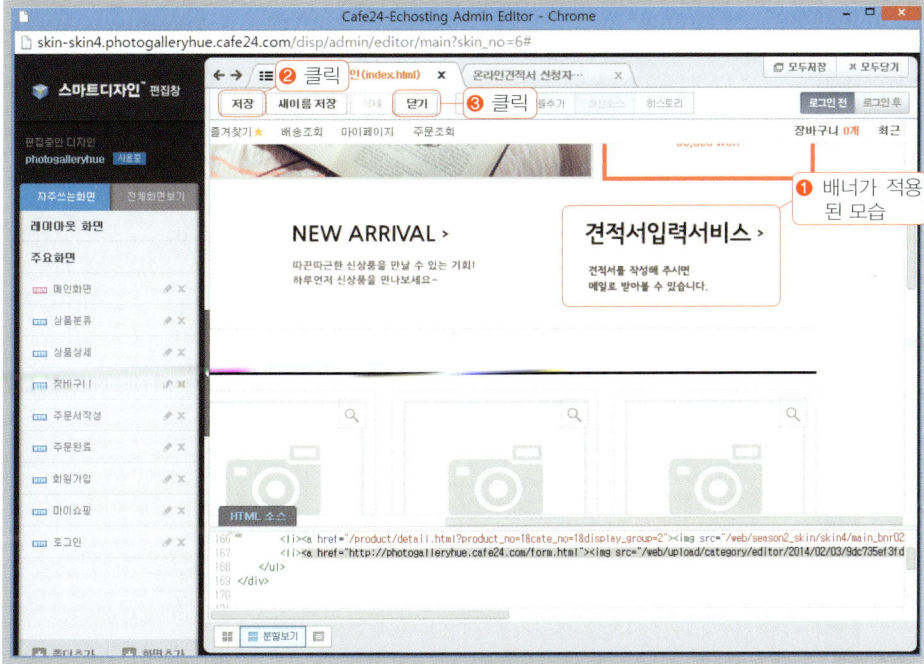

07 쇼핑몰 화면에서 링크가 정상적으로 작동하는지 확인하기 위해 '견적서입력서비스' 배너를 클릭합니다.

08 배너에 설정된 하이퍼링크 주소인 '견적서 신청자 정보 입력' 화면으로 이동하는 것을 확인할 수 있습니다.

08 메인 화면에 상품 진열을 위한 상품 간단 등록

메인 화면에 상품을 진열하기 위해 상품 간단 등록 기능을 활용하여 상품을 등록하고 등록한 상품을 메인 화면으로 진열해 보는 과정을 실습해 보겠습니다.

01 메인 화면에 진열할 상품을 등록하기 위해 [상품관리]-[상품등록]-[간단등록] 메뉴를 클릭합니다.

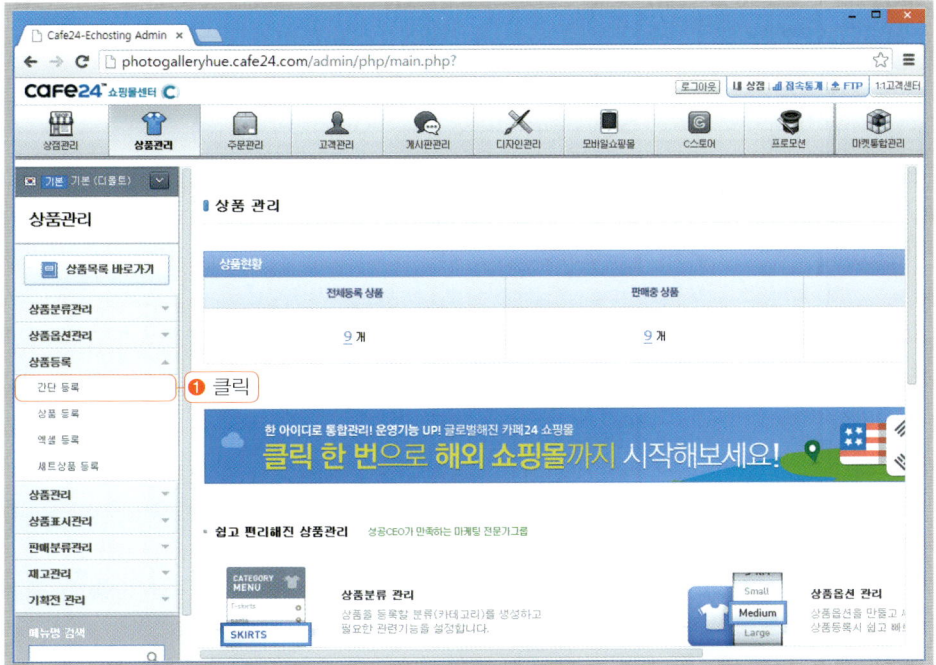

02 상품명과 판매가를 입력한 후에 '상품이미지등록'의 [등록] 버튼을 클릭합니다.

03 등록할 이미지 파일을 선택하고 [열기] 버튼을 클릭합니다.

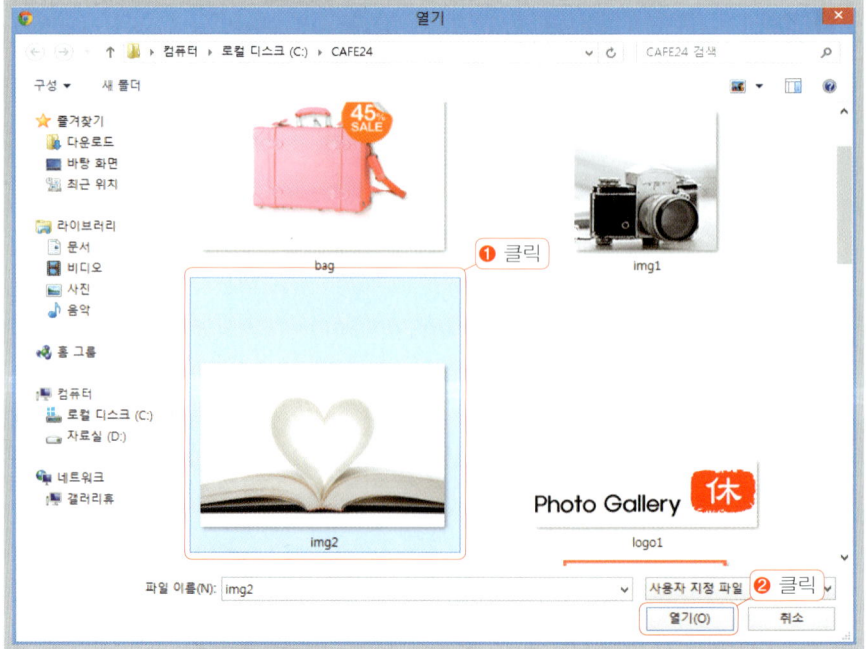

04 '상품상세설명' 항목에서 [이미지] 버튼을 클릭합니다.

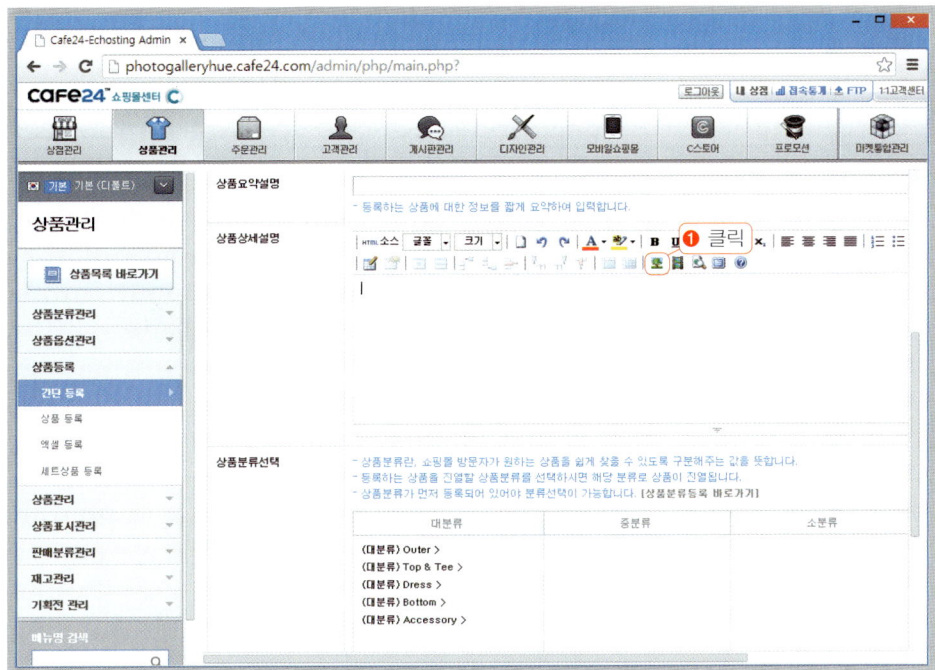

05 [이미지 삽입] 대화 상자에서 [파일 선택] 버튼을 클릭합니다.

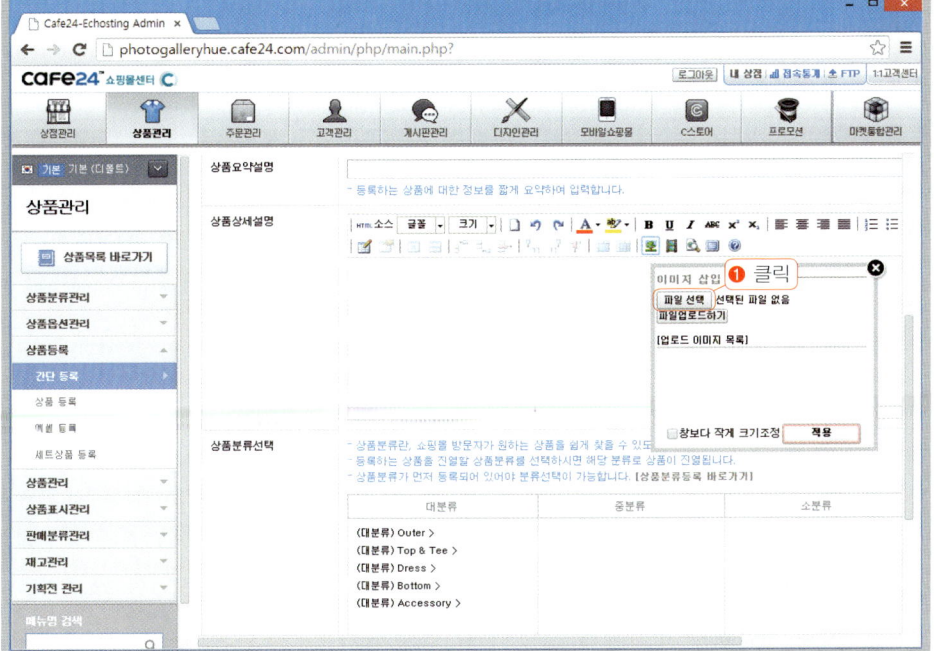

06 상품 상세 설명에 사용할 이미지를 선택하고 [열기] 버튼을 클릭합니다.

07 [파일업로드하기] 버튼을 클릭하고 [적용] 버튼을 클릭합니다.

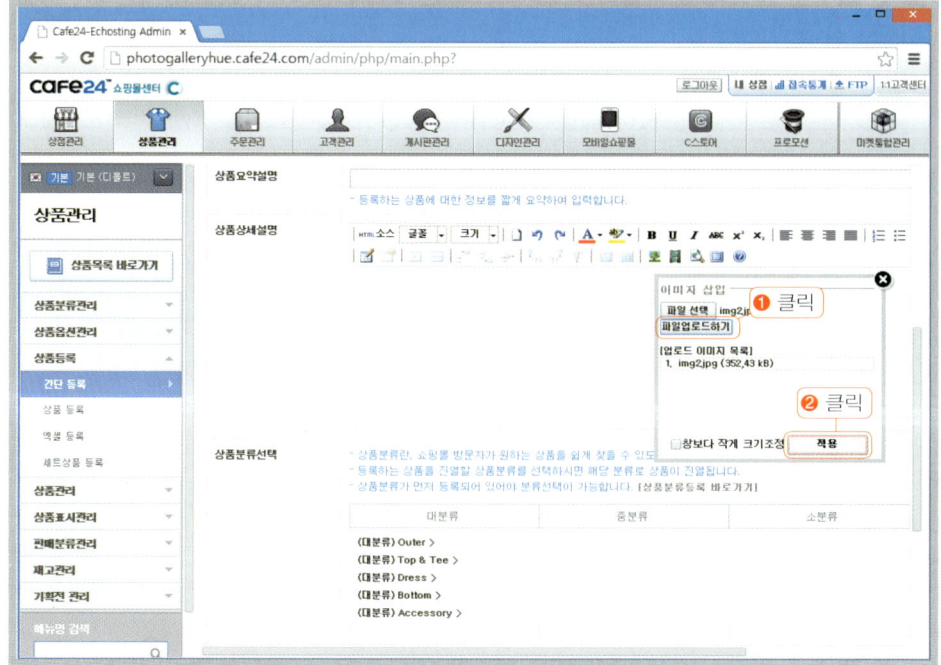

08 '상품분류선택' 항목에서 상품을 등록하려는 카테고리를 선택합니다.

09 '표시상태설정'의 '진열상태' 항목을 '진열함'에 체크하고, '판매상태' 항목을 '판매함'에 체크한 뒤 [상품등록] 버튼을 클릭하여 등록을 완료합니다.

10 상품 목록 화면에서 상품이 등록된 것을 확인할 수 있습니다.

1 상품이 정상적으로 등록된 모습

09 메인 화면으로 상품 진열하기

카테고리별로 등록된 상품은 해당 카테고리를 클릭해야만 상품을 볼 수 있습니다. 쇼핑몰에 방문한 방문자에게 상품이 바로 노출되도록 하기 위해서는 메인 화면에 진열해야 하며 진열된 상품이 쇼핑몰 전체 디자인과 잘 어울리는지 꼭 확인해야 합니다.

01 메인 화면에 상품을 진열하기 위해 [상품관리]-[상품목록] 메뉴를 클릭합니다.

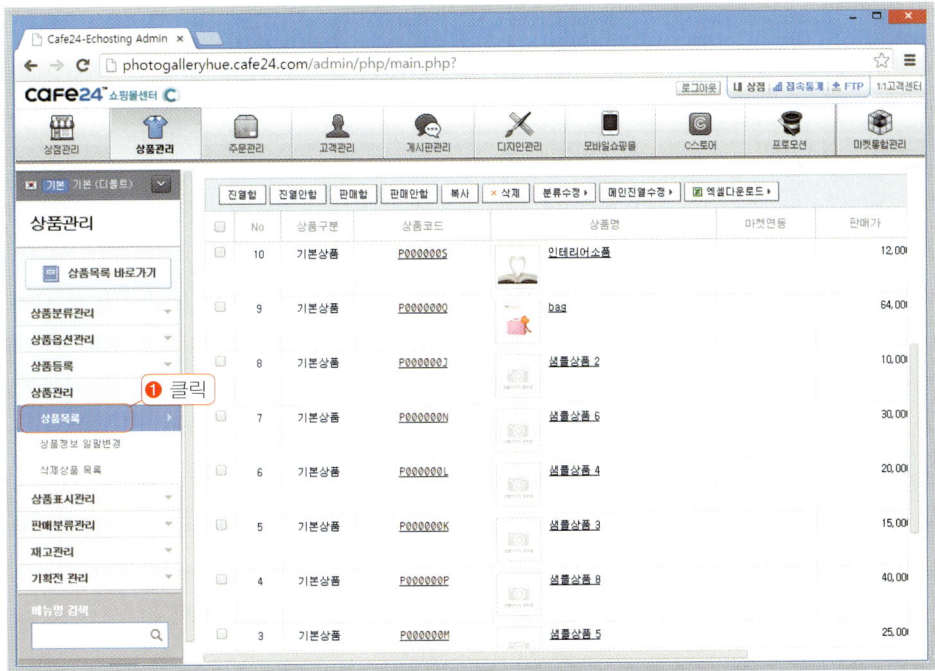

02 메인 화면에 진열하려고 하는 상품을 선택하고 [메인진열수정] 버튼을 클릭합니다.

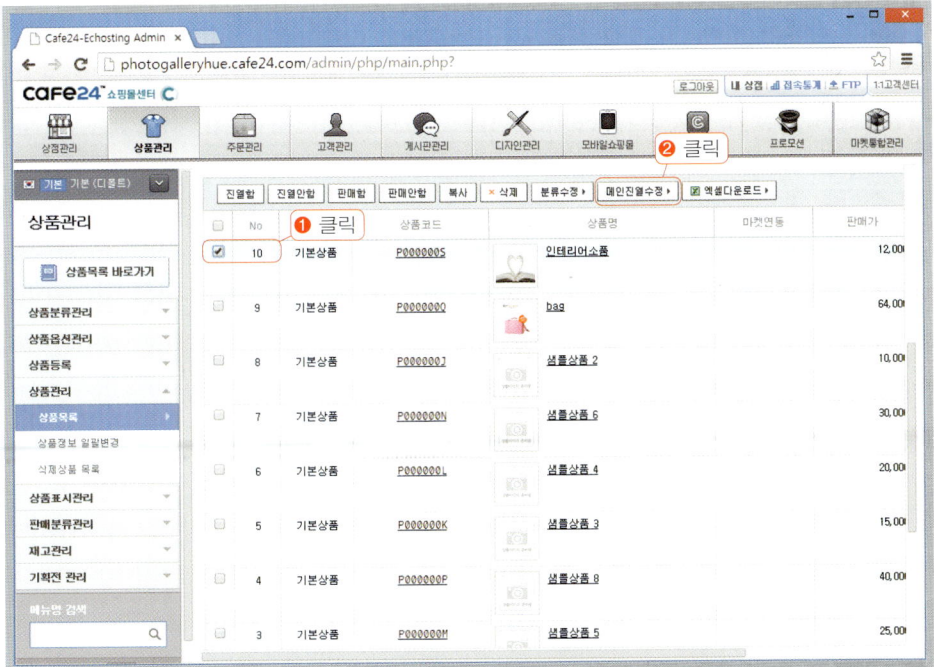

03 '메인진열 수정' 페이지에서 메인 진열 항목을 '추천상품'으로 설정하고 수정방식 선택에서는 '변경'을 선택한 후에 [확인] 버튼을 클릭합니다.

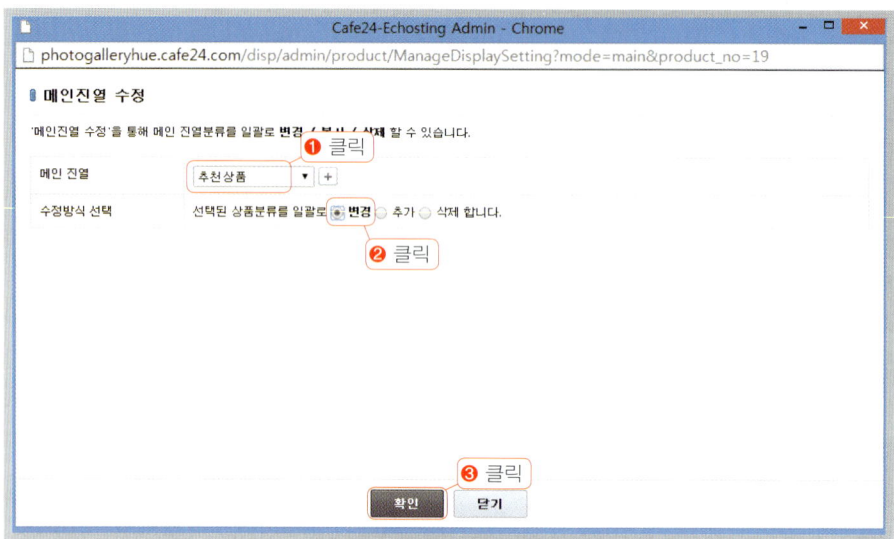

04 메인으로 이동된 상품이 적용되었는지 확인하기 위해 [상품표시관리]-[상품 진열관리] 메뉴를 클릭합니다.

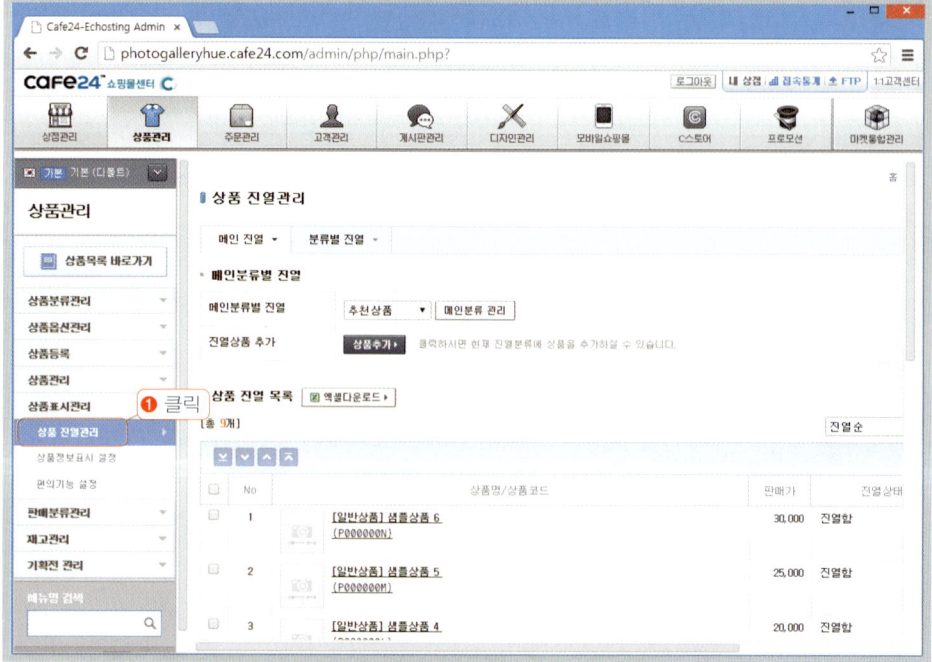

05 메인 화면의 추천 상품 목록 중에서 가장 아래에 있는 것을 확인할 수 있습니다. 해당 상품을 첫 번째 진열 상품으로 설정하기 위해 목록에서 상품을 선택하고 첫 번째 진열 상품으로 이동 (⌃) 버튼을 클릭한 후 [확인] 버튼을 클릭합니다.

06 이동을 완료한 후 [내 상점] 버튼을 클릭하여 쇼핑몰로 이동합니다.

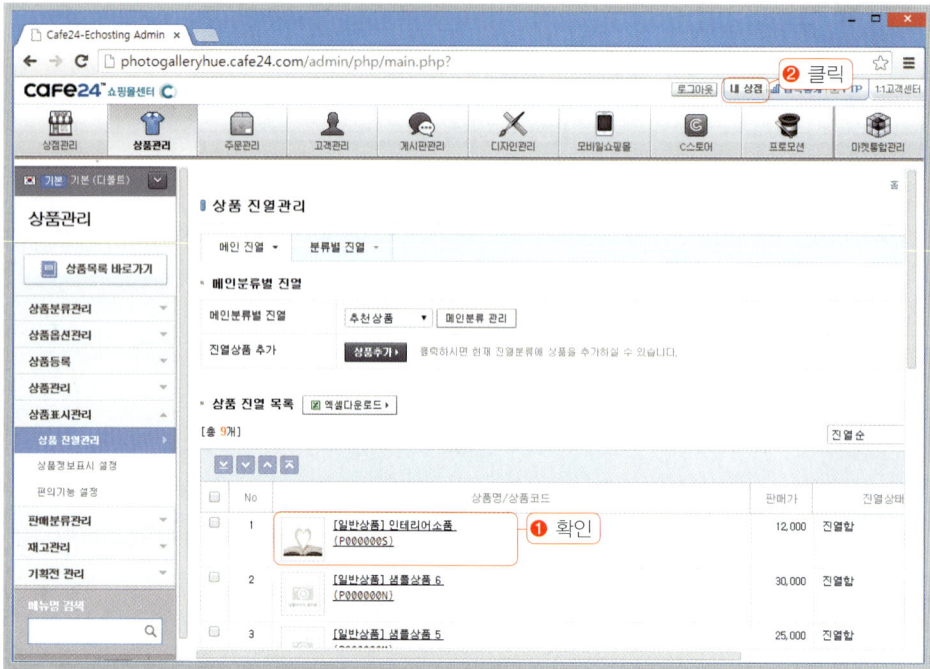

07 메인 화면의 첫 번째로 상품이 이동하는 것을 볼 수 있습니다.

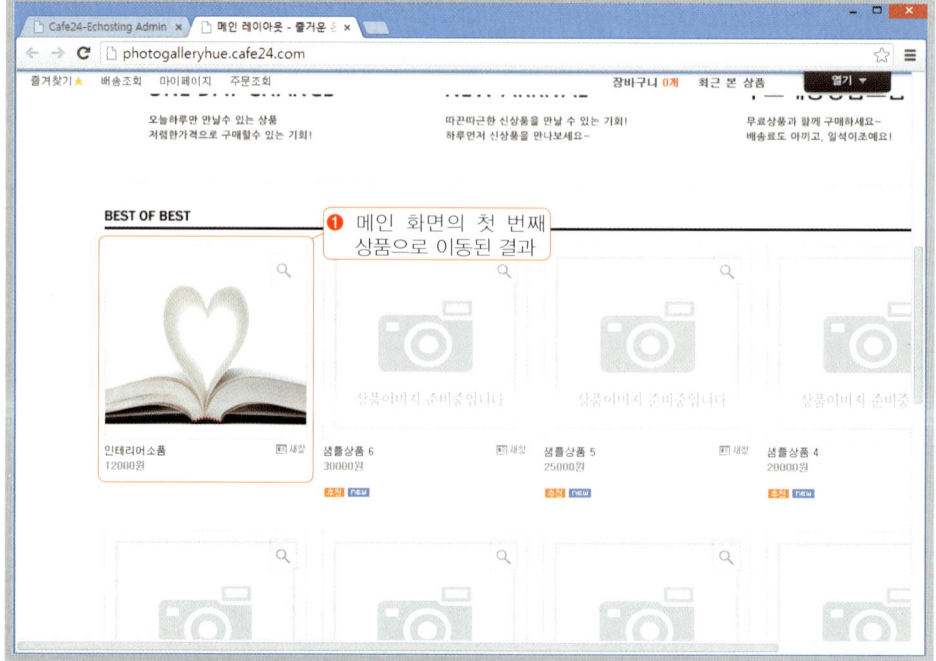

10 메인 상품 진열 개수 수정

메인 화면에 진열되는 상품의 개수를 조정할 수 있습니다. 요즘에는 상품을 메인 화면으로 모두 진열하는 것이 대세가 될 정도로 대부분의 쇼핑몰이 메인 화면에 많은 상품을 진열하고 있습니다.

01 '스마트디자인 편집창'에 접속한 후에 메인 이미지 영역의 모듈을 편집하기 위해 [편집] 버튼을 클릭합니다.

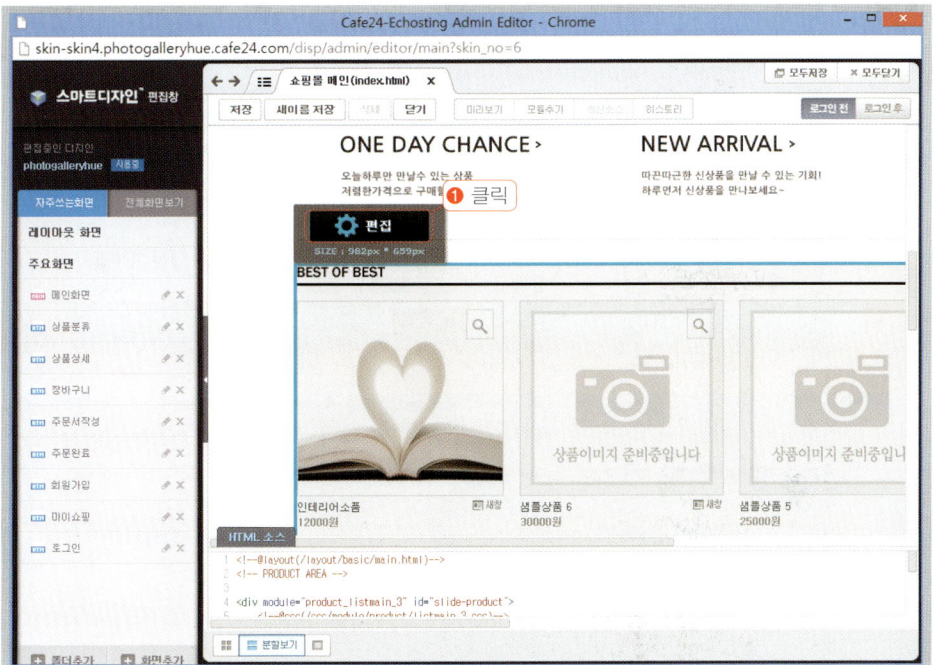

02 '편집' 창에서 소스를 수정하기 위해 [HTML] 메뉴를 클릭합니다.

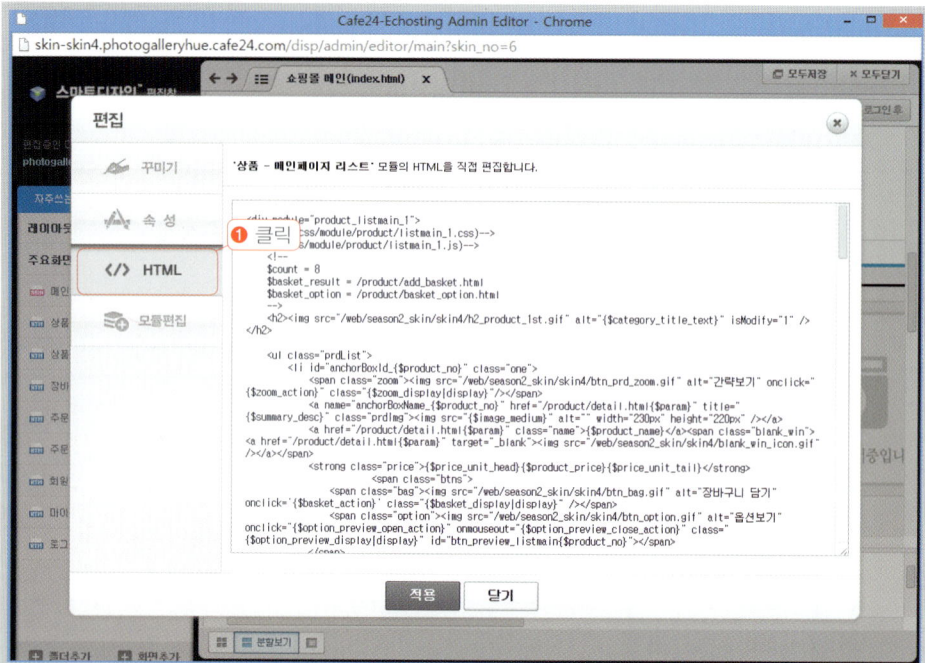

03 소스 중에 "$count = 8" 행을 찾아 8을 12로 수정하고 [적용] 버튼을 클릭합니다.

```
<!--
   $count = 8
   $basket_result = /product/add_basket.html
   $basket_option = /product/basket_option.html
-->
```

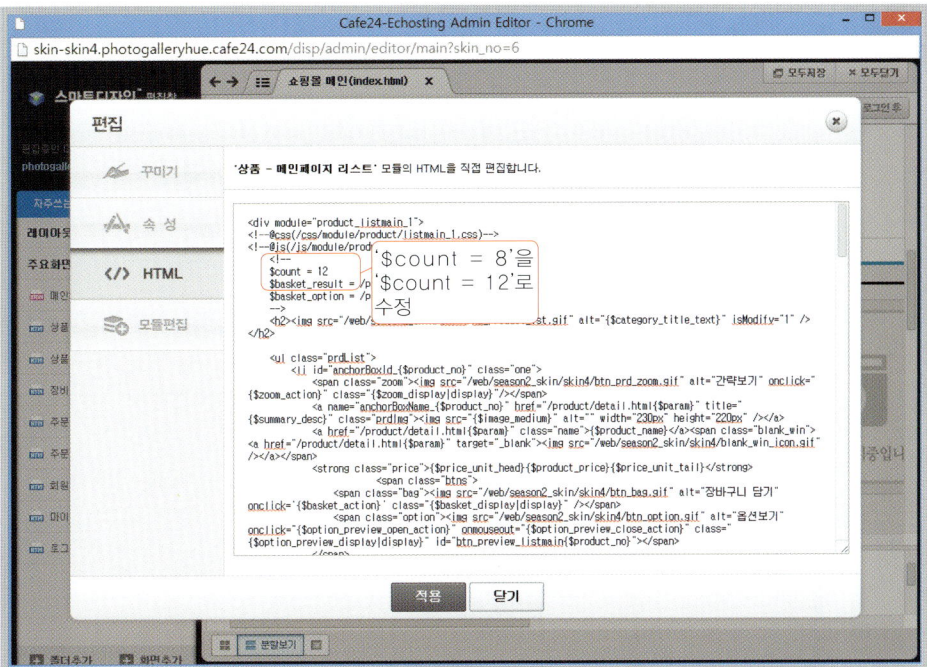

04 메인 화면에 상품 진열 개수가 조정된 것을 볼 수 있습니다. 상품 진열 개수를 12로 지정했지만 9개의 상품만 진열되어 표시된 이유는 메인 화면에 진열하도록 설정된 상품이 9개만 있기 때문입니다.

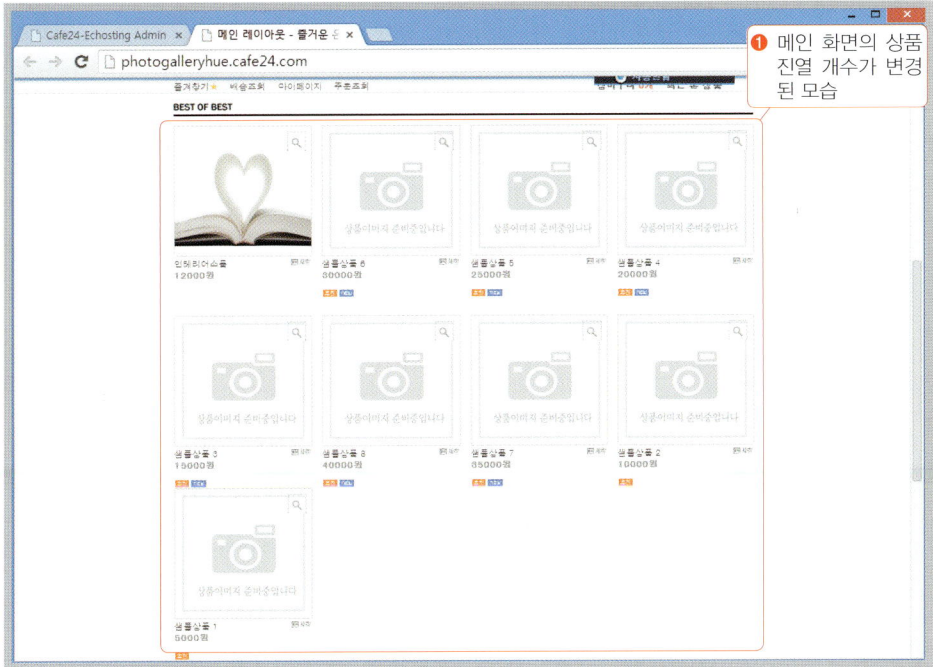

11 메인 상품 이미지 크기 조절

메인 화면에 진열되는 상품 이미지의 크기를 자유롭게 조절할 수 있습니다. 상품의 특성에
맞게 크기를 조절하는 것이 좋으며 현재는 조금 크게 만드는 편입니다.

01 '스마트디자인 편집창'으로 접속한 후에 메인 상품 리스트에서 [편집] 버튼을 클릭합니다.

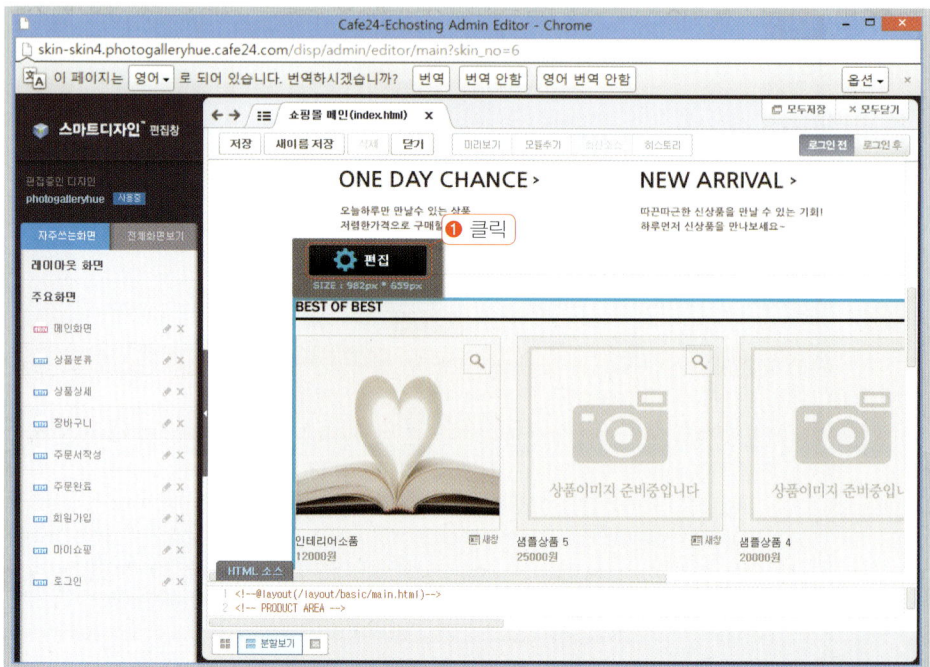

02 아래의 소스 중에 'width="230px" height="220px"'으로 표시되는 이미지를 표시할 가로
(width)와 세로(height) 크기를 조절하고 하단에 있는 [적용] 버튼을 클릭합니다. 참고로 예에서
는 세로(height=280) 크기만을 변경했습니다.

```html
<span class="zoom">
  <img src="/web/season2_skin/skin4/btn_prd_zoom.gif" alt="간략보기"
      onclick="{$zoom_action}" class="{$zoom_display|display}"/>
</span>
<a name="anchorBoxName_{$product_no}"
  href="/product/detail.html{$param}" title="{$summary_desc}" class="prdImg">
  <img src="{$image_medium}" alt="" width="230px" height="220px" /></a>
<a href="/product/detail.html{$param}" class="name">{$product_name}</a>
<span class="blank_win">
  <a href="/product/detail.html{$param}" target="_blank">
    <img src="/web/season2_skin/skin4/blank_win_icon.gif" />
  </a>
</span>
```

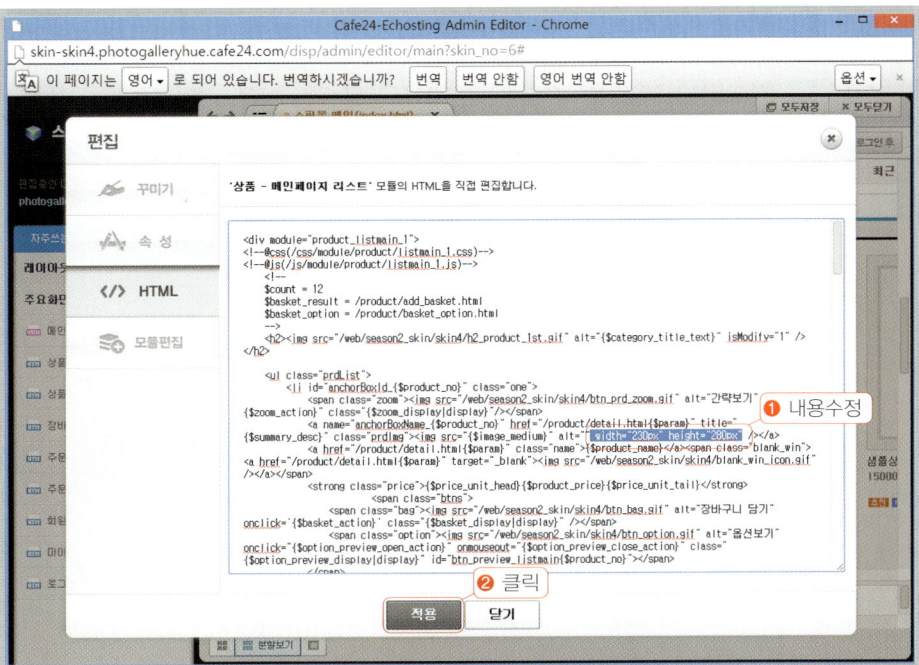

03 [내 상점] 버튼을 클릭하여 확인해 보면 첫 번째 이미지 크기만 변경된 것을 볼 수 있습니다.

쇼핑몰 창업이
가능한 누구라도

CEO들의

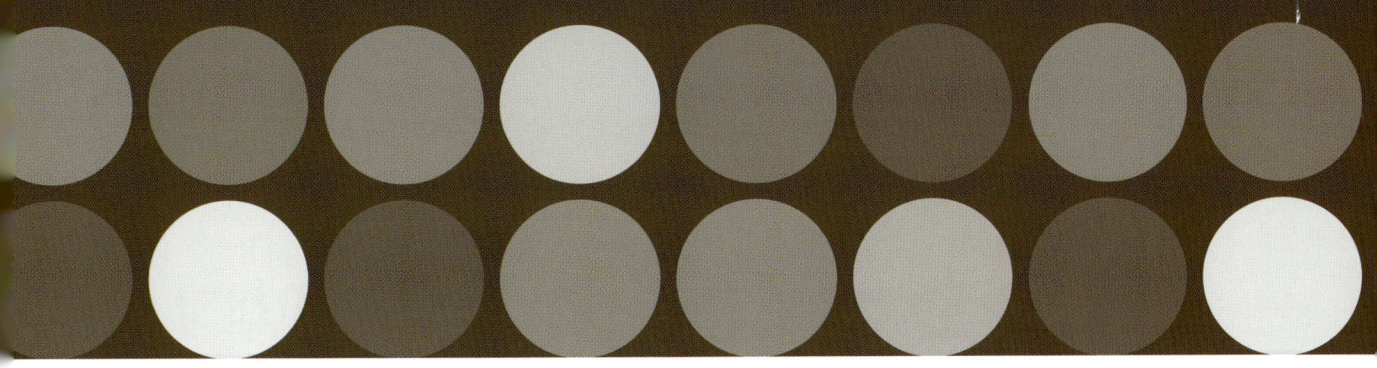

PART 04

모바일 쇼핑몰 만들기

Chapter 01 모바일 쇼핑몰 신청 및 디자인 추가
Chapter 02 모바일 쇼핑몰 디자인 관리
Chapter 03 모바일 주문 관리 기법

cafe24 쇼핑몰 솔루션에는 손쉽게 모바일 쇼핑몰을 제작할 수 있는 모바일 솔루션을 제공하고 있습니다. 고객들이 모바일 기기를 이용하여 언제 어디에서나 쇼핑몰에 접근 가능한 모바일 쇼핑몰의 전망은 밝으며, 관리자의 측면에서도 모바일을 통해 언제 어디에서나 상품 관리와 주문 관리가 가능합니다.

모바일 쇼핑몰 신청 및 디자인 추가

모바일 쇼핑몰을 사용하기 위해서 쇼핑몰 관리자는 기본적인 환경설정을 해야 합니다.

01 모바일 쇼핑몰 신청

모바일 쇼핑몰을 사용할 수 있도록 설정하고 기본적인 환경을 설정하면 스마트폰을 통해 설정된 모바일 쇼핑몰을 확인할 수 있습니다.

01 모바일 쇼핑몰 페이지로 접속하기 위해 관리자 페이지에서 [모바일 쇼핑몰] 메뉴를 클릭합니다.

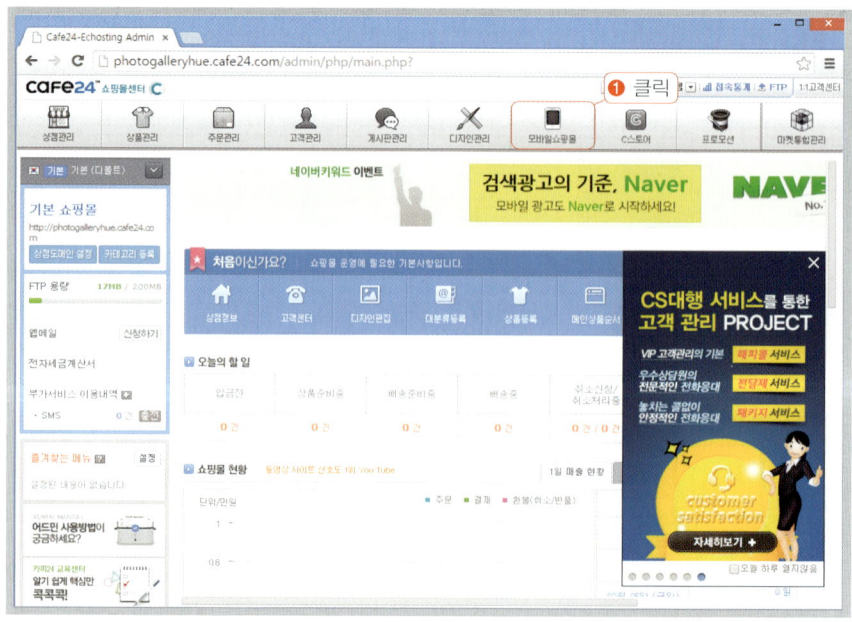

02 모바일 쇼핑몰을 사용하려면 모바일 쇼핑몰의 환경을 설정하는 화면에서 '모바일 쇼핑몰 사용설정' 항목을 '사용함'으로 변경해야 합니다.

03 [화면설정]에서 '타이틀 등록' 항목의 '텍스트'를 선택하고 쇼핑몰 이름을 입력한 뒤에 [저장] 버튼을 클릭합니다.

04 현재까지 저장된 내용을 미리보기 위해 웹 브라우저의 주소 창에 'http://m.id.cafe24.com'을 입력하여 확인합니다. 기본적인 모바일 쇼핑몰이 적용된 것을 볼 수 있습니다.

❶ 입력한 내용이 등록된 것을 확인할 수 있습니다.

02 모바일 쇼핑몰 디자인 추가

모바일 쇼핑몰 또한 디자인의 추가 및 삭제가 자유로우며 사용자가 원하는 형태로 디자인을 변경하여 사용할 수 있도록 모든 디자인 소스가 열려 있습니다.

01 모바일 쇼핑몰 화면에서 [디자인 관리]–[디자인 추가] 메뉴를 클릭합니다.

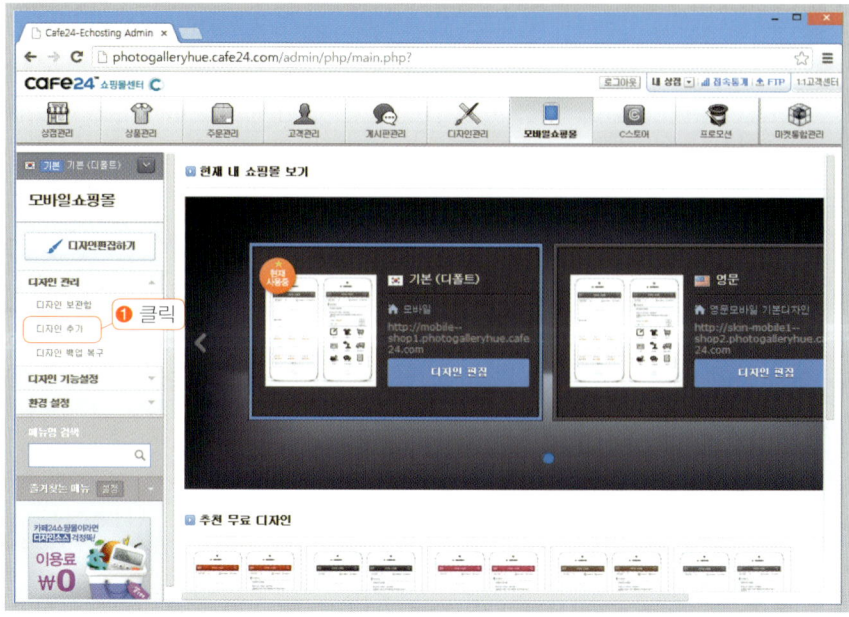

02 디자인 추가 화면에서 보면 무료 디자인과 유료 디자인으로 나누어져 있습니다. 그중에 [무료 디자인] 메뉴를 클릭하고 원하는 색상의 모바일 쇼핑몰 디자인을 클릭합니다.

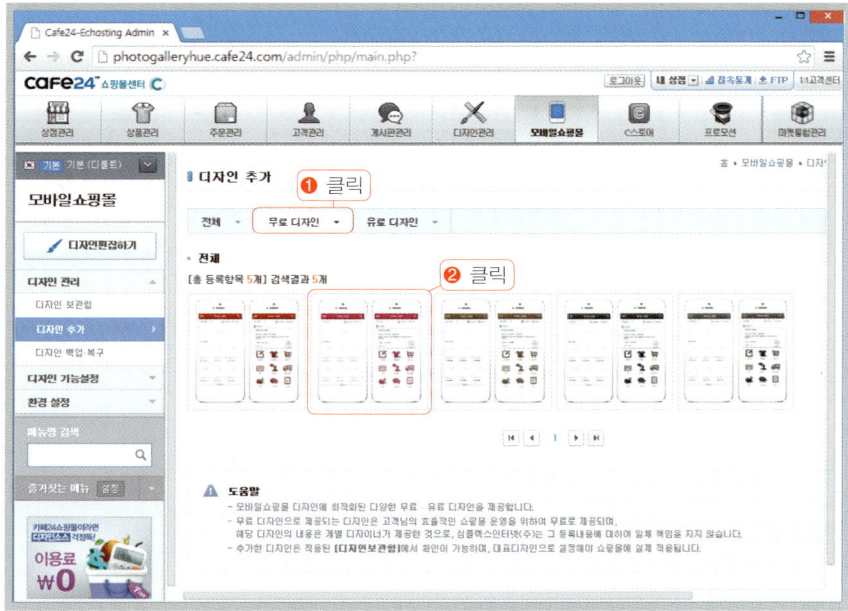

03 [디자인 상세보기] 창에서 선택된 디자인의 내용을 확인하며 선택된 새로운 디자인을 추가하기 위해 [디자인 추가] 버튼을 클릭합니다.

04 추가한 디자인이 보관함으로 등록되었는지 확인하기 위해 [디자인 관리]- [디자인 보관함] 메뉴를 클릭하여 표시되는 목록에서 추가된 디자인을 확인합니다.

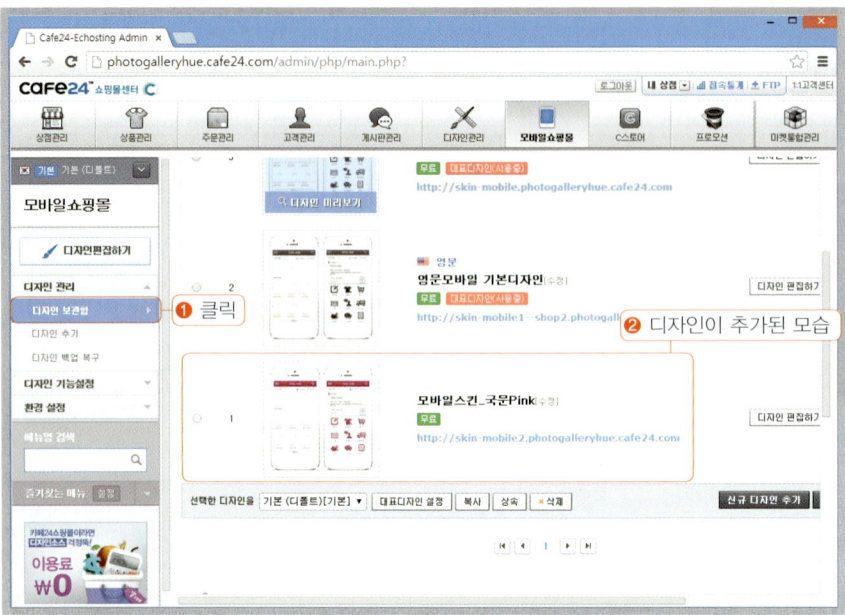

05 추가로 등록한 디자인을 대표 디자인으로 설정하기 위해 해당 디자인을 선택하고 [대표디자인 설정] 버튼을 클릭합니다.

모바일 쇼핑몰 디자인 관리

모바일 쇼핑몰의 디자인은 편리하게 사용할 수 있도록 모듈 구조의 찾아보기 버튼을 클릭하여 수정할 수 있습니다.

관리자는 메인 화면의 대표 이미지를 자주 변경하게 되는데 FTP 기능을 사용하여 변경하는 방법을 알고 있으면 누구나 쉽게 대표 이미지의 변경이 가능합니다.

01 모바일 쇼핑몰 팝업 창 설정

모바일 쇼핑몰 팝업 창을 설정하는 방법은 텍스트를 입력해서 만들 수는 없고 이미지로 등록하게 되어 있습니다. 팝업으로 사용하려고 하는 이미지를 미리 만들어 놓고 관리자 페이지의 기능을 활용하여 등록할 수 있습니다.

01 모바일 쇼핑몰의 팝업 창을 설정하기 위해서는 모바일 쇼핑몰 화면에서 [디자인 기능설정]–[팝업
설정] 메뉴를 클릭하여 팝업 설정 화면으로 이동한 후에 '진행여부' 항목을 '진행'으로 설정하고 '팝
업노출설정' 항목에서 팝업 노출 기간을 설정합니다.

02 [팝업창 디자인] 항목에서 '팝업제목'을 입력하고 '팝업 상세 이미지'를 등록하기 위해 [파일 선택]
버튼을 클릭합니다.

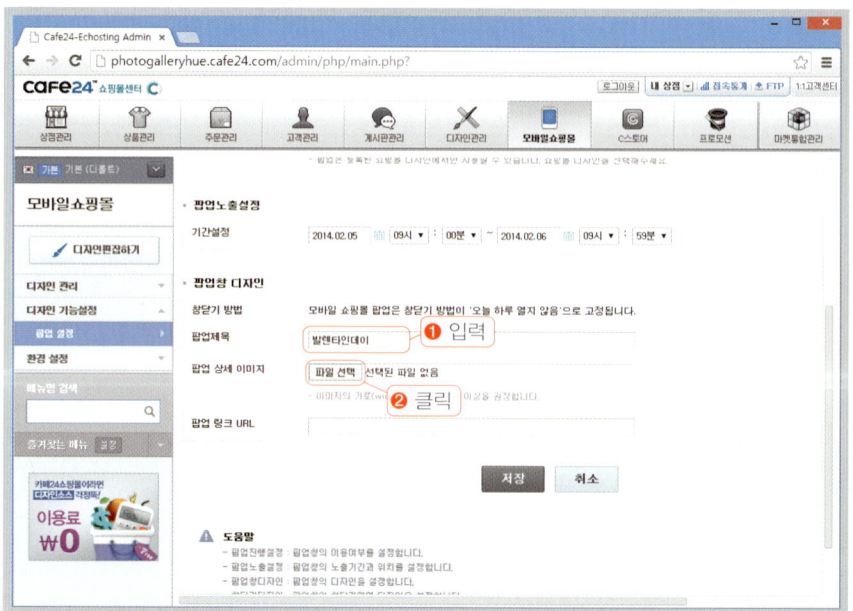

03 팝업 창으로 나타낼 이미지로 'pop.jpg' 파일을 선택하고 [열기] 버튼을 클릭합니다.

04 팝업 상세 이미지가 등록된 것을 확인한 후 '팝업 링크 URL' 주소 입력란에 팝업 창을 클릭하면 이동할 주소를 입력합니다. 모든 내용이 입력되었으면 [저장] 버튼을 클릭하여 팝업 노출 설정을 완료합니다.

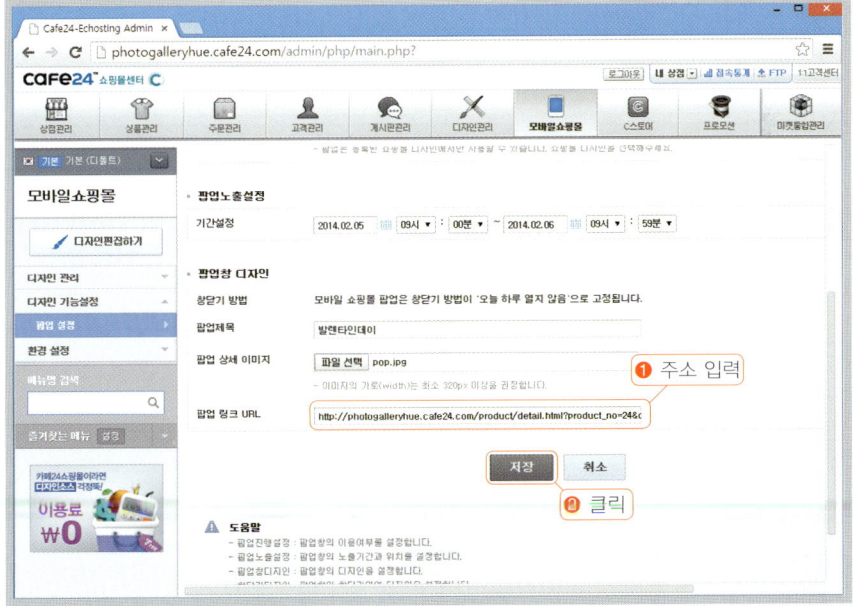

05 팝업 설정이 완료된 것을 볼 수 있습니다. 등록된 내용에서 수정할 항목이 있을 때 제목을 클릭하면 해당 내용을 수정할 수 있습니다. 적용이 정상적으로 되었는지 확인하기 위해 [디자인편집하기] 버튼을 클릭합니다.

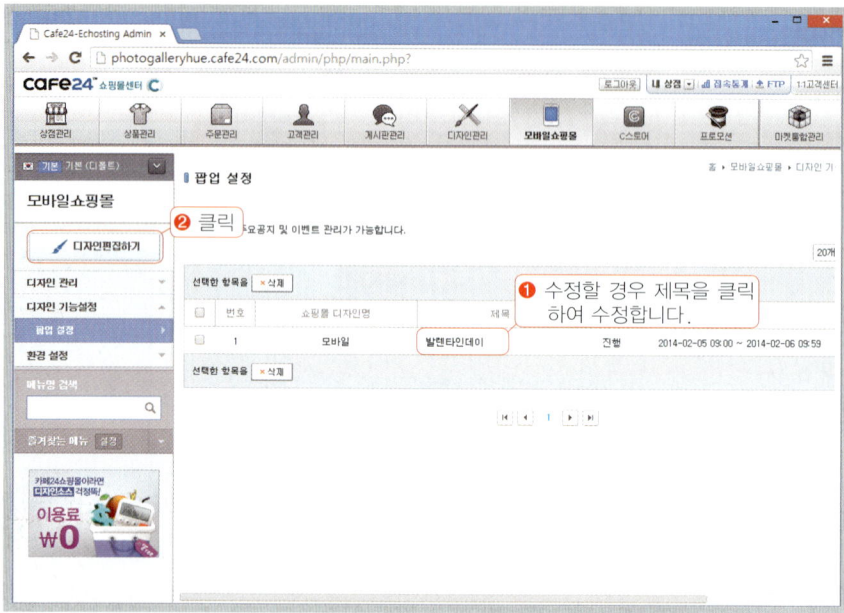

06 [미리보기] 버튼을 클릭하여 미리보기 화면을 통해 모바일 팝업 창이 정상적으로 등록되었는지 확인해 봅니다.

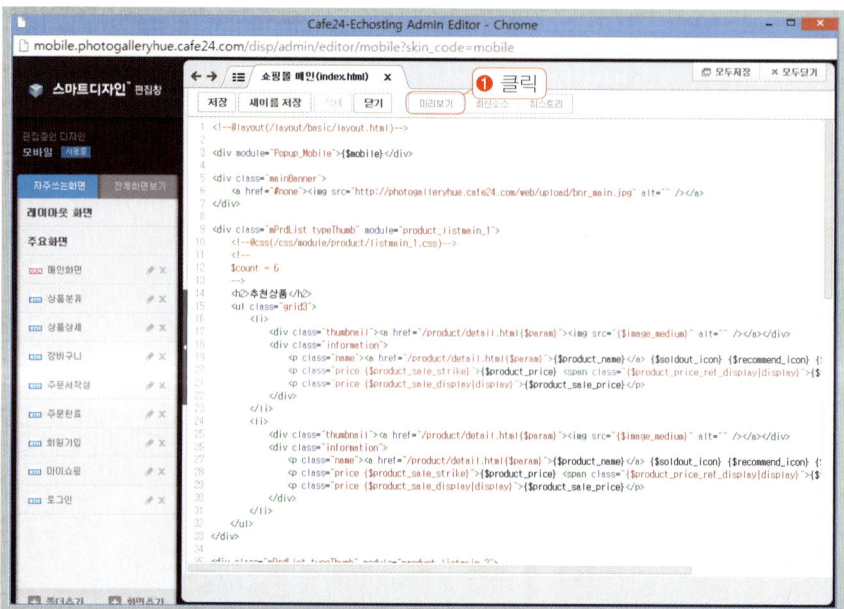

07 팝업 창이 등록된 것을 확인할 수 있습니다.

02 모바일 쇼핑몰 로고 이미지 등록

모바일 쇼핑몰의 로고 이미지를 사용할 때 이미지의 크기는 440px × 80px 이내의 크기를 권장하며, 이미지 파일의 용량은 1MB 이하의 용량으로 제작하는 것이 좋습니다. 빠른 접속을 위해 이미지 용량을 너무 크지 않게 할 것을 권장합니다.

01 모바일 쇼핑몰의 로고를 등록하기 위해서 모바일 쇼핑몰 화면에서 [환경 설정] 메뉴를 클릭한 후에 '타이틀 등록' 항목을 '이미지'로 설정합니다. '이미지' 항목에서 [파일 선택] 버튼을 클릭합니다.

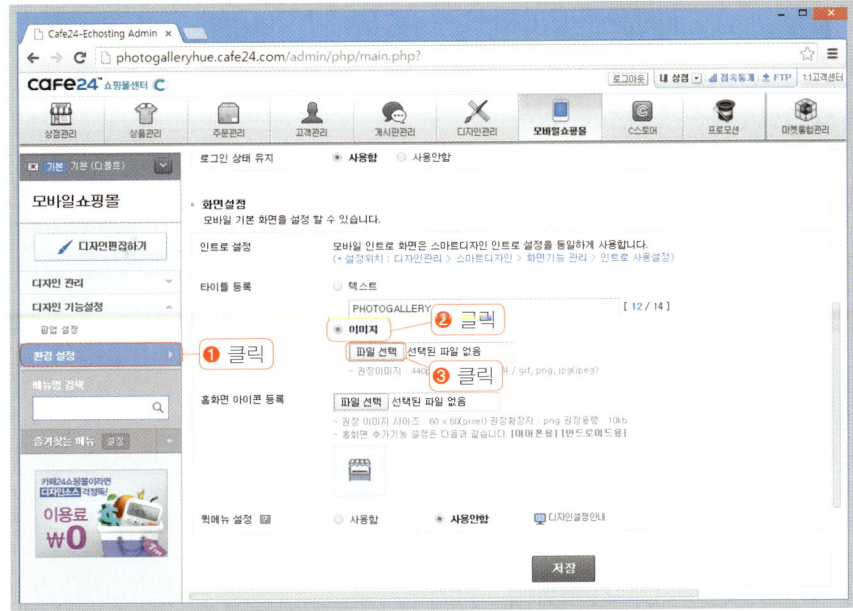

02 모바일 쇼핑몰에서 사용할 로고 파일을 선택하고 [열기] 버튼을 클릭합니다.

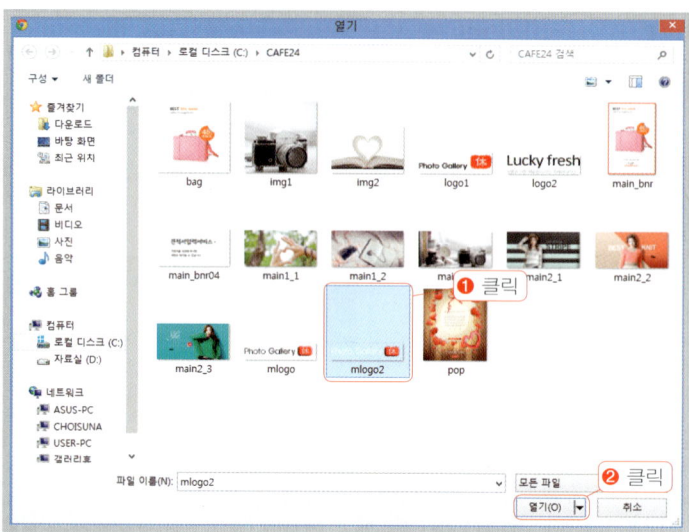

03 모바일 쇼핑몰 로고 자리에 이미지가 등록된 것을 볼 수 있습니다.

03 모바일 쇼핑몰 메인 이미지 등록하기

모바일 쇼핑몰의 메인 화면 이미지를 변경할 수 있습니다. 앞에서 배운 내용과 다른 것은 메인에 사용할 이미지를 FTP에 먼저 등록해야 합니다.

01 메인.배너로 사용할 이미지를 업로드하기 위해 [FTP]–[웹 FTP 접속 설정]을 클릭합니다.

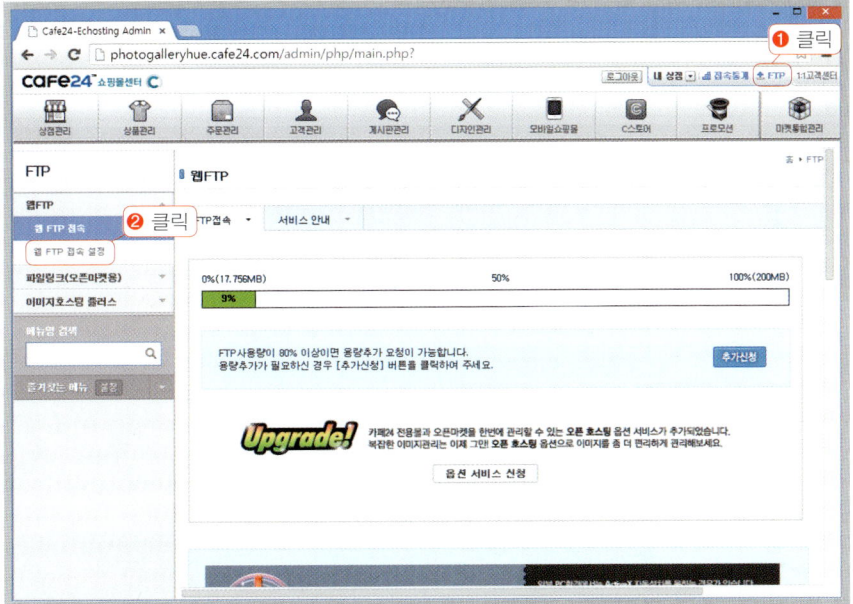

02 FTP 접속 화면에서 로컬 PC의 목록 중 'bnr_main.jpg' 파일을 드래그하여 서버의 '/web/upload/' 폴더에 업로드합니다.

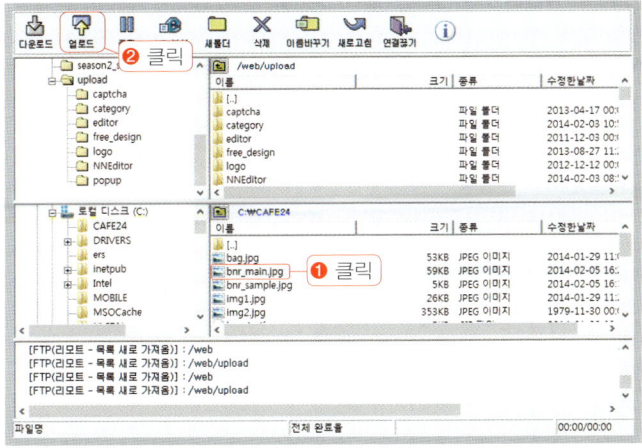

03 업로드한 파일의 URL을 복사하기 위해 업로드한 해당 파일을 마우스 오른쪽 버튼으로 클릭하여 나오는 단축 메뉴에서 [URL 복사] 메뉴를 클릭합니다.

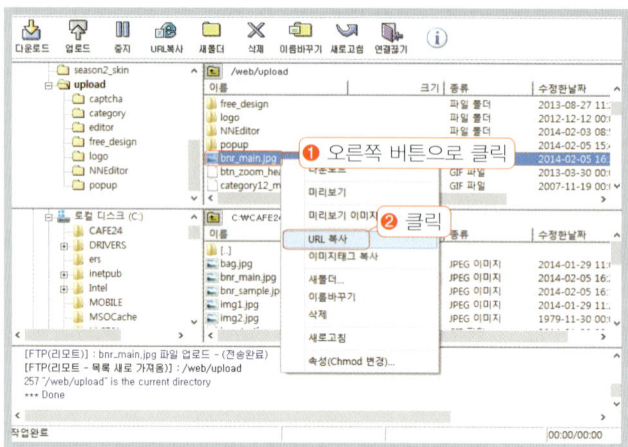

04 모바일 쇼핑몰의 메인 화면을 수정하기 위해 [디자인편집하기] 메뉴를 클릭합니다.

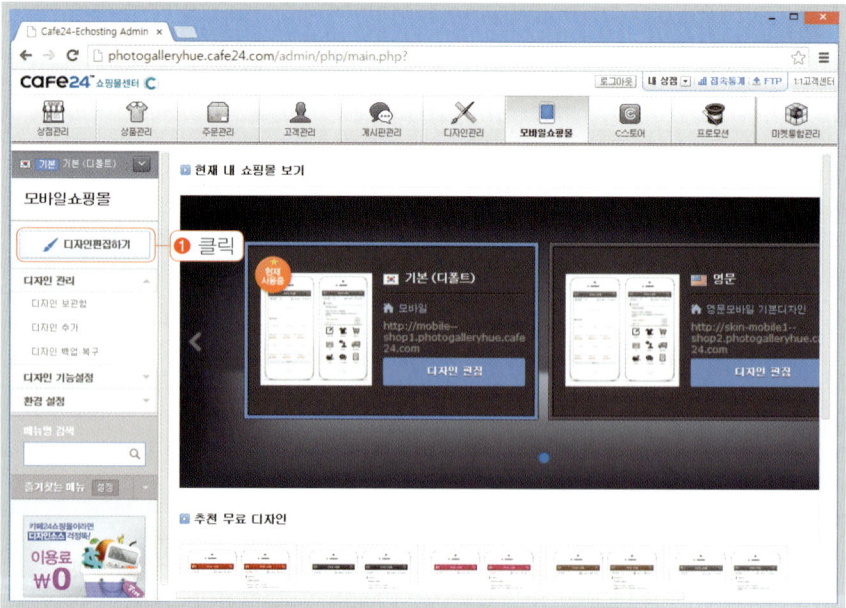

05 [스마트디자인 편집창]에서 메인 배너의 소스 위치를 찾아서 수정합니다.

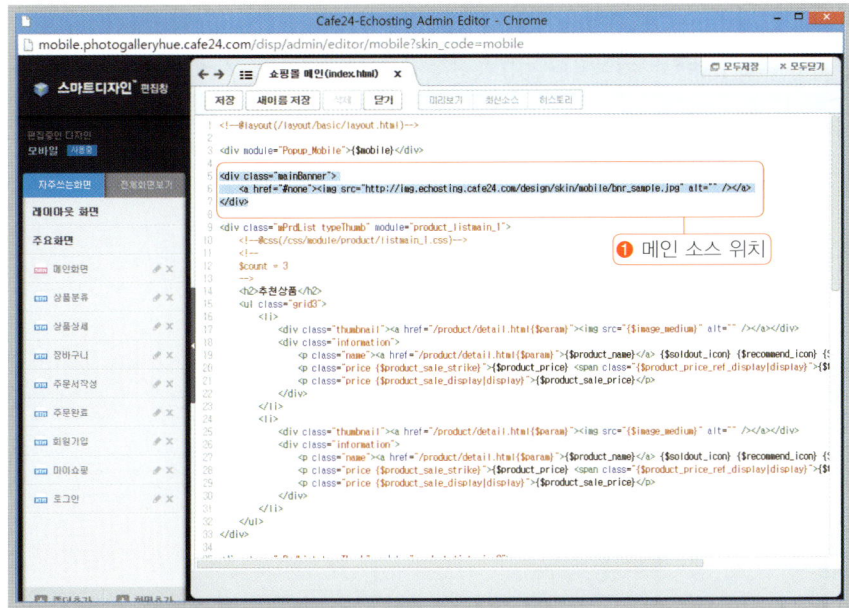

❶ 메인 소스 위치

```
<div class="mainBanner">
  <a href="#none">
    <img src="http://img.echosting.cafe24.com/design/skin/mobile/bnr_sample.jpg"
         alt="" />
  </a>
</div>
```

위 소스 중 굵은 글씨체로 표시된 이미지 주소를 아래와 같이 FTP로 업로드한 이미지 주소로 변경
합니다.

```
<div class="mainBanner">
  <a href="#none">
    <img src="http://photogalleryhue.cafe24.com/web/upload/bnr_main.jpg"
         alt="" />
  </a>
</div>
```

06 소스 코드를 수정한 후에 [저장] 버튼을 클릭하여 수정한 내용을 적용하고, [미리보기] 버튼을 클릭
하여 수정된 메인 배너가 잘 적용되었는지 확인합니다.

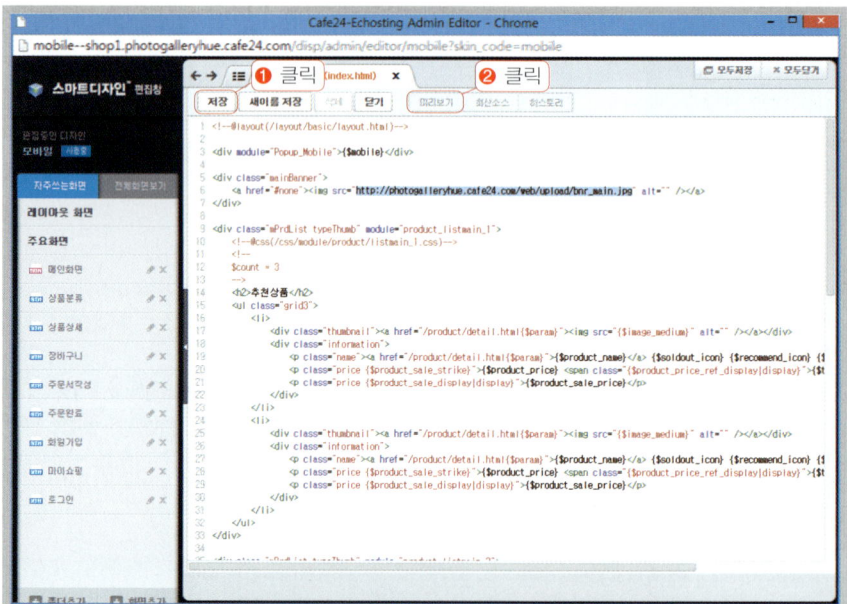

07 '미리보기' 화면을 통해 확인한 결과 메인 이미지가 정상적으로 등록된 것을 볼 수 있습니다.

04 하단(footer) 영역 구성

모바일 쇼핑몰 페이지의 하단 영역을 만들어 보는 과정입니다. 모바일 쇼핑몰 페이지의 하단은 텍스트로 구성되어 있으며, 현재 개선이 필요한 것으로 구성된 텍스트가 가운데 정렬되어 표현될 수 있도록만 수정하면 바로 사용할 수 있습니다.

01 하단 영역을 직접 수정하기 위해 레이아웃 화면으로 이동합니다. 아래 소스에 마우스 포인터를 올리면 [파일열기] 버튼이 나옵니다. [파일열기] 버튼을 클릭합니다.

```
<!--@layout(/layout/basic/layout.html)-->
```

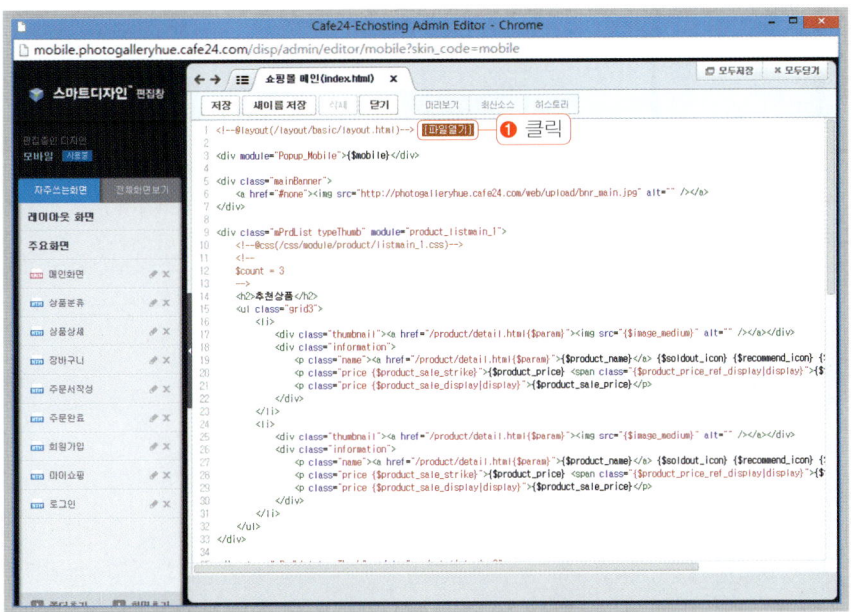

02 레이아웃 화면의 구성을 보기 위해 [미리보기] 버튼을 클릭합니다.

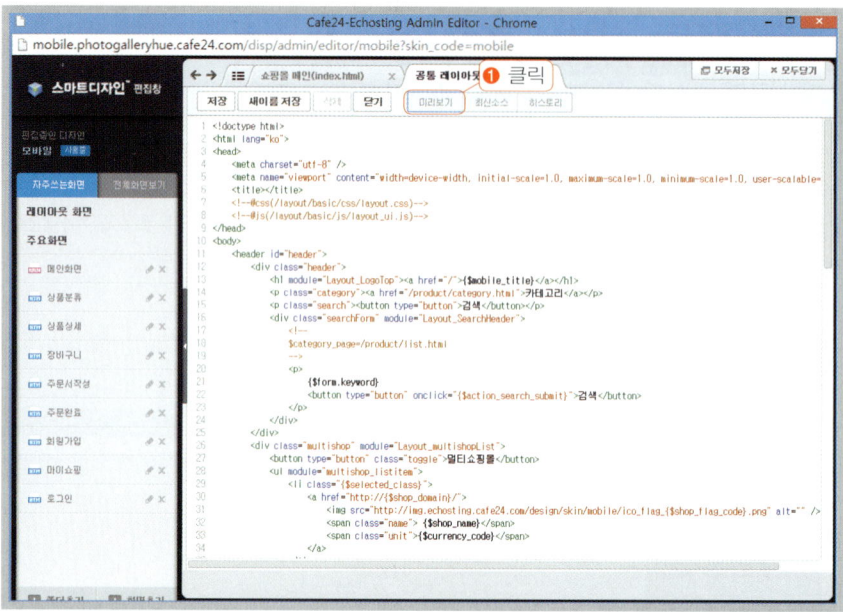

03 본문 영역 없이 상단(header)과 하단(footer)에 대한 레이아웃만 제공되는 것을 볼 수 있습니다. 그중에 하단 영역을 꾸미기 위해 소스를 찾아갑니다.

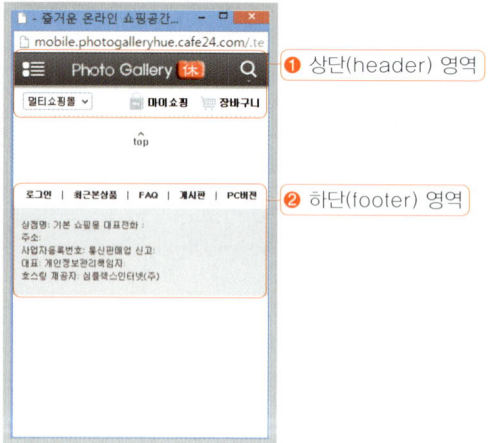

❶ 상단(header) 영역

❷ 하단(footer) 영역

04 하단(footer) 영역 중에 'address'에 해당하는 부분이 상점 정보를 표시하는 부분입니다.

```
<address module="Layout_footer">
 상점명: {$mall_name} 대표전화 : {$phone}<br>
 주소: {$mall_zipcode} {$mall_addr1} {$mall_addr2}<br>
 사업자등록번호: {$company_regno} 통신판매업 신고: {$network_regno}<br>
 대표: <a href="mailto:{$email}">{$president_name}</a>
 개인정보관리책임자: <a href="mailto:{$cpo_email}">{$cpo_name}</a><br>
 호스팅 제공자: 심플렉스인터넷(주)
</address>
```

아래와 같이 〈center〉 태그를 사용하여 하단 영역에 표시되는 텍스트를 중앙으로 정렬되어 표시되도록 합니다.

```
<center>
 <address module="Layout_footer">
  상점명: {$mall_name} 대표전화 : {$phone}<br>
  주소: {$mall_zipcode} {$mall_addr1} {$mall_addr2}<br>
  사업자등록번호: {$company_regno} 통신판매업 신고: {$network_regno}<br>
  대표: <a href="mailto:{$email}">{$president_name}</a>
  개인정보관리책임자: <a href="mailto:{$cpo_email}">{$cpo_name}</a><br>
  호스팅 제공자: 심플렉스인터넷(주)
 </address>
</center>
```

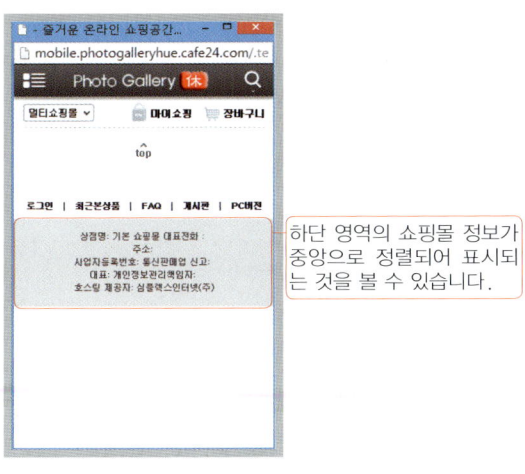

하단 영역의 쇼핑몰 정보가 중앙으로 정렬되어 표시되는 것을 볼 수 있습니다.

05 모바일 메인 화면의 상품 진열 개수 수정 방법

모바일 메인 화면의 상품 진열 개수를 조절할 수 있는 기능이 있습니다. 관리자가 원하는 메인 화면의 상품 수를 자유롭게 조절할 수 있으며 현재는 메인 화면에 많은 상품을 진열하는 추세입니다.

01 모바일 [스마트디자인 편집창]으로 접속하여 메인 화면의 소스 코드를 살펴보면 메인 화면에 표시할 상품의 개수를 설정하기 위해 'count' 숫자를 정하는 곳이 있습니다. 이 부분의 숫자를 변경하면 메인 화면에서 진열 상품의 개수가 다시 정의됩니다. 메인 화면에 진열되는 추천상품과 신상품에 대한 개수를 따로 정의할 수 있습니다.

```
<!--
  $count = 3
-->
```

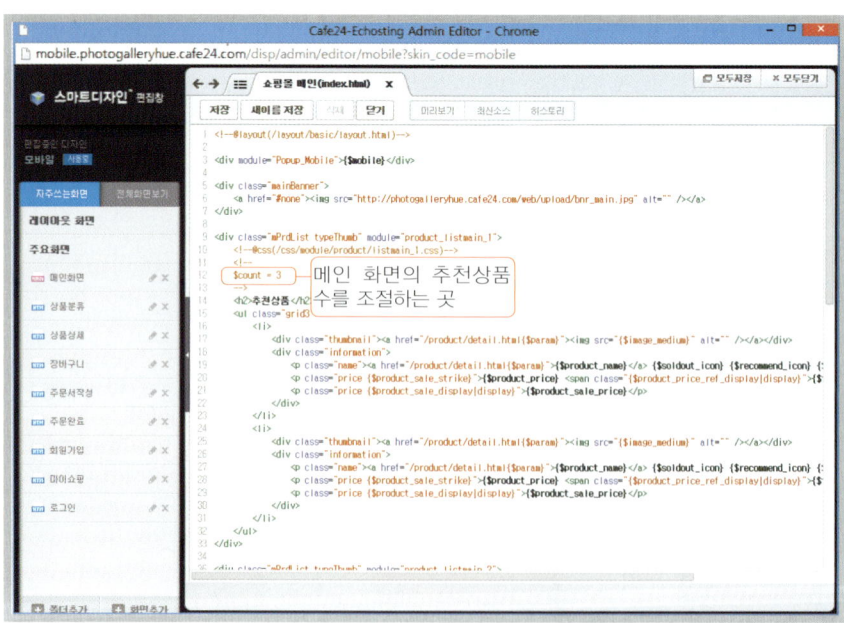

02 추천 상품의 진열 개수는 기본으로 '3'입니다. 'count=6'으로 변경하면 진열 상품이 6개로 늘어나는 것을 볼 수 있습니다.

[기본 3개 진열]   [6개로 수정한 화면]

모바일 주문 관리 기법

모바일 화면을 통해 주문한 상품을 관리하고 등록한 상품의 진열 설정과 게시판 관리 등의 작업이 필요합니다. 현재는 모바일 화면을 통해 기본적인 관리를 할 수 있지만 계속해서 편리하게 사용할 수 있도록 내용이 개선되고 있습니다.

01 모바일 상품 구매 과정

모바일을 통해 상품을 구매하는 과정을 보며 현재 만든 쇼핑몰에서 고객들이 정상적으로 주문할 수 있는지 확인해 봅니다.

01 스마트폰을 통해 쇼핑몰에 접속합니다.
모바일 쇼핑몰 주소 "http://m.id.cafe24.com"(모바일 쇼핑몰 주소 중 'id'는 cafe24의 회원 id로 대체되어야 합니다.)으로 연결합니다. 각자의 도메인이 있는 경우는 도메인 주소로 접속합니다. 접속 화면에서 메인 화면에 진열된 임의의 상품을 클릭합니다.

02 상품의 상세 설명 페이지로 이동하는 것을 볼 수 있습니다.

상품 상세 정보 페이지로 이동한 모습

03 화면의 하단으로 이동하면 [구매하기] 버튼이 있습니다. [구매하기] 버튼을 클릭하여 구매 페이지로 이동합니다.

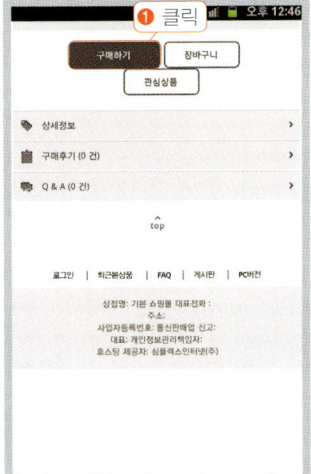

04 '회원 구매'와 '비회원 구매'가 가능합니다. 회원의 아이디와 패스워드를 입력하고 [로그인] 버튼을 클릭합니다.

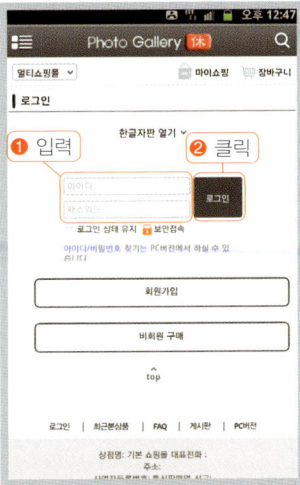

05 주문자 정보를 입력합니다.

주문자 정보를 입력합니다.

06 주문 페이지에서 결제 정보를 입력합니다. 그리고 [결제하기] 버튼을 클릭합니다.

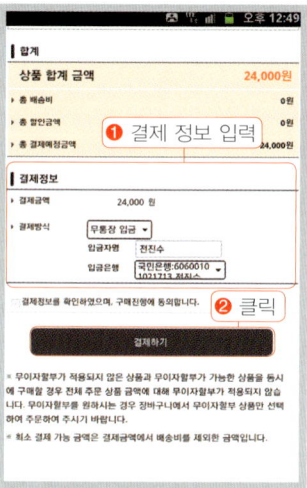

07 결제가 완료된 후에 주문번호 및 주문 상품 정보 가 표시되는 것을 볼 수 있습니다.

결제 완료 정보 를 확인합니다.

02　모바일 관리자 접속 방법

모바일 관리자 페이지에 접속하는 방법을 알아보겠습니다.

01 스마트폰에서 "http://m.echosting.cafe24.com"을 입력하고 접속한 후에 [관리자 로그인] 버튼을 클릭합니다.

02 [관리자 로그인] 페이지에서 아이디와 비밀번호를 입력하고 [로그인] 버튼을 클릭합니다.

03 모바일 [쇼핑몰 관리자] 페이지에 접속된 것을 볼
수 있습니다.

03 모바일 상품관리

모바일 상품관리 기능은 모바일에서 상품을 진열하거나 진열된 상품을 내리는 기능을 할 수
있습니다.

01 [상품관리] 메뉴를 클릭합니다.

02 미진열된(진열되지 않은) 상품을 선택하고 [진열여부변경] 버튼을 클릭하면 진열 상품으로 변경됩니다.

03 상품의 진열 여부가 [진열]로 변경된 것을 볼 수 있습니다.

04 모바일 주문관리

모바일을 통해 쇼핑몰에 해당하는 주요 현황을 모두 볼 수 있습니다. '주문조회' 메뉴에서는 '입금주문조회'와 '미입금주문조회'를 할 수 있습니다.

01 모바일 관리 처음 화면에 '오늘의 할일'이라는 항목과 '주요 현황'이 나타나 있습니다. 그중에 '오늘의 할일' 항목의 '입금대기'에 '1건'이 표시된 것을 볼 수 있습니다.

02 [주문관리] 항목에서 [미입금주문조회]를 클릭합니다.

03 '미입금주문조회'를 위한 주문기간을 설정하고 [검색] 버튼을 클릭합니다. 검색 결과가 나오면 검색 결과 항목에 체크하고 [입금확인] 버튼을 클릭합니다.

04 [주문관리] 항목에서 [입금주문조회]를 클릭합니다.

05 모바일 고객 관리와 게시물 관리

모바일 화면을 통해 신규 회원을 포함하는 회원 정보를 검색하는 등의 회원 관리를 할 수 있습니다. 또한, 신규 게시물 등을 확인할 수도 있습니다.

01 [고객관리] 항목을 클릭합니다. 새로운 회원을 검색하기 위해 기간을 설정하고 [검색] 버튼을 클릭합니다.

02 새로운 회원의 정보가 검색되는 것을 볼 수 있습니다.

새로운 회원의 정보가 검색된 것을 볼 수 있습니다.

03 [게시물관리] 메뉴 항목을 클릭하여 신규 게시물
   을 확인할 수 있습니다.

신규 게시물 확인

Note

모바일 쇼핑몰이 완성되면 '다음 트로이' 사이트(http://troy.labs.daum.net/)에 접속하여 모바일 기기
별로 사이트가 잘 표시되는지 점검합니다.

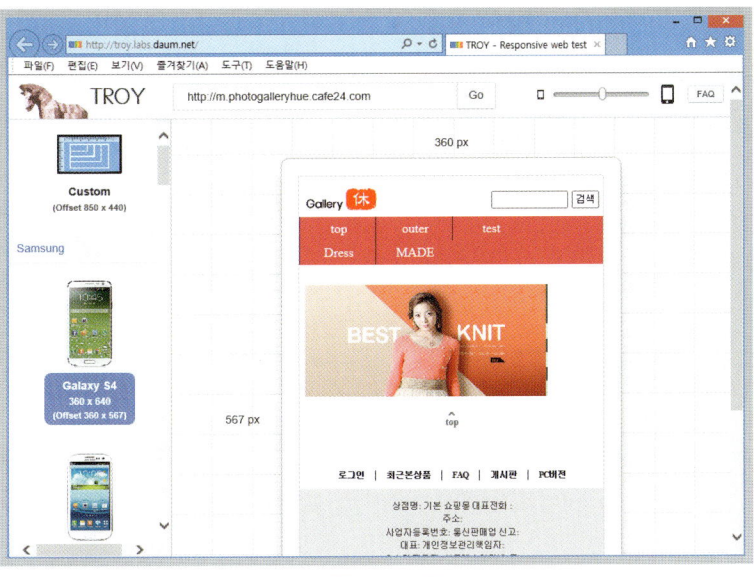

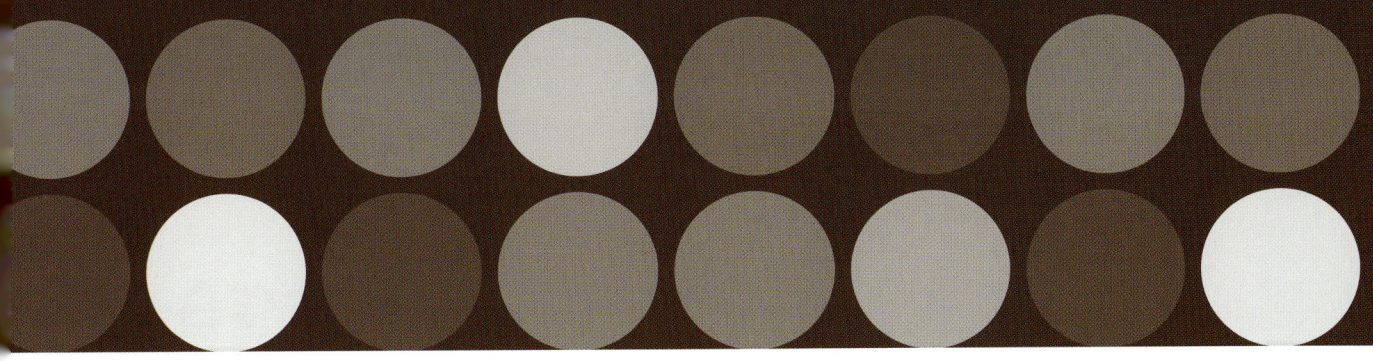

쇼핑몰 운영자를 위한 포토샵 실습

Chapter 01 포토샵 실습

쇼핑몰을 운영하다 보면 그래픽 프로그램의 힘을 빌려야 할 때가 많이 있습니다. 특히 상품 사진 촬영을 할 때 사진 전문가가 아니라면 만족할 만한 상품의 사진을 얻기 어려울 것입니다.

이번 포토샵 실습 과정을 통해 쇼핑몰 운영자가 알아야 하는 포토샵 기본기를 튼튼하게 만들어 보 겠습니다. 포토샵의 버전은 CS3 영문 버전을 기준으로 기술하였으나, CS2부터 최근의 CC 버 전까지의 어떤 버전으로도 따라서 실습할 수 있습니다.

Chapter

01

cafe 24 Shopping Mall

포토샵 실습

쇼핑몰을 운영하다 보면 그래픽 프로그램의 힘을 빌려야 할 때가 많이 있습니다. 특히 상품 사진 촬영을 할 때 사진 전문가가 아니라면 만족할 만한 상품의 사진을 얻기 어려울 것입니다.

이번 포토샵 실습 과정을 통해 쇼핑몰 운영자가 알아야 하는 포토샵 기본기를 튼튼하게 만들어 보겠습니다.

포토샵의 버전은 CS3 영문 버전을 기준으로 기술하였으나, CS2부터 최근의 CC 버전까지 어떤 버전으로도 따라서 실습할 수 있습니다.

01 상품의 이미지 크기 조절하기

디지털카메라로 촬영한 상품 이미지의 크기는 최대한 크게(높은 해상도) 촬영한 후에 해당 사이트에서 원하는 크기로 조절하여 사이트에 업로드하는 것이 좋습니다. 상품의 이미지를 업로드하려는 사이트에 따라 원하는 상품 이미지의 크기가 다를 수 있으므로 편집하기 전에 먼저 확인해 보는 것이 좋습니다.

⊙ 본문에서 사용하는 예제 다운로드
  ① www.kame.co.kr의 [자료실]에서 'cafe24 글로벌+모바일 대박 쇼핑몰 만들기'를 클릭하여 다운로드 합니다.
  ② 다운로드 받은 파일을 [C:\쇼핑몰예제] 폴더에 압축 해제합니다.
  ③ 압축이 해제된 것을 확인한 후 실습에 활용합니다.

◉ 예제 파일 : 쇼핑몰예제\상품이미지\26.jpg

01 [File]-[Open] 메뉴를 클릭하여 예제 파일을 불러옵니다.

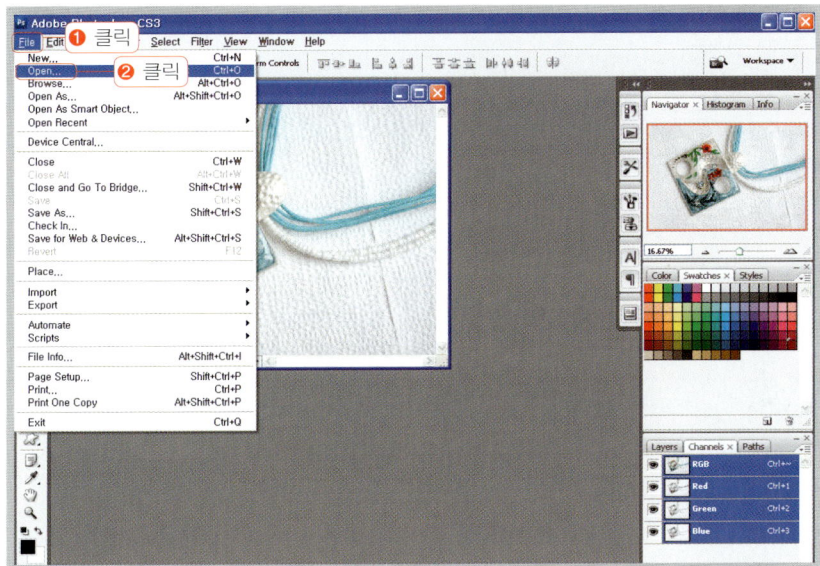

02 [Image]-[Image Size] 메뉴를 클릭합니다.

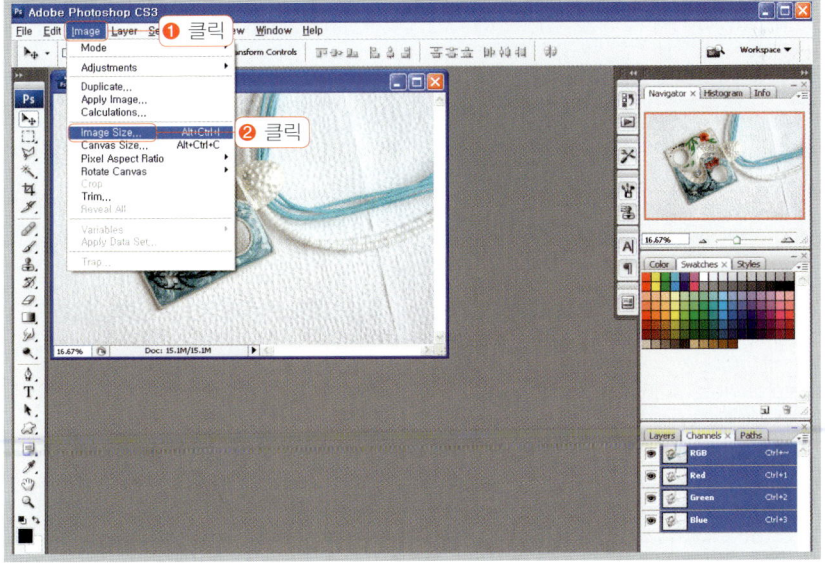

Note   Image Size를 조절하는 단축키는 Ctrl + Alt + I 입니다.

03 [Image Size] 대화상자에서 'Width : 500 pixels'을 입력하고 [OK] 버튼을 클릭합니다.

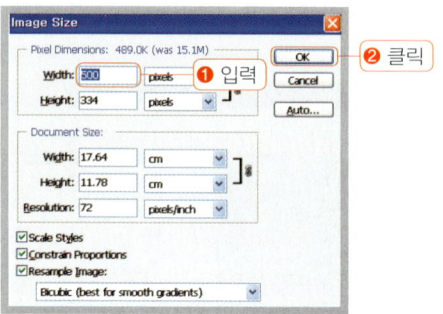

Note [Image Size] 대화상자 살펴보기

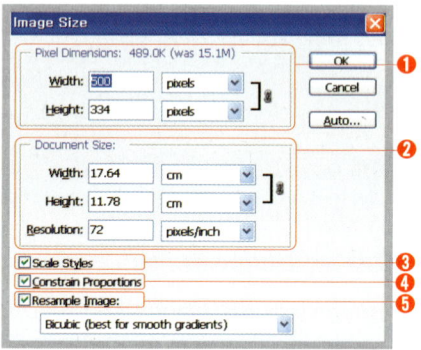

❶ **Pixel Dimensions** : 이미지의 가로/세로 크기와 저장 용량을 표시해 줍니다. 단위는 pixel과 percent로 구분합니다.

  • Width : 가로 크기를 지정합니다.
  • Height : 세로 크기를 지정합니다.

❷ **Document Size** : 이미지의 크기를 percent, inches, cm 등의 다양한 단위로 설정할 수 있습니다.

  • Width : 가로 크기를 지정합니다.
  • Height : 세로 크기를 지정합니다.
  • Resolution : 이미지의 해상도를 지정합니다.

❸ **Scale Styles** : 이미지의 크기를 변경할 때 이미지에 적용한 레이어 스타일의 크기도 같이 조정하고 싶을 때 체크합니다.

❹ **Constrain Proportions** : 가로와 세로의 비율을 유지하며 사이즈를 조절할 때 체크합니다.

❺ **Resample Image** : 이미지의 크기 조절시 해상도를 같이 조절할 때 체크합니다.

04 원하는 이미지의 크기로 조절된 것을 확인합니다.

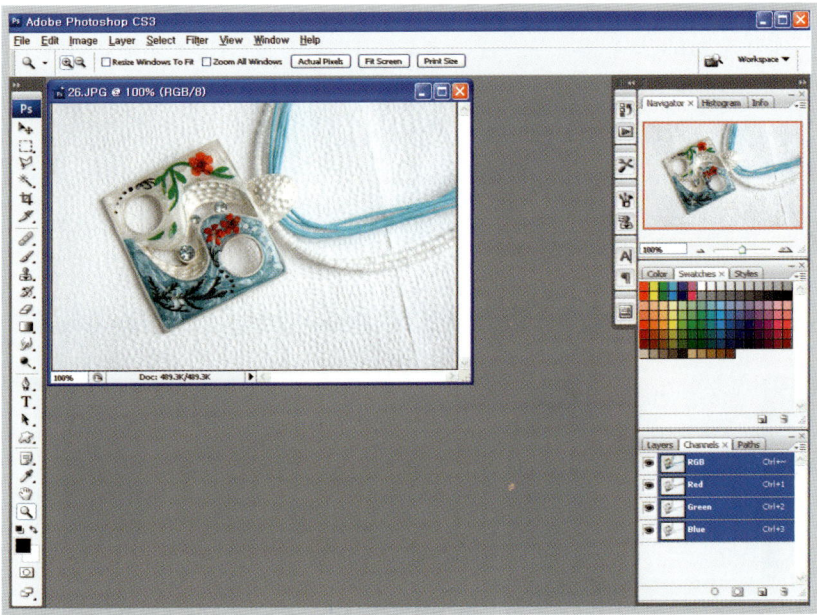

> **Note**
>
> 알씨(Alsee)가 설치되어 있는 경우 윈도우 탐색기에서 한번에 상품 이미지의 크기를 조절할 수 있습니다.
>
> 크기를 조절할 상품의 이미지를 선택하고 마우스 오른쪽 버튼을 클릭한 후에 [알씨]-[이미지 크기 변경하기]를 클릭하여 원하는 크기를 입력하고 완료합니다.
>
>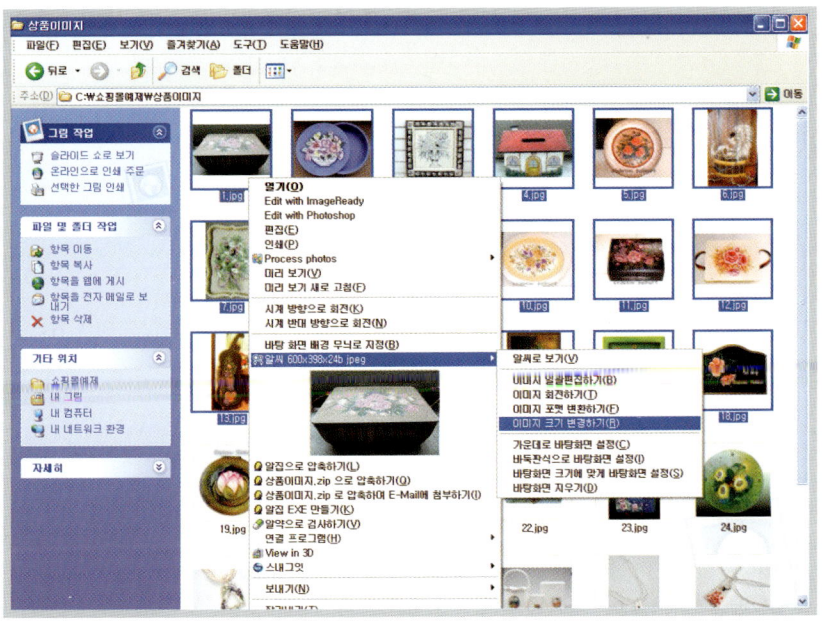

02 캔버스 크기를 조절하여 이미지 이어붙이기

사진을 편집하다 보면 공간이 부족하거나 또는 여백이 필요할 때가 있습니다. 그럴 때 캔버스 크기 조절 메뉴를 통해 원하는 방향으로 공간을 확보할 수 있습니다.

◎ 예제 파일 : 쇼핑몰예제\상품이미지\27.jpg, 29.jpg

01 예제 파일을 불러온 후 메뉴 [Image]-[Canvas Size]를 클릭합니다.

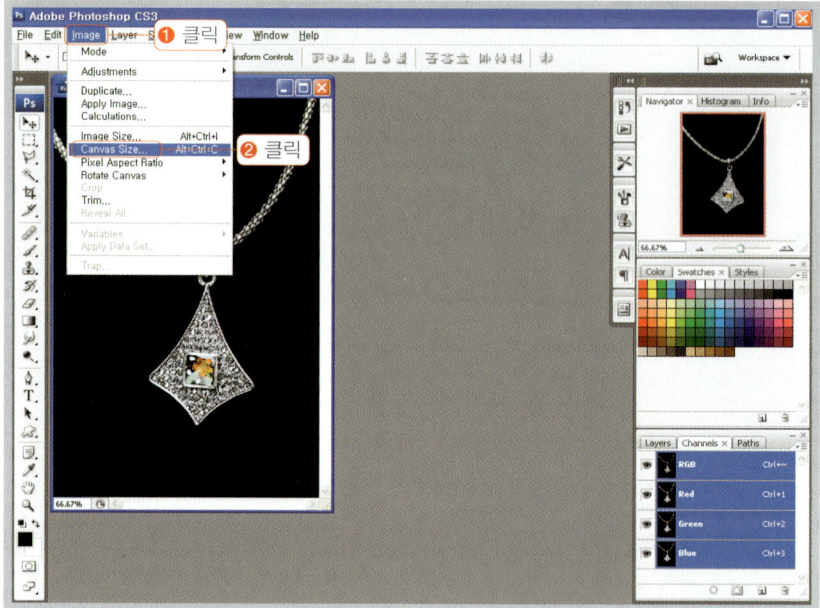

02 [Canvas Size] 대화상자에서 'Height : 1500 pixels'을 입력하고 'Anchor : 위쪽'을 클릭한 후 [OK] 버튼을 클릭합니다.

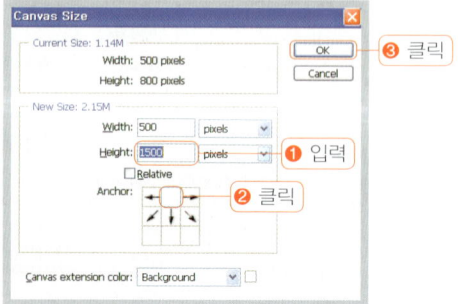

Note [Canvas Size] 대화상자 살펴보기

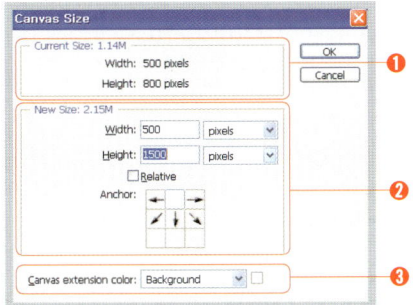

❶ Current Size : 현재 캔버스의 크기 및 저장 용량을 표시합니다.
❷ New Size : 변경하려는 캔버스의 가로 및 세로 크기를 입력하고 방향을 정하는 곳입니다.

- Width : 캔버스의 너비를 입력하는 곳입니다.
- Height : 캔버스의 높이를 입력하는 곳입니다.
- Relative : 체크할 경우는 확장하고 싶은 크기만 입력하면 됩니다.
  *현재 예제에서는 'Relative' 항목을 체크하지 않고 기존 크기에 확장하고 싶은 크기를 더하여 입력하
  였습니다.
- Anchor : 현재 사진의 이동 위치를 정하고 추가되는 여백을 어느 방향으로 줄 것인지를 정하게 됩니다.

❸ Canvas extension color : 확장된 캔버스의 배경색을 설정할 때 사용합니다.

02 캔버스의 크기가 커지면서 아래쪽에 흰색 공간이 생기는 것을 확인할 수 있습니다. 이어붙이
기 할 이미지를 불러온 후 이동 도구(⤵)로 드래그하여 상품 이미지를 이어붙이기 합니다.

03 Contact Sheet Ⅱ 명령으로 쇼핑몰 목록 이미지 만들기

여러 장의 이미지를 하나의 썸네일 이미지로 만들 때 'Contact Sheet' 기능을 활용하면 편리하게 상품 목록의 사진을 만들 수 있습니다.

◉ **예제 파일** : 쇼핑몰예제\상품이미지

01 쇼핑몰 상품 목록의 이미지를 만들기 위해 [File]-[Automate]-[Contact Sheet Ⅱ] 메뉴를 클릭합니다.

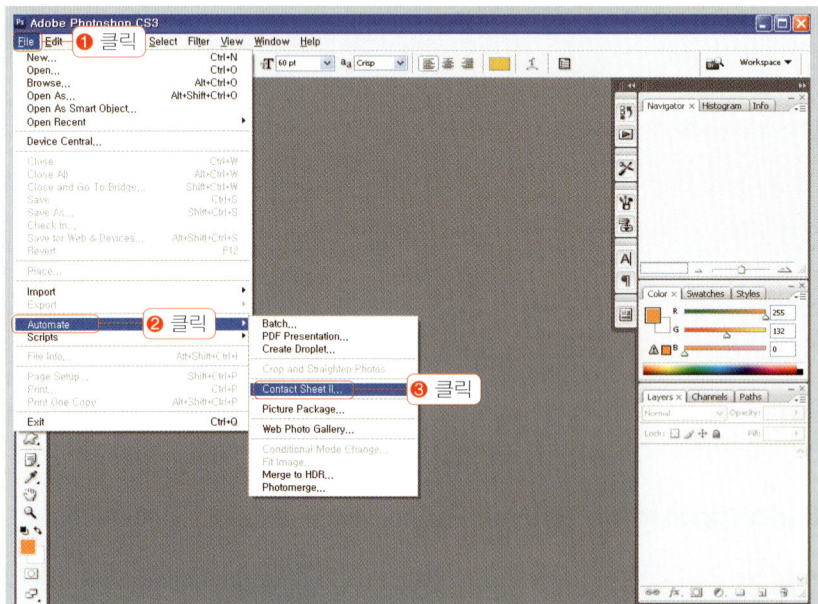

Note 포토샵의 Automate 명령을 잘 활용하면 사진 편집 시간을 단축할 수 있는 유용한 기능이 있습니다. 여러 사진 파일을 PDF 파일로 만들어 주거나, 선택한 이미지 등을 여러 크기로 자동으로 만들어 주는 기능 등 자동화 기능을 하나하나 사용해 보기를 권장합니다.

02 [Contact Sheet II] 대화상자에서 [Browse] 버튼을 클릭하고 상품의 이미지가 있는 폴더를 선택
   합니다.

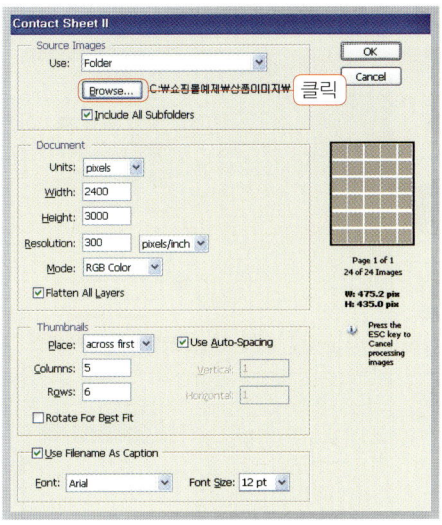

> **Note** 'Include All Subfolders' 항목에 체크하면 선택한 폴더의 하위 폴더에 있는 이미지에도 같은 효
> 과를 적용합니다.

03 [Document]의 'Units : pixels'로 설정하고 'Width:600', 'Height:800'를 입력하고
   [Thumbnails]의 'Columns:5', 'Rows:5'로 설정하고 [OK] 버튼을 클릭합니다.

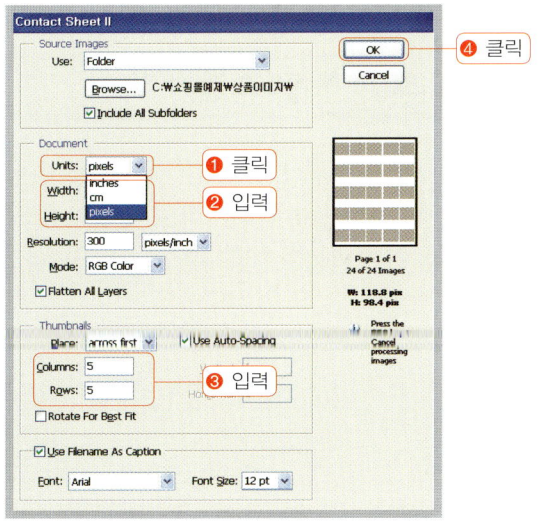

04 자동으로 쇼핑몰 상품 목록 사진이 완성된 것을 볼 수 있습니다.

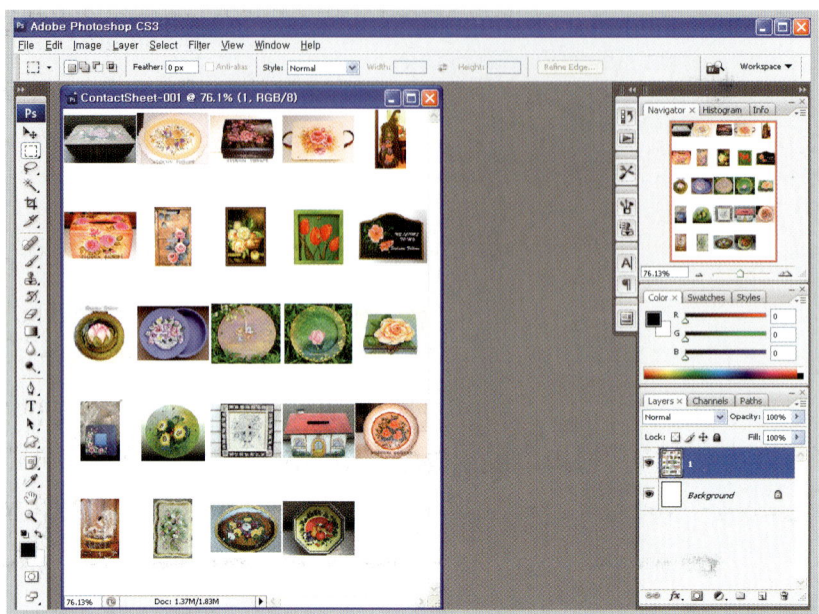

04 액션 기능으로 상품 이미지 크기 자동 조절하기

포토샵의 액션(Action) 기능을 활용하면 포토샵에서 반복적으로 해야 하는 작업을 손쉽게 해결할 수 있습니다. 특히 쇼핑몰을 운영하다 보면 상품 이미지의 크기 변경 또는 밝기 보정 등 반복적인 작업을 많이 하게 되는데, 이때 액션 기능을 활용하면 효과적입니다.

◉ 예제 파일 : 쇼핑몰예제\상품이미지\17.jpg

01 예제 파일을 불러온 후에 메뉴 [Window]-[Actions]를 클릭합니다.

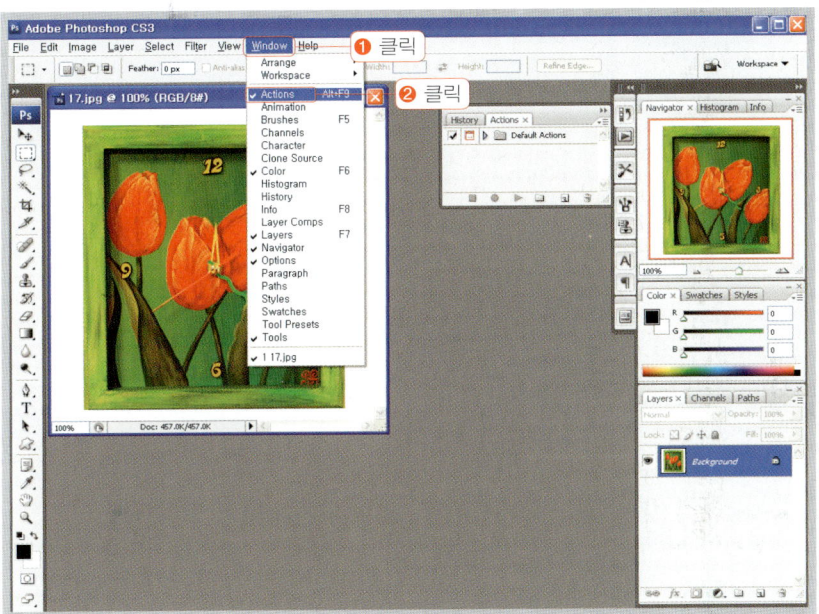

02 [Actions] 팔레트에서 새롭게 만드는 액션을 저장할 폴더를 만들기 위해 [Create New Set](📁) 버튼을 클릭합니다.

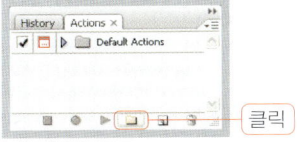

03 [New Set] 대화상자에서 'Name : 상품 크기 조절'을 입력하고 [OK] 버튼을 클릭합니다.

04 크기를 조절할 이미지가 있는 폴더를 선택한 후에 새로운 액션을 만들기 위해 [Create New Action](🔲) 버튼을 클릭합니다.

05 [New Action] 대화상자에서 'Name : 300px', 'Set : 상품 크기 조절'로 설정하고 [Record] 버튼을 클릭합니다.

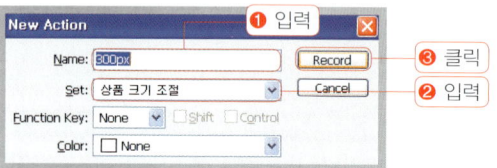

06 이미지의 크기를 조절하는 명령을 기록하기 위해 [Image]-[Image Size] 메뉴를 클릭합니다.

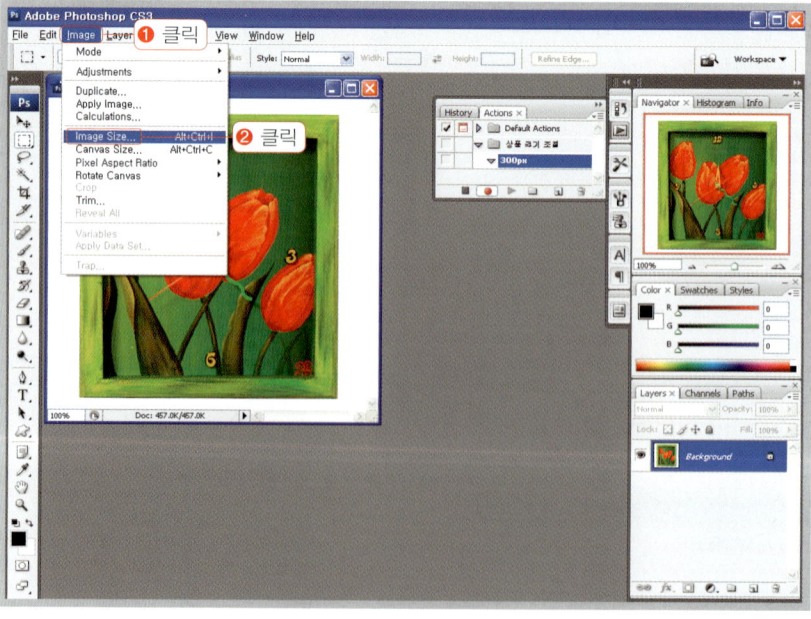

O7 [Image Size] 대화상자에서 'Width : 300'을 입력하고 [OK] 버튼을 클릭합니다.

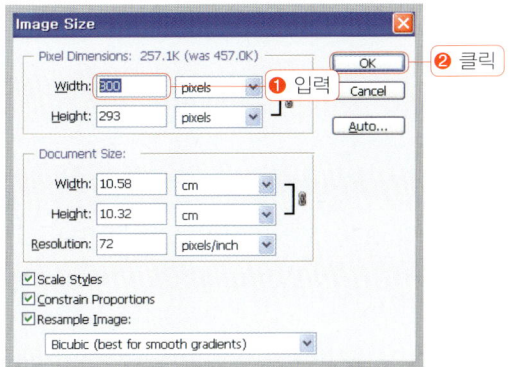

> **Note**　가로와 세로의 크기를 따로 설정하고 싶은 경우는 'Constrain Proportions'의 체크를 해제하고 원하는 크기를 입력합니다.

O8 이미지의 밝기를 보정하기 위해 [Image]-[Adjustments]-[Auto Levels]를 클릭하고 같은 방법으로 [Auto Contrast]와 [Auto Color]를 적용합니다.

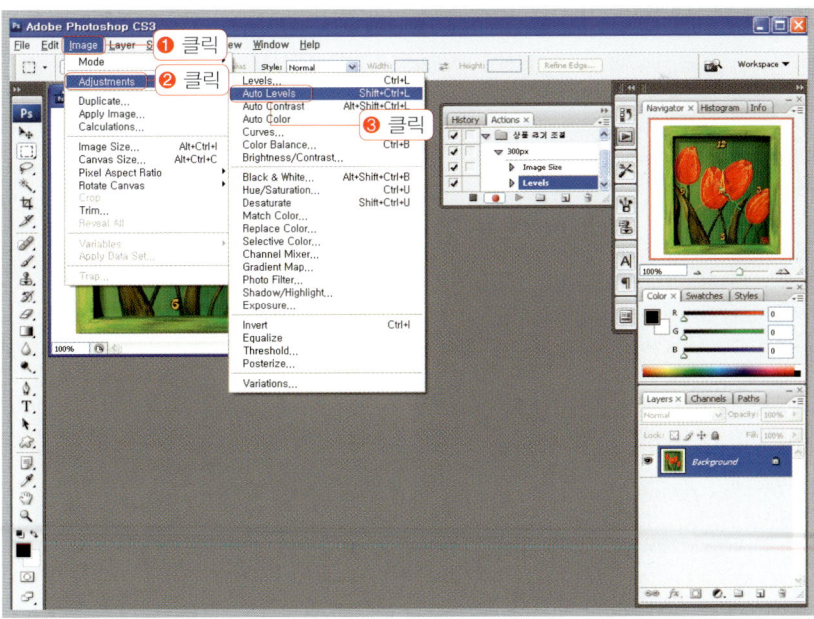

09 [Actions] 팔레트에 작업한 내용이 기록된 것을 확인하고 [Stop](●) 버튼을 클릭하여 녹화를 마칩니다.

Note   [Actions] 팔레트 살펴보기

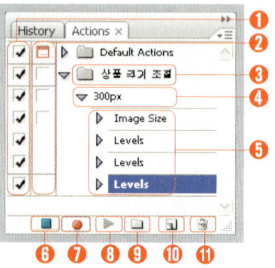

❶ **액션 실행** : 기록된 액션 중에 체크된 목록만 실행됩니다.
❷ **대화상자** : 액션이 실행될 때 대화상자에 표시되어 있으면 옵션 값을 변경할 수 있는 창이 나타납니다.
❸ **액션 세트** : 액션을 관리하는 폴더입니다.
❹ **액션** : 작업의 단계를 기억하는 파일입니다.
❺ **액션 목록** : 액션을 실행했을 때 실행되는 단계입니다.
❻ **멈춤** : 액션 녹화를 멈출 때 사용합니다.
❼ **녹화** : 액션을 녹화할 때 사용합니다.
❽ **진행** : 선택된 액션을 이미지에 적용할 때 사용합니다
❾ **새 세트 만들기** : 액션을 관리하는 폴더를 만들 때 사용합니다.
❿ **새 액션 만들기** : 새로운 액션을 만들 때 사용합니다.
⓫ **휴지통** : 액션 목록, 액션, 액션 세트 등을 지울 때 사용합니다.

10 기록한 액션을 적용하기 위해 새로운 상품 사진을 불러온 후 [실행] 아이콘을 클릭합니다.

◉ 예제 파일 : 쇼핑몰예제\상품이미지\18.jpg

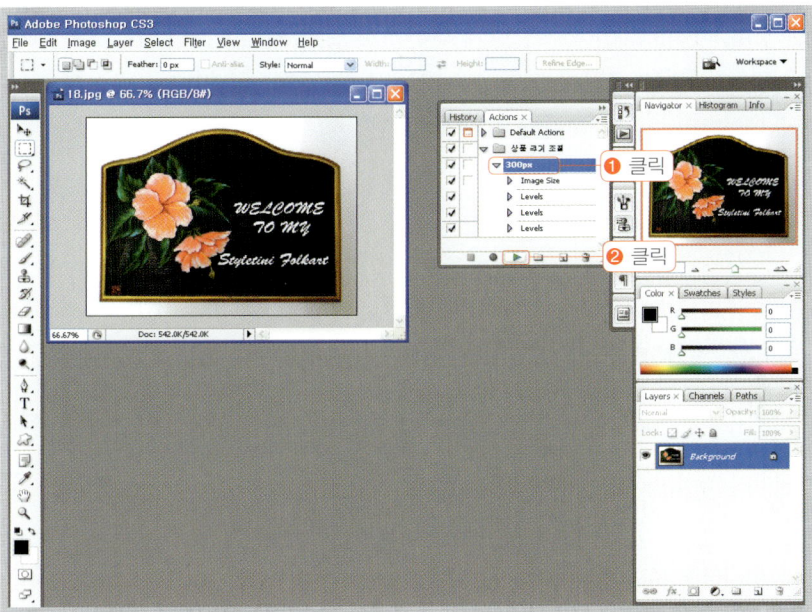

11 이미지의 크기와 밝기를 보정한 내용이 적용되는 것을 확인합니다.

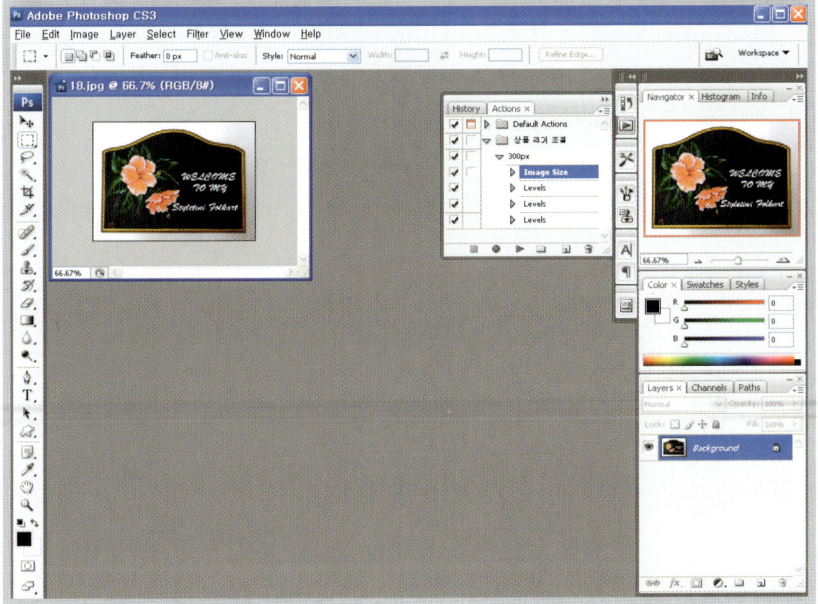

05 많은 상품 사진도 Batch 명령으로 한번에 해결하기

앞에서 만들어 보았던 액션(Action)은 파일마다 하나하나 적용해야 하는 불편함이 있습니다. 그래서 Batch 명령과 액션을 함께 활용하면 같은 작업을 한 번에 폴더 단위로 만들 수 있으므로 많은 사진을 한번에 보정해야 하는 쇼핑몰 상품의 이미지 편집에서 빠질 수 없는 기능입니다.

◉ 예제 파일 : 쇼핑몰예제\상품이미지

01 [File]-[Automate]-[Batch] 메뉴를 클릭합니다.

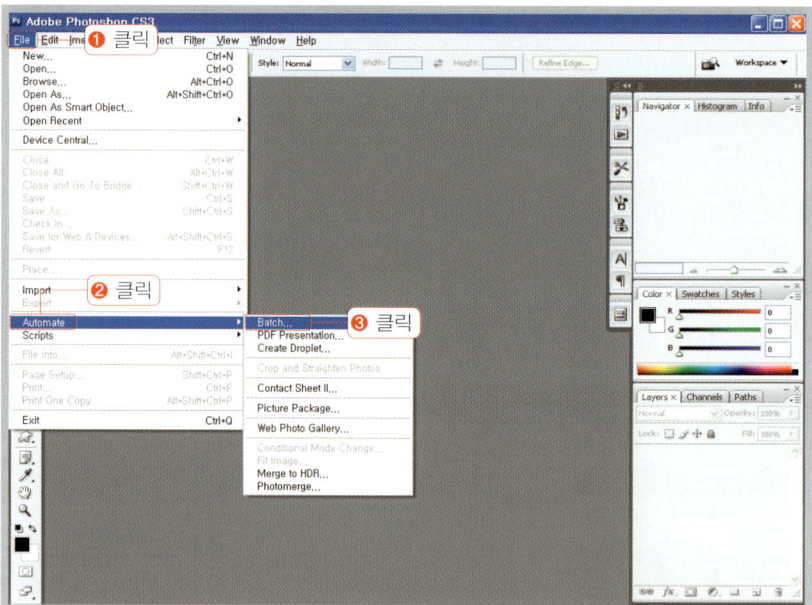

02 액션을 적용할 이미지 폴더를 선택하기 위해 [Batch] 대화상자에서 'Source : Folder'로 설정하고 [Choose] 버튼을 클릭하고 [폴더 찾아보기] 대화상자에서 상품이 있는 폴더를 선택하고 [확인] 버튼을 클릭합니다.

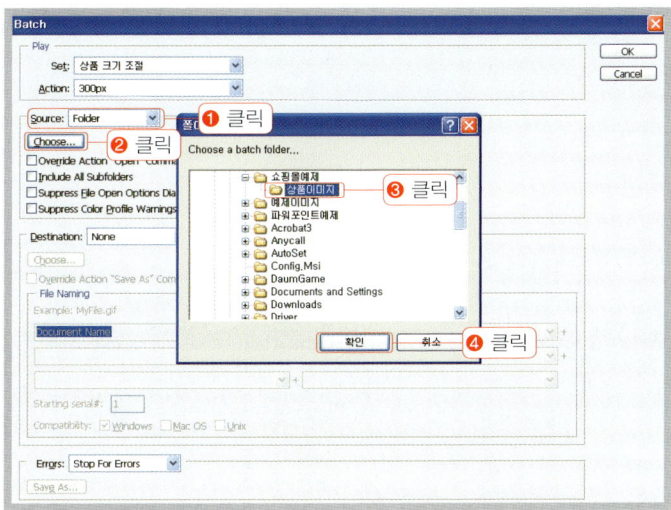

03 액션을 적용한 이미지를 저장할 폴더를 선택하기 위해 [Destination]에서 [Choose] 버튼을 클릭하여 열리는 '폴더 찾아보기' 창에서 [새 폴더 만들기] 버튼을 클릭하고 '300px이미지' 폴더를 만든 후에 [확인] 버튼을 클릭하고, 이어서 'Batch' 창에서 [OK] 버튼을 클릭하여 완료합니다.

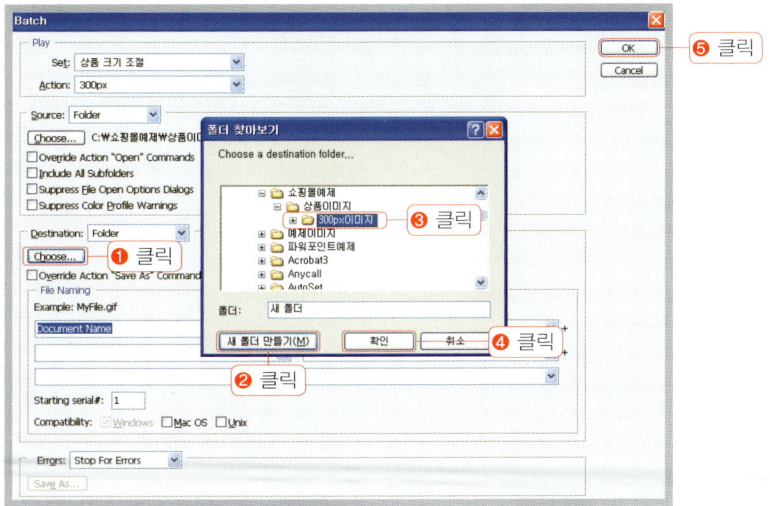

Note **[Batch] 대화상자 살펴보기**

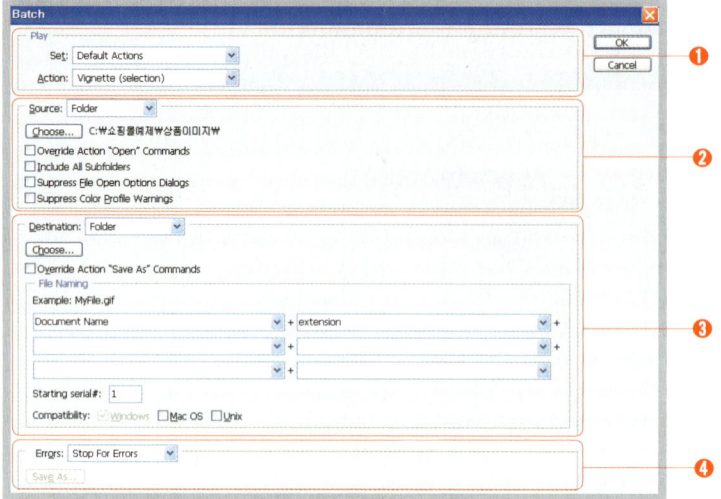

❶ **Play** : 이미지에 적용할 액션을 선택할 때 사용합니다.

- **Set** : 액션 세트를 선택할 때 사용합니다.
- **Action** : 적용할 액션을 선택할 때 사용합니다.

❷ **Source** : 액션을 적용할 이미지를 선택할 때 사용합니다.

- **Choose** : 액션을 적용할 폴더를 선택할 때 사용합니다.
- **Override Action "Open" Commands** : 액션 목록에 Open 명령이 있을 때 해당 명령을 무시하고 액션을 실행할 때 체크합니다.
- **Include All Subfolders** : 하위 폴더에 있는 이미지에도 액션을 적용할 경우 체크합니다.
- **Suppress File Open Options Dialogs** : 파일을 여는 대화상자를 무시하고 실행할 경우 체크합니다.
- **Suppress Color Profile Warnings** : 이미지의 색상 정보가 서로 다를 때 메시지를 보이지 않고 진행할 경우 체크합니다.

❸ **Destination** : 액션이 적용된 이미지를 저장할 폴더를 선택할 때 사용합니다.

- **Choose** : 액션이 적용된 파일이 저장될 폴더를 선택할 때 사용합니다.
- **Override Action "Save As" Commands** : 액션 목록에 'Save As' 명령이 있을 때 해당 명령을 무시하고 진행할 경우 체크합니다.
- **File Naming** : 액션이 적용된 파일을 저장할 때 파일 형식 및 이름의 규칙을 정할 때 사용합니다.

❹ **Errors** : 액션을 적용할 때 에러가 발생하면 자동으로 멈출 수 있도록 설정할 때 사용합니다.

04 파일 불러오기 명령을 통해 그림의 크기를 확인해 보면 가로 크기가 모두 '300px'로 설정된 것을 확인할 수 있습니다.

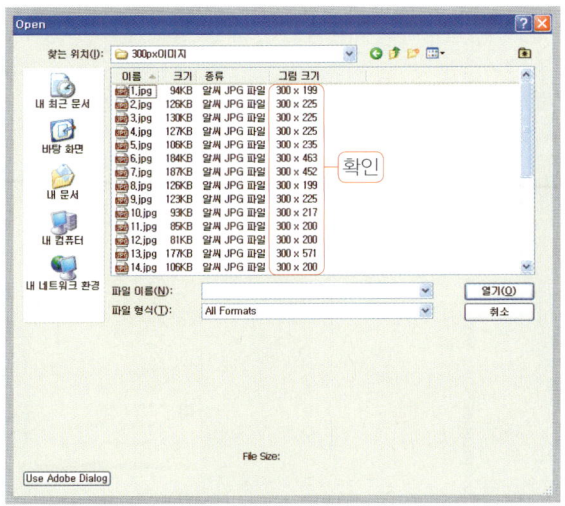

Note 쇼핑몰 상품 사진을 편집하다 보면 이미지의 크기를 조절해야 하는 경우가 많이 있습니다.
상품을 만들기 전에 쇼핑몰이나 오픈마켓에서 원하는 상품의 이미지 크기를 확인하고 해당 크기에 맞게 액션을 만들어 Batch 명령으로 일괄 조정을 합니다. 대부분 대, 중, 소로 이미지의 크기를 구분합니다.

06 펜툴을 활용하여 상품 추출하기

펜툴(Pen tool)은 주로 그림을 그리거나 선택을 정교하게 할 때 사용합니다. 그렇지만 그래픽을 처음 배우는 초보자에게는 어렵게 느껴질 수 있습니다. 연습을 통해 펜툴을 활용하여 정교한 선택을 하는 연습을 한다면 쇼핑몰의 상품 이미지를 보정하는데 많은 도움이 될 것입니다.

● 예제 파일 : 쇼핑몰예제\상품이미지\17.jpg

01 예제 파일을 불러온 후에 툴 박스에서 [펜툴]( )을 선택하고 옵션 바에서 [Paths]( ) 아이콘
을 클릭하고 선택영역을 만들 상품을 클릭하여 기준점을 만듭니다.

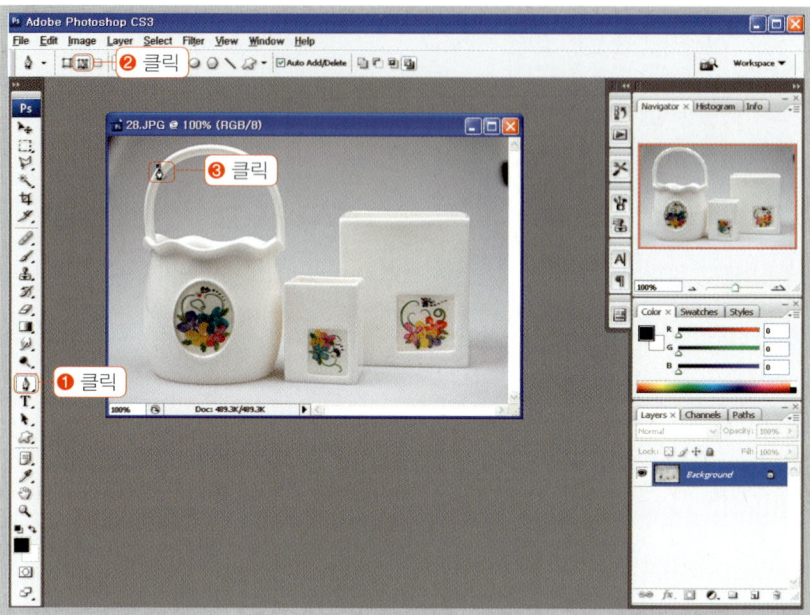

Note 펜툴 옵션바 살펴보기

❶ 셰이프 레이어(Shape Layers) : 패스선을 만들 때 면 색이 채워지면서 새로운 레이어가 생성됩니다.
❷ 패스(Paths) : 패스선을 만들면서 선택을 하고 패스 팔레트에 작업 패스가 저장되어 패스선을 수정할
수 있습니다.
❸ 필 픽셀(Fill Pixels) : 펜툴을 선택했을 때는 활성화 되지 않으며, 도형을 선택할 때 활성화됩니다. 레
이어 및 패스가 생성되지 않으므로 수정이 불편합니다.
❹ 도형 모음 : 패스 작업을 할 수 있는 도형의 유형을 선택하여 사용할 수 있습니다.
❺ 패스 추가(Add to Path area) : 기존 패스 작업 영역에 새로운 패스를 추가할 때 사용합니다.
❻ 패스 빼기(Subrtact from Path area) : 기본 패스 작업 영역에서 새로운 패스 영역을 뺄 때 사용합니다.
❼ 패스 교차(Intersect Path areas) : 기존 패스 작업 영역과 현재 작업하는 패스 영역이 교차하는 부분
만 선택할 때 사용합니다.
❽ 교차외 패스(Exclude Overlapping Path areas) : 기본 패스 작업 영역과 현재 작업하는 패스 영
역의 교차하는 부분 외의 영역을 선택할 때 사용합니다.

02 선택영역을 만들 다음 지점을 클릭하고 드래그하여 이미지의 외곽을 추출합니다.

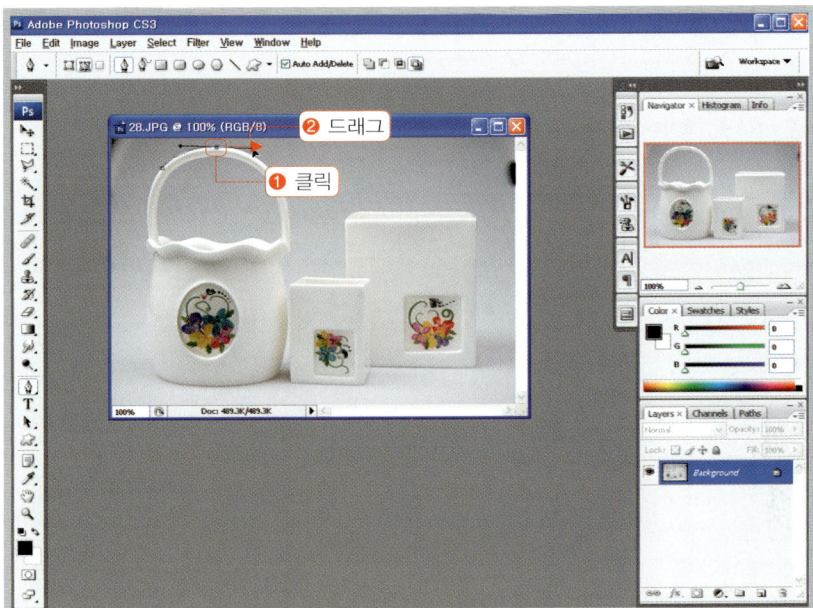

03 방향 선을 없애기 위해 Alt 키를 누른 상태에서 중심점을 클릭합니다.

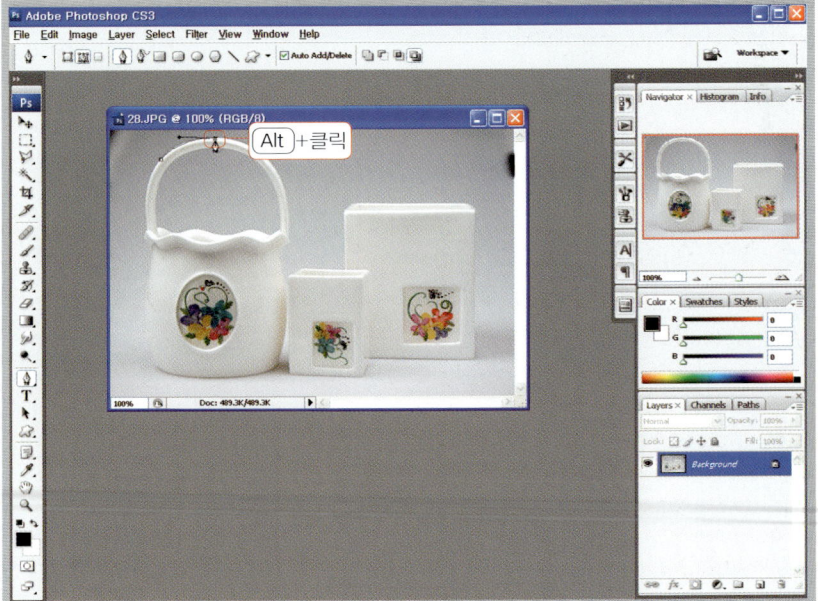

Note 패스 작업을 하다가 잘못 클릭한 경우 키보드의 [백스페이스](←)키를 누르면 잘 못 선택한 앵커 포인트가 삭제됩니다. 앵커 포인트가 삭제된 후에 이전의 앵커 포인트를 다시 한번 클릭한 후에 패스 작업을 시작합니다.

04 다음 지점을 클릭하여 외곽을 따라 선택영역을 만들어 줍니다.

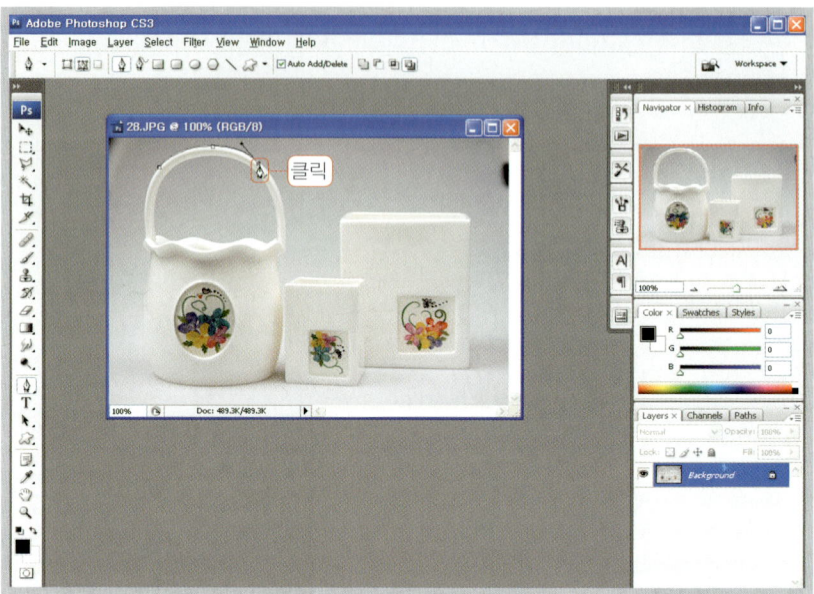

05 가장 마지막에서는 처음 시작했던 점(앵커 포인트)을 클릭하여 패스 작업을 완성합니다.

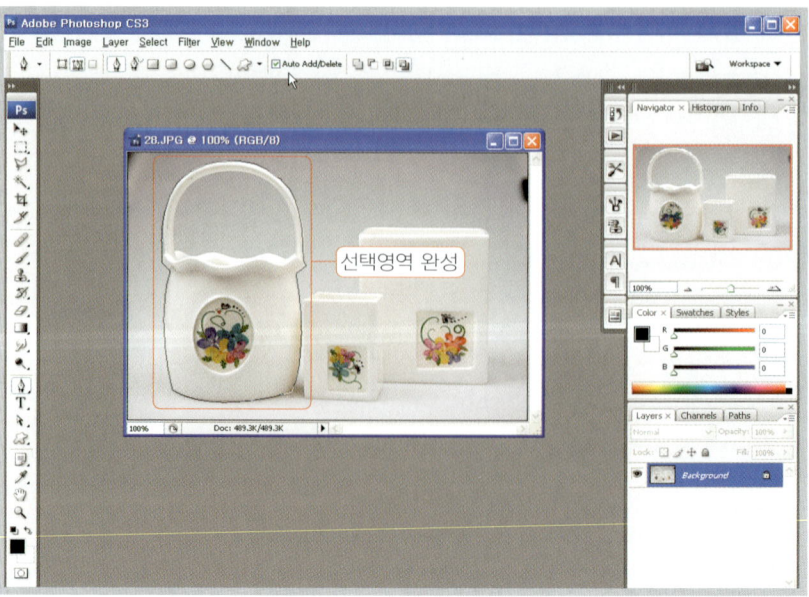

06 손잡이 안쪽 부분을 선택영역에서 제외하기 위해 펜 툴로 손잡이 안쪽을 선택합니다.

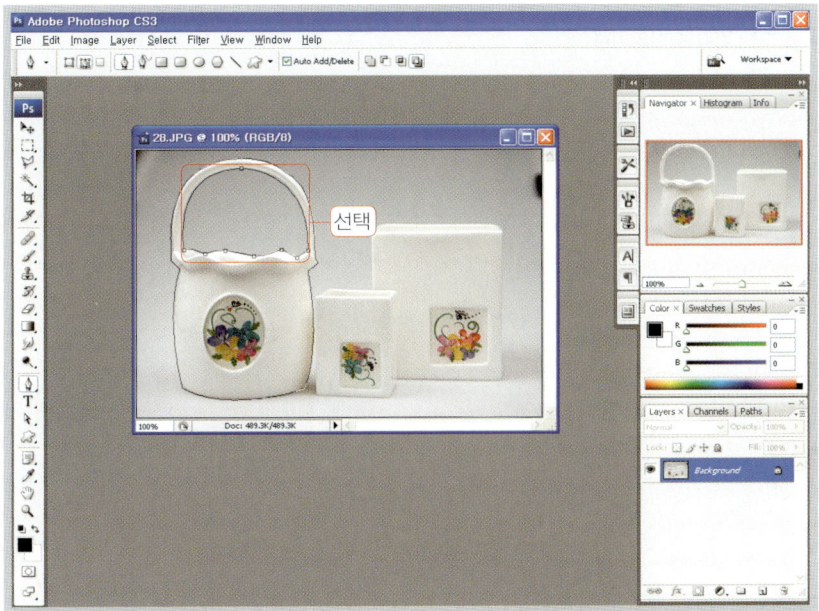

07 패스선을 선택영역으로 만들기 위해 [Paths] 팔레트를 클릭한 후에 [Load Path as a Selection](○) 아이콘을 클릭합니다.

Note   **패스 팔레트 살펴보기**

❶ 작업 패스(Work Path) : 작업한 패스가 나타나는 곳입니다.

❷ 전경색 채우기(Fill Path with Foreground Color) : 작업한 패스에 전경색을 채울 때 사용합니다.

❸ 선 만들기(Stroke Path with brush) : 작업한 패스에 브러시로 선을 그릴 때 사용합니다.

❹ 선택영역 만들기(Load Path as Selection) : 작업한 패스를 선택영역 으로 추출할 때 사용합니다.

❺ 패스 만들기(Make Work Path from Selection) : 선택영역을 패스로 만들어 줄 때 사용합니다.

❻ 새 패스 만들기(Create new Path) : 새로운 패스를 만들 때 사용합니다.

❼ 패스 지우기(Delete Current Path) : 작업한 패스를 지울 때 사용합니다.

08 선택한 패스 영역이 선택영역으로 변경되는 것을 확인합니다.

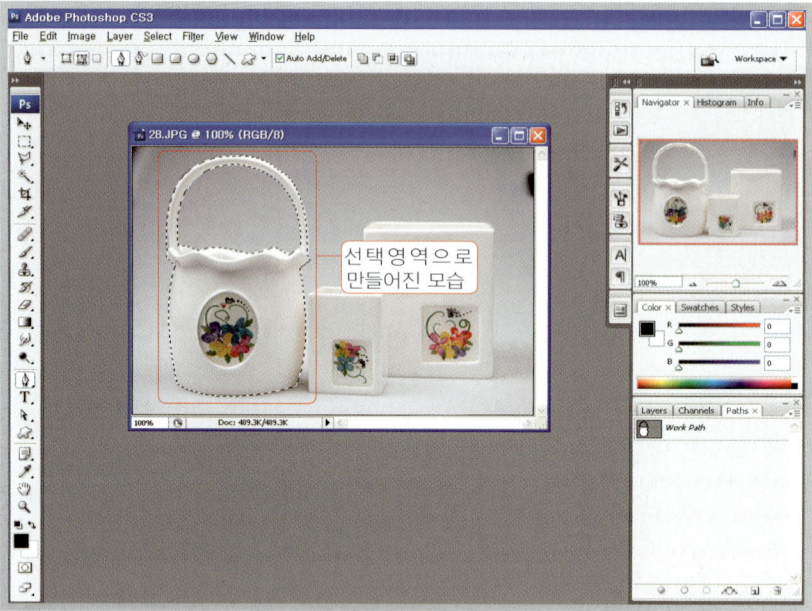

09 선택영역을 반전하기 위해 메뉴 [Select]-[Inverse]를 클릭합니다.

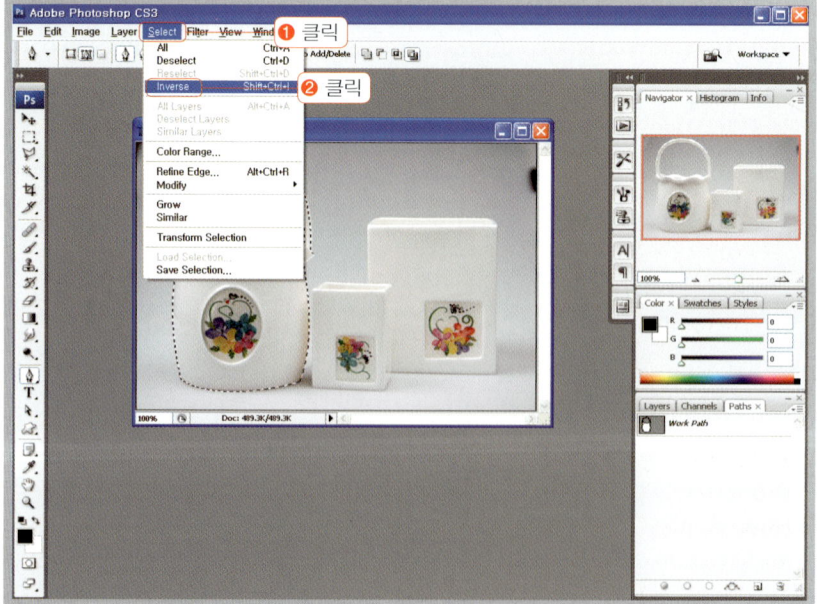

Note   선택영역을 반전하는 단축키는 Shift + Ctrl + I 입니다.

10 반전된 영역에 흰색을 채우기 위해 키보드에서 Del 키를 클릭하고, 선택영역을 해제하기 위해
키보드에서 Ctrl + D 를 눌러 완성합니다.

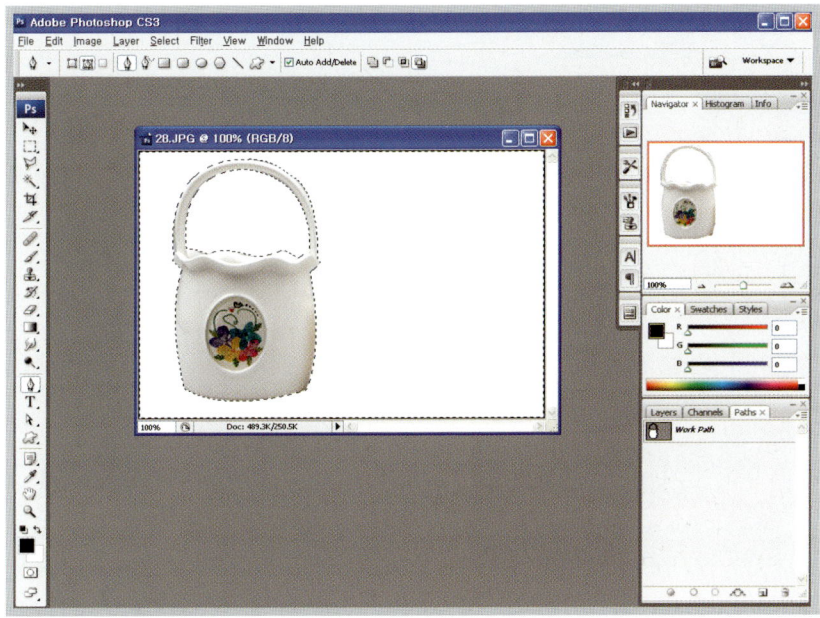

> **Note** 선택을 해제했던 영역을 다시 선택하고 싶을 경우는 키보드에서 Shift + Ctrl + D 를 누릅니다.

07 모서리가 둥근 상품 사진 만들기

쇼핑몰 상품 사진을 편집할 때 사진의 모서리를 둥글게 하려는 경우가 많이 있습니다. 여러
가지 방법이 있지만 가장 쉽게 사용할 수 있는 방법으로 선택영역을 수정하여 만드는 방법
에 대해 알아보겠습니다.

● 예제 파일 : 쇼핑몰예제\상품이미지\6.jpg

01 예제 파일을 불러온 후에 전체 사진의 선택영역을 만들기 위해 메뉴 [Select]-[All]을 클릭합니다.

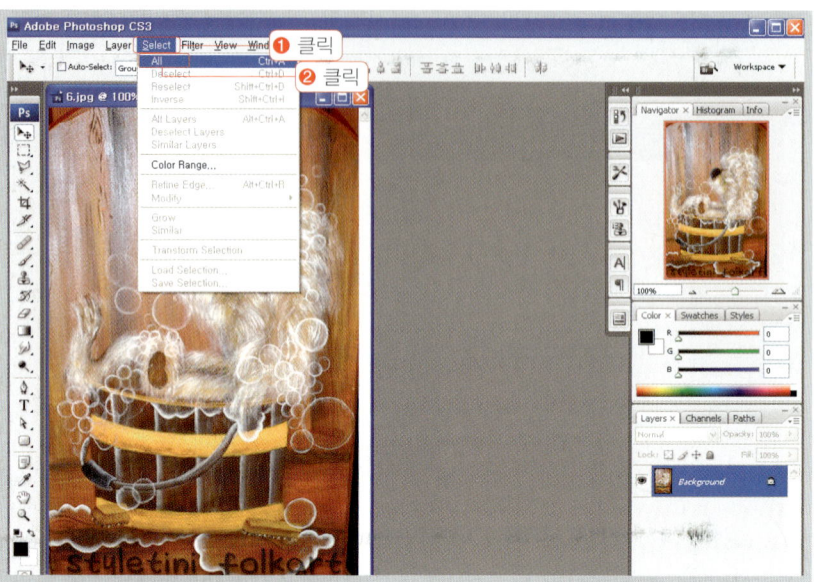

> **Note**
>
> 전체를 선택하는 단축키는 `Ctrl` + `A` 입니다.

02 선택된 영역의 모서리를 둥글게 만들기 위해 메뉴 [Select]-[Modify]-[Smooth]를 클릭합니다.

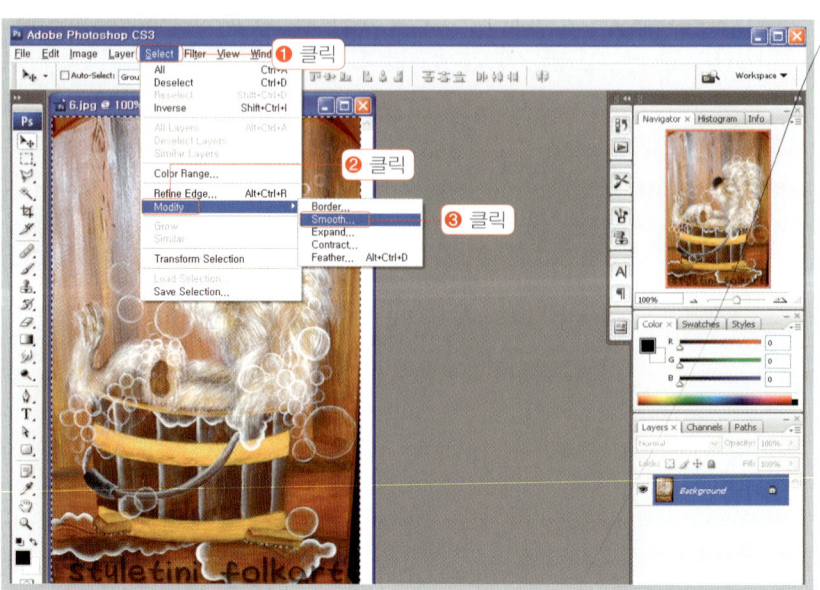

03 [Smooth Selection] 대화상자에서 'Sample Radius : 10'을 입력하고 [OK] 버튼을 클릭합니다.

04 이미지의 모서리가 둥글어진 것을 확인하고 선택영역을 반전하기 위해 [Select]-[Inverse]를 클릭합니다.

Note 선택영역을 반전하는 단축키는 Shift + Ctrl + I 입니다.

05 키보드에서 (Del) 키를 눌러서 흰색을 채워줍니다.

Note   팔레트 썸네일 크기 조절

포토샵 작업을 하며 Layers, Channels, Paths 팔레트를 자주 사용하게 됩니다. 사용하다 보면 썸네일의 크기가 작아서 이미지를 확인할 때 불편함을 느끼는 경우가 있습니다. 조금 더 편리하게 사용하기 위해 사용자에 맞게 크기를 조절하여 사용할 수가 있습니다.

썸네일의 크기를 볼 수 있는 Channels 팔레트에서 메뉴 버튼을 클릭하고, 메뉴에서 [Palette Options]를 클릭합니다.

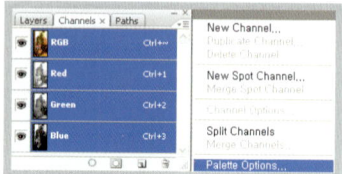

[Channels Palette Options]에서 4가지 중 원하는 크기를 선택하고 [OK] 버튼을 클릭합니다.

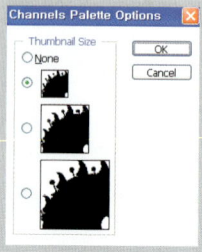

[none]으로 설정한 경우

[1단계] 썸네일을 선택한 경우

[2단계] 썸네일을 선택한 경우

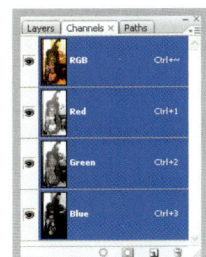

[3단계] 썸네일을 선택한 경우

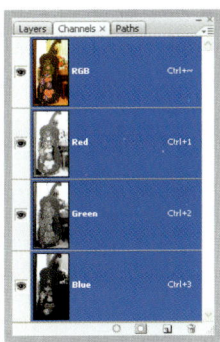

08 채널을 활용한 이미지 추출기법 익히기

채널은 이미지가 가진 고유의 색상 정보를 담고 있어, 채널에 담긴 색상 정보를 활용하여 색을 보정하거나 선택영역을 만들어 낼 수 있습니다. 색상 레이어 중 대비가 가장 큰 레이어를 통해 선택영역을 만들어 가는 과정을 살펴보겠습니다.

◉ **예제 파일** : 쇼핑몰예제\상품이미지\19.jpg

01 예제 파일을 불러온 후 [Channels] 팔레트를 선택하고 음영의 대비가 가장 큰 'Blue' 채널을 선택합니다.

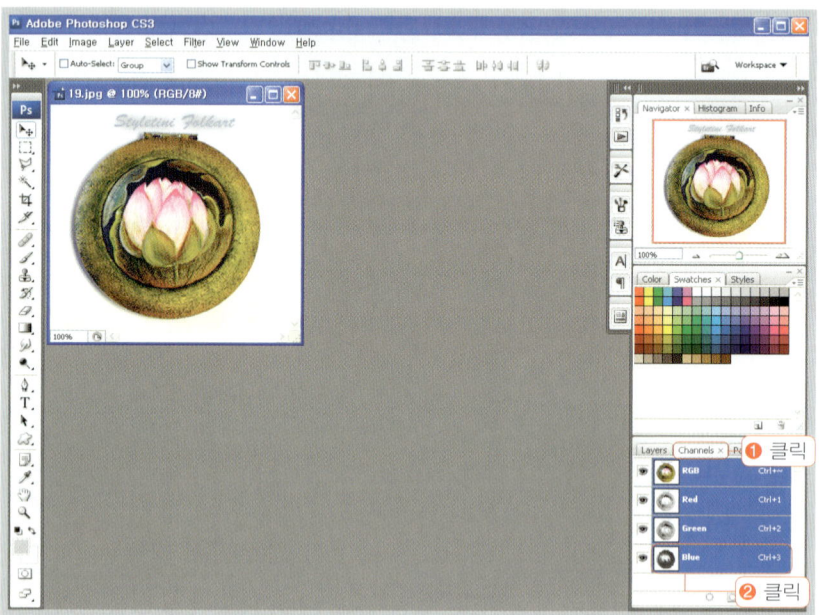

> **Note** 대비가 가장 큰 채널을 선택해야 하는 이유는 선택영역을 쉽게 설정할 수 있기 때문입니다. 채널에서는 선택하고자 하는 영역은 '검정색'으로 설정하고, 선택에서 제외되는 영역은 '흰색'으로 설정합니다.

02 'Blue' 채널을 [Create new channel]() 아이콘으로 드래그하여 복제합니다.

드래그

Note 채널을 복제하여 사용하는 이유는 원본 이미지를 보존하기 위해서입니다.

03 'Blue copy' 채널의 대비를 더욱 명확히 주기 위해 메뉴 [Image]-[Adjustments]-
[Curves]를 클릭합니다.

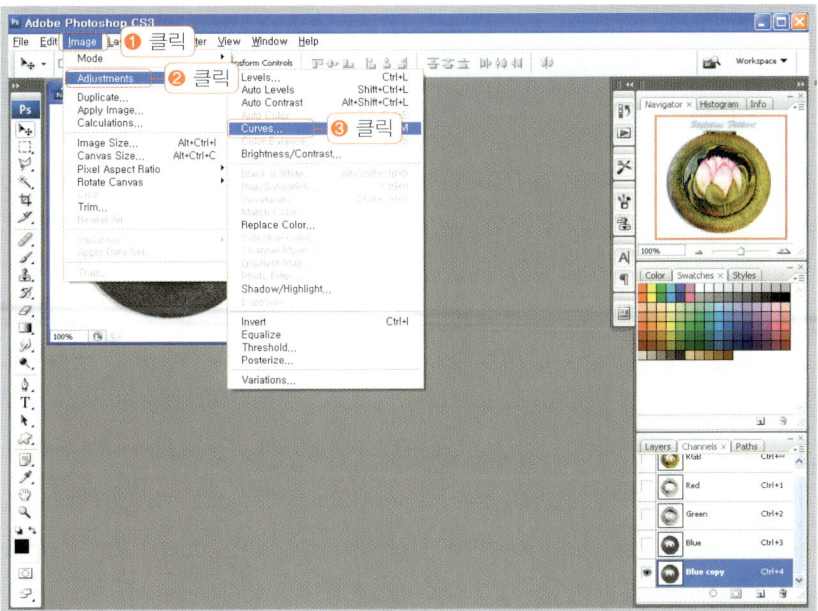

> **Note**   커브 메뉴를 실행하는 단축키는 Ctrl + M 입니다.

04 [Curves] 대화상자에서 선의 모양을 아래와 같이 조절하여 대비를 명확히 하고 [OK] 버튼을
클릭합니다.

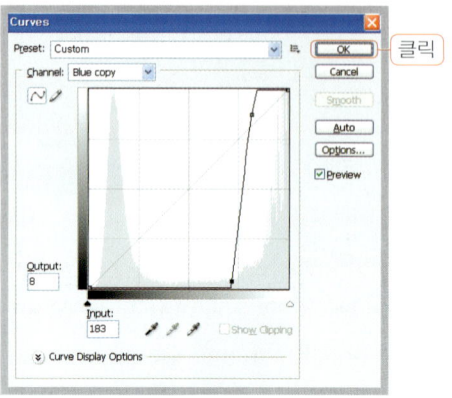

> **Note**   **[Curves] 대화상자 살펴보기**
>
>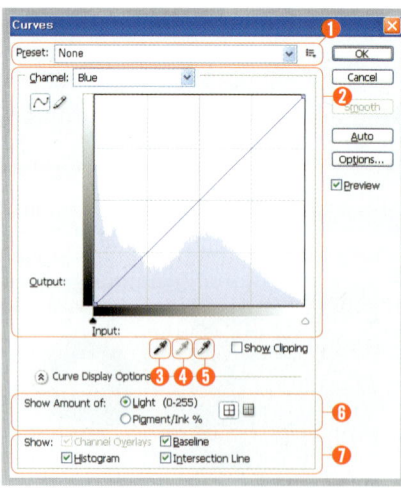
>
> ❶ **Preset** : 많이 사용하는 커브의 설정 값의 목
> 록을 제공하며, 제공되는 목록에서 선택하여 커
> 브의 설정 값을 사용할 수 있습니다.
> ❷ **Channel** : 그래프를 활용하여 이미지의 밝기
> 및 대비를 조절할 수 있으며, 색상 채널을 선택
> 하여 색상을 조절할 수도 있습니다.
> ❸ **검은색 스포이드(Sample in image to set
> black point)** : 검은색 스포이드를 선택하고
> 이미지의 특정 부분을 클릭하면 클릭한 부분보
> 다 어두운 영역은 더 어둡게 만들어 줍니다.
> ❹ **회색 스포이드(Sample in image to set
> gray point)** : 회색 스포이드를 선택하고 이미
> 지의 특정 부분을 클릭하면 클릭한 부분의 명도
> 값을 기준으로 회색을 추가합니다.
>
> ❺ **흰색 스포이드(Sample in image to set white point)** : 흰색 스포이드를 선택하고 이미지의 특정
> 부분을 클릭하면 클릭한 부분보다 밝은 부분은 더 밝게 만들어 줍니다.
> ❻ **Show Amount of** : input과 output에 나타나는 수치를 Light(0-255) 또는 Pigment/ink(%)로 표
> 시할 것인지를 선택합니다.
> ❼ **Show** : 체크를 하면 그래프에 다양한 정보를 표시할 수 있습니다.

05 [브러쉬 도구](✏️)를 활용하여 선택영역으로 만들 부분은 '검정'으로 칠하고 선택영역에서 제외할 부분은 '흰색'으로 칠합니다.

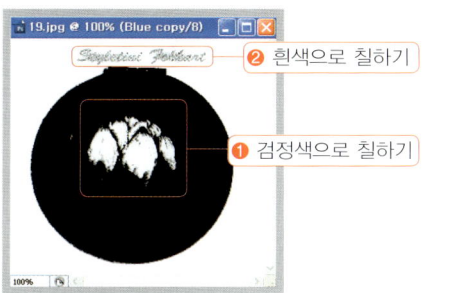

❷ 흰색으로 칠하기

❶ 검정색으로 칠하기

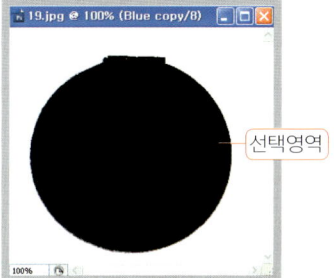

선택영역

> **Note**
>
> 채널을 활용하여 선택영역을 만들 때는 검정색 영역과 흰색 영역으로 구분을 지어 선택영역을 만들게 됩니다. 수동으로 선택영역을 추가하거나 뺄 경우는 브러시 도구를 활용하는 것이 편리합니다. 브러시 도구를 사용할 경우 툴바의 전경색/배경색은 기본색으로 설정하는 것이 편하며 사용 도중 전경색과 배경색은 키보드의 [X]를 누르면 색이 전환됩니다.
>
>
>
> 클릭하여 기본색으로 설정

06 이미지 반전을 하기 위해 [Image]-[Adjustments]-[Invert]를 클릭합니다.

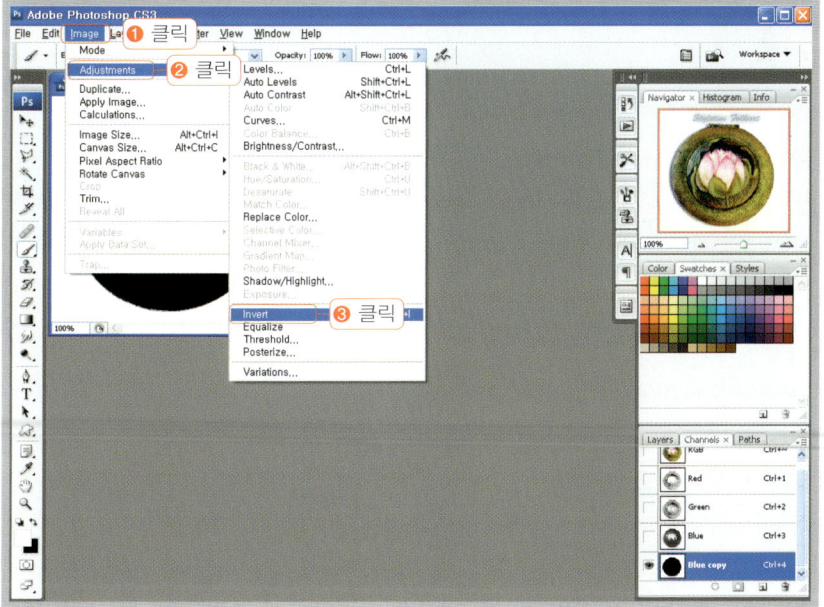

Note   반전하는 단축키는 Ctrl + I 입니다.

07 선택영역을 만들기 위해 Ctrl 키를 누르고 있는 상태에서 'Blue copy' 채널을 클릭합니다.

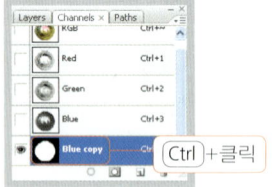

08 원본 상품 사진을 보기 위해 'RGB' 채널을 클릭합니다.

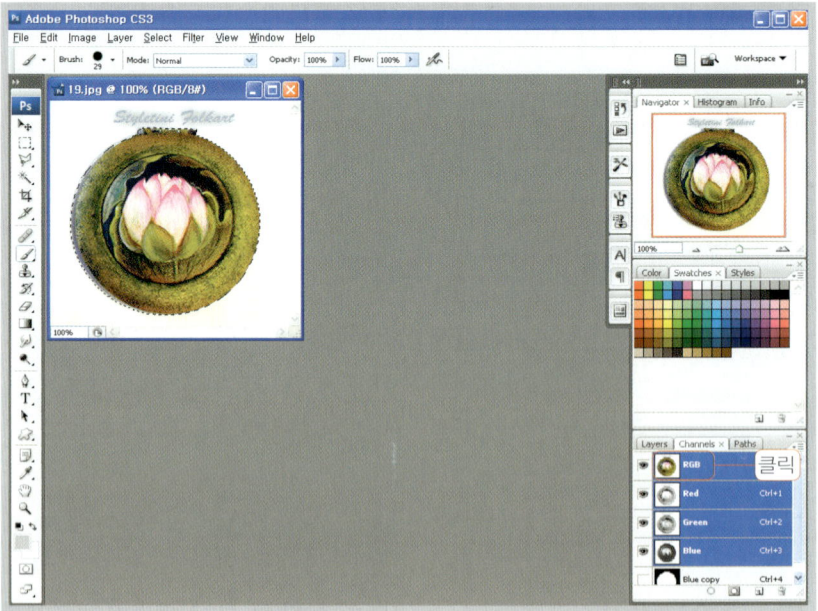

Note   원본 채널을 보여주는 단축키는 Ctrl + ~ 입니다.

09 [Layers] 팔레트로 이동한 후에 선택영역을 복사하기 위해 메뉴 [Edit]-[Copy]를 클릭합니다.

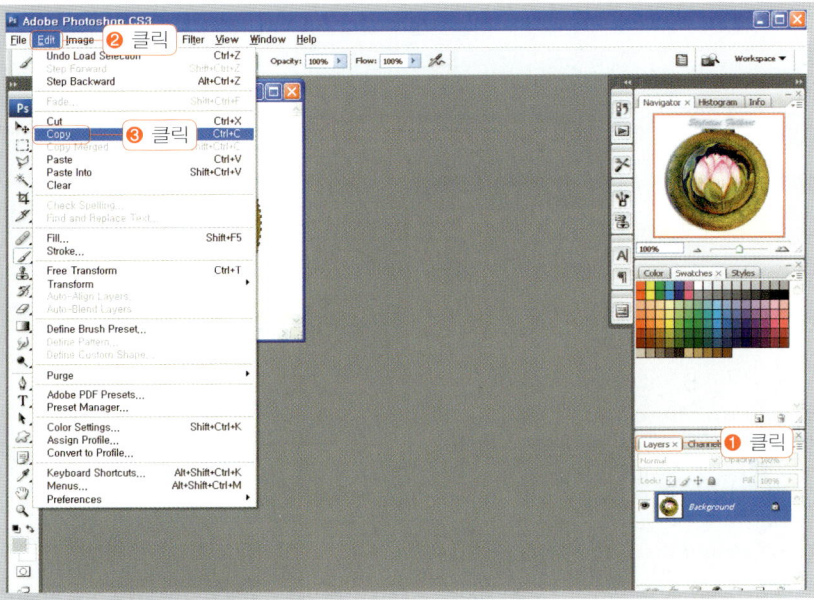

10 복사한 선택영역을 붙이기 위해 메뉴 [Edit]-[Paste]를 클릭합니다. 새로운 레이어에 선택한 이미지만 만들어진 것을 확인합니다.

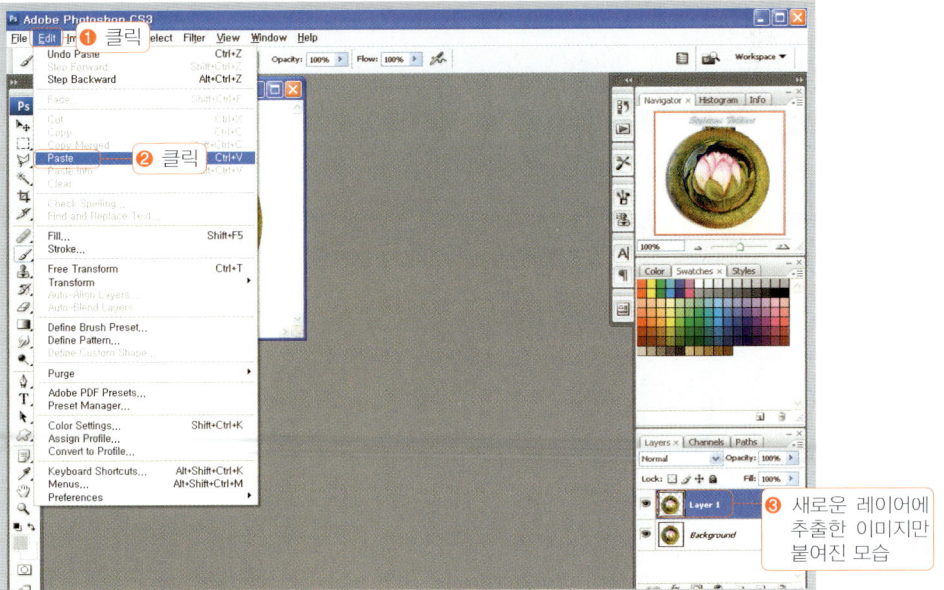

> **Note** 레이어 복사/붙이기(복제) 과정을 한 번에 할 수 있는 단축키는 [Ctrl]+[J]입니다.

11 합성할 다른 이미지를 불러온 후 추출한 이미지를 드래그하여 이동한 후 Ctrl+T를 눌러 크기를 조절하여 완성합니다.

⊙ 예제 파일 : 쇼핑몰예제\상품이미지\23.jpg

09 상품에 외곽선 넣기

상품 사진에 외곽선을 만드는 방법은 여러 가지가 있습니다. 그중에 전체 선택 기법을 활용하여 외곽선을 만들어 보겠습니다.

⊙ 예제 파일 : 쇼핑몰예제\상품이미지\20.jpg

O1 상품에 외곽선을 만들기 위해 메뉴 [Select]-[All]을 클릭합니다.

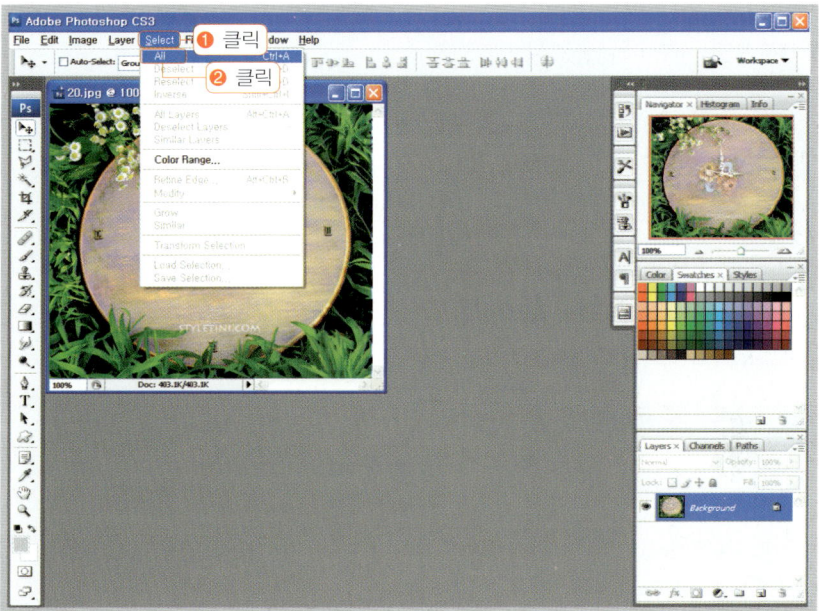

O2 선택영역에 선을 그리기 위해 메뉴 [Edit]-[Stroke]를 클릭합니다.

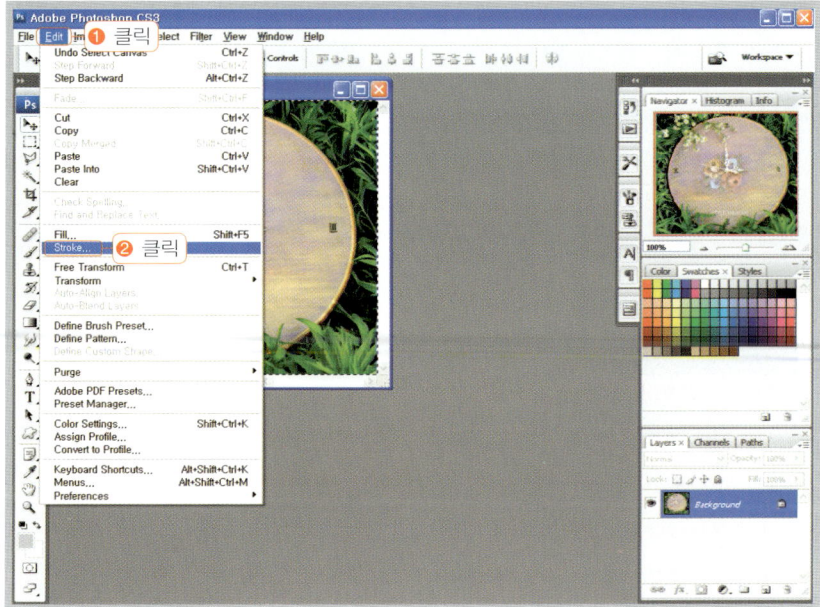

03 [Stroke] 대화상자에서 'Width : 5'를 입력하고 'Color' 항목을 클릭합니다.

Note **Stroke 대화상자 살펴보기**

❶ **Stroke** : 선의 두께 및 색을 정할 때 사용합니다.

   • Width : 선의 두께를 입력합니다.
   • Color : 선의 색을 정할 때 사용합니다.

❷ **Location** : 선을 그리는 위치를 정할 때 사용합니다.

   • Inside : 선택영역의 안쪽으로 선이 그려집니다.
   • Center : 선택영역을 기준으로 가운데 선이 그려집니다.
   • Outside : 선택영역의 바깥쪽에 선이 그려집니다.

❸ **Blending** : 선의 합성 모드와 불투명도를 조절합니다.

   • Mode : 선과 이미지의 합성 모드를 정할 때 사용합니다.
   • Opacity : 선의 불투명도를 조절할 때 사용합니다.

---

04 [Select stroke color] 대화상자에서 원하는 색상을 선택하고 [OK] 버튼을 클릭합니다.

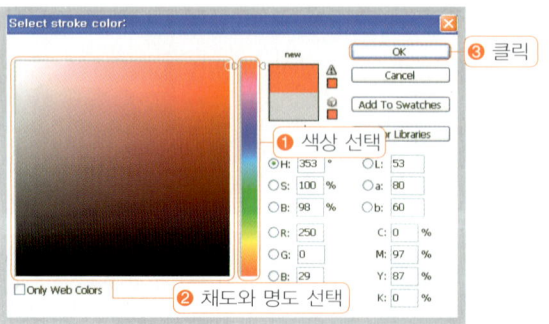

05 선두께와 색상을 정한 후에 [Location] 항목에서 'Inside'를 선택하고 [OK] 버튼을 클릭합니다.

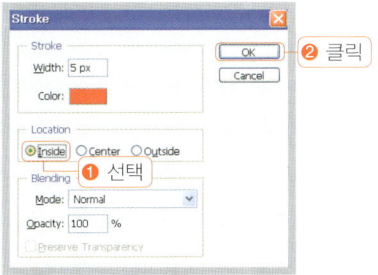

06 선택영역을 해제하기 위해 메뉴 [Select]-[Deselect]를 클릭합니다.

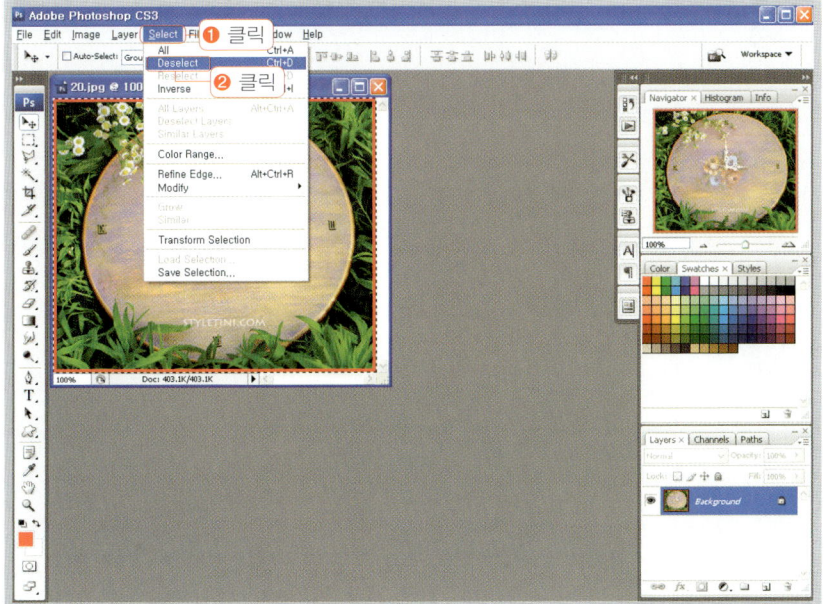

Note 선택영역을 해제하는 단축키는 Ctrl + D 입니다.

07 상품에 외곽선이 들어간 것을 확인합니다.

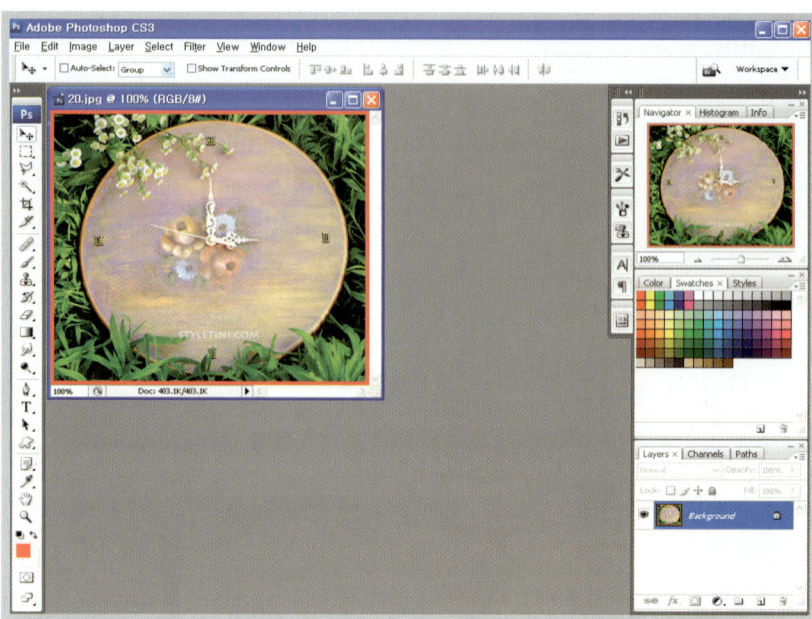

10   컬러 상품 사진을 흑백으로 만들기

컬러 사진을 흑백으로 만들어 보는 방법과 흑백으로 변환한 사진을 더욱 선명하게 조절하기 위해 'Brightness/Contrast' 메뉴를 활용하는 방법을 알아보겠습니다.

◉ 예제 파일 : 쇼핑몰예제\상품이미지\20.jpg

01 예제 이미지를 불어온 후에 메뉴 [Image]-[Adjustments]-[Desaturate]를 클릭합니다.

> **Note**
>
> 메뉴 [Desaturate]를 실행하는 단축키는 Shift + Ctrl + U 입니다.

02 상품 사진이 흑백으로 전환되는 것을 확인합니다.

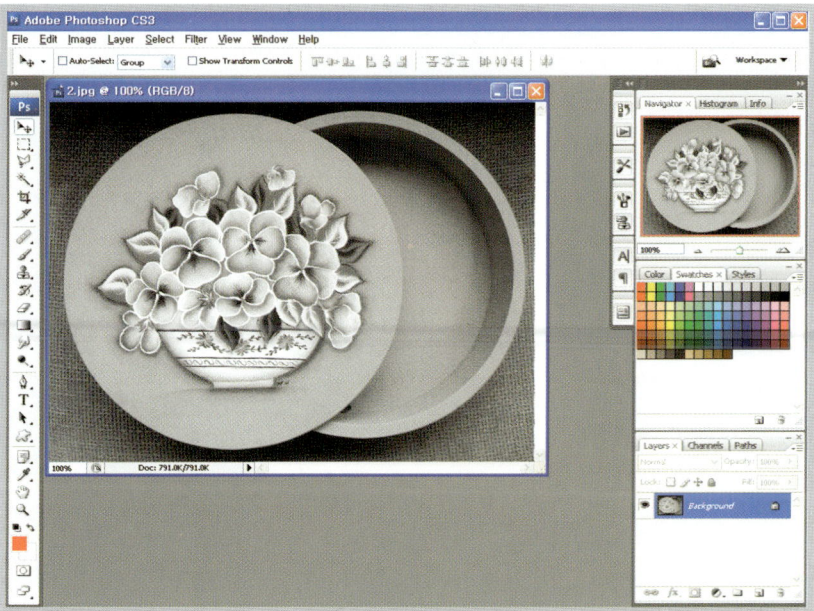

03 조금 더 선명한 상품 사진으로 만들기 위해 메뉴 [Image]-[Adjustments]- [Brightness/ Contrast]를 클릭합니다.

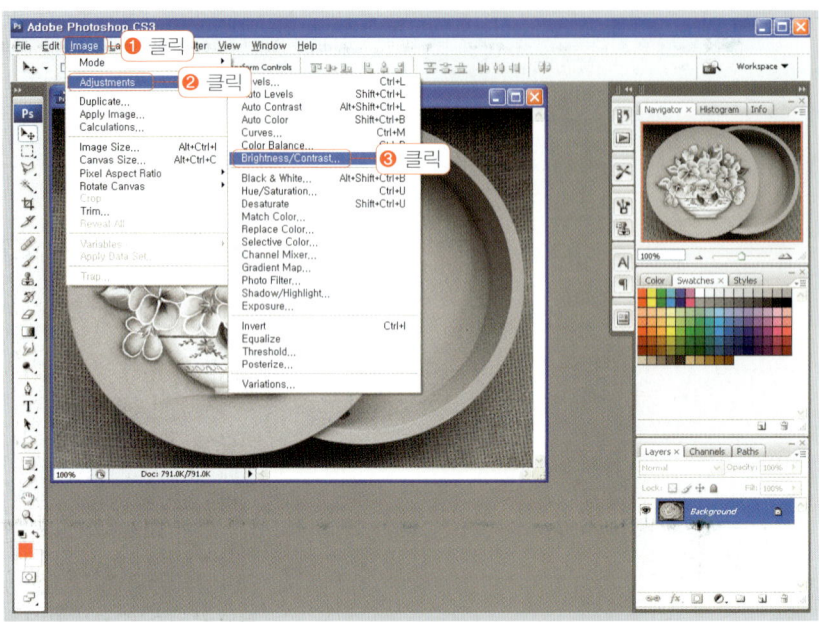

04 [Brightness/Contrast] 대화상자에서 'Brightness : +10', 'Contrast : +20'을 입력하 고 [OK] 버튼을 클릭합니다.

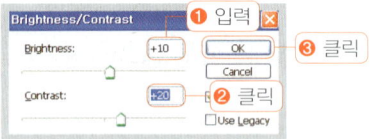

> **Note**
> [Brightness/Contrast]는 밝기와 대비를 조절하는 메뉴로 많이 활용됩니다. 수치를 올릴수록 밝고 대비가 강하게 되고, 수치를 내리면 어둡고 대비가 약하게 됩니다.

05 밝기와 대비가 보정된 것을 확인합니다.

11 크리스털 액자 만들기

포토샵의 필터 기능 중에 [Render]와 [Pixelate] 메뉴를 활용하여 크리스털 액자를 만들어
보겠습니다.

● 예제 파일 : 쇼핑몰예제\상품이미지\26.jpg

01 메뉴 [File]-[New]를 클릭한 다음 [New] 대화상자에서 'Width : 800 pixels', 'Height : 600 pixels'를 입력하고 [OK] 버튼을 클릭합니다.

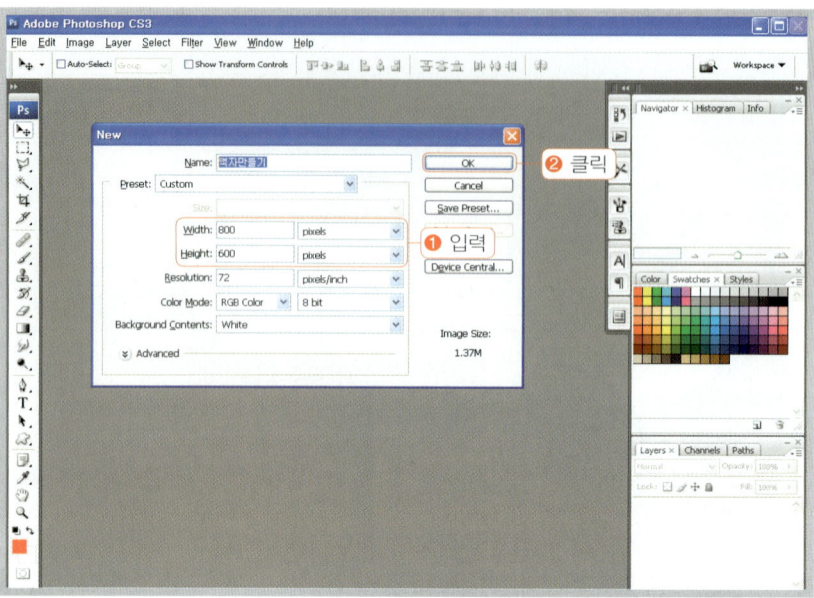

02 레이어를 추가한 후 흰색을 채우고 [사각선택 툴]로 이미지의 안쪽으로 선택영역을 만들고 반전하기 위해 메뉴 [Select]-[Inverse]를 클릭합니다.

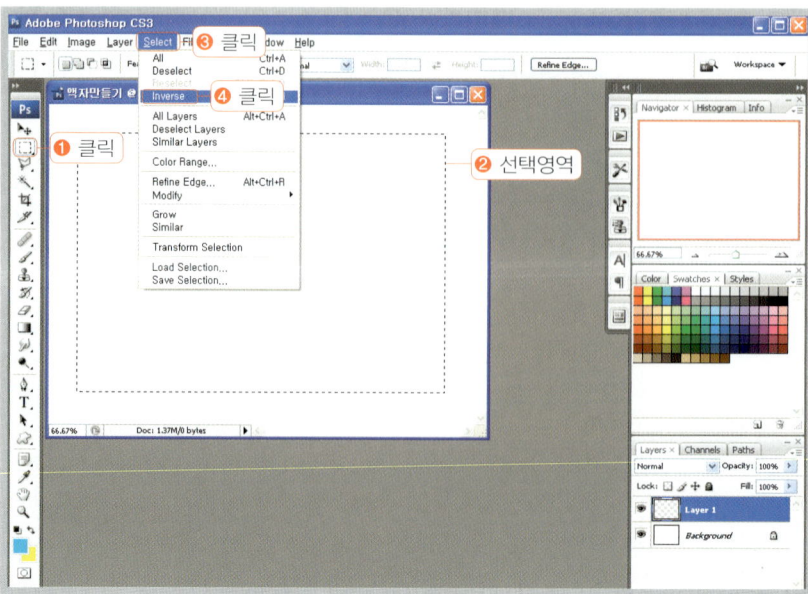

03 액자 테두리로 사용할 전경색과 배경색을 정하고 구름 효과를 적용하기 위해 메뉴 [Filter]-
[Render]-[Clouds]를 클릭합니다.

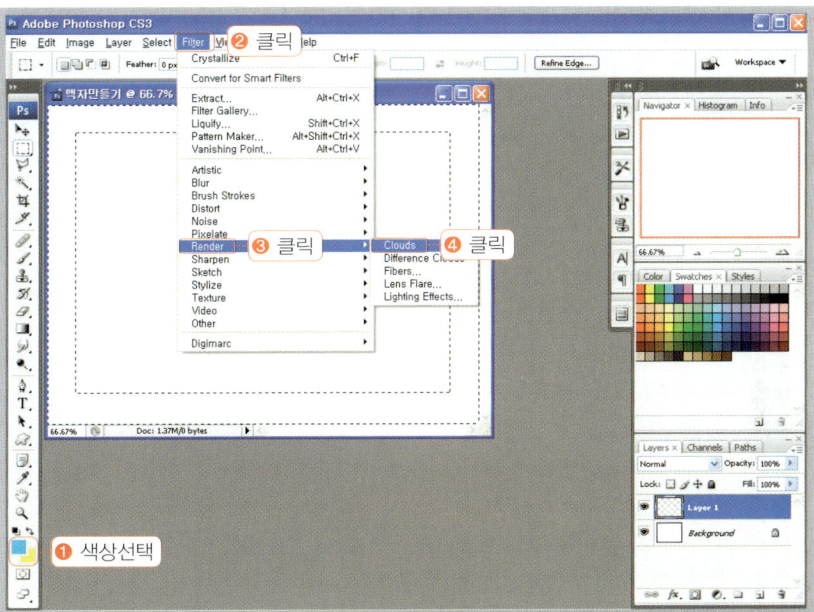

> **Note** Render 필터는 구름 효과 또는 빛 느낌을 연출할 때 사용합니다.

04 구름 효과가 적용된 것을 확인한 후 선택영역을 해제하기 위해 메뉴 [Select]-[Deselect]를
클릭합니다.

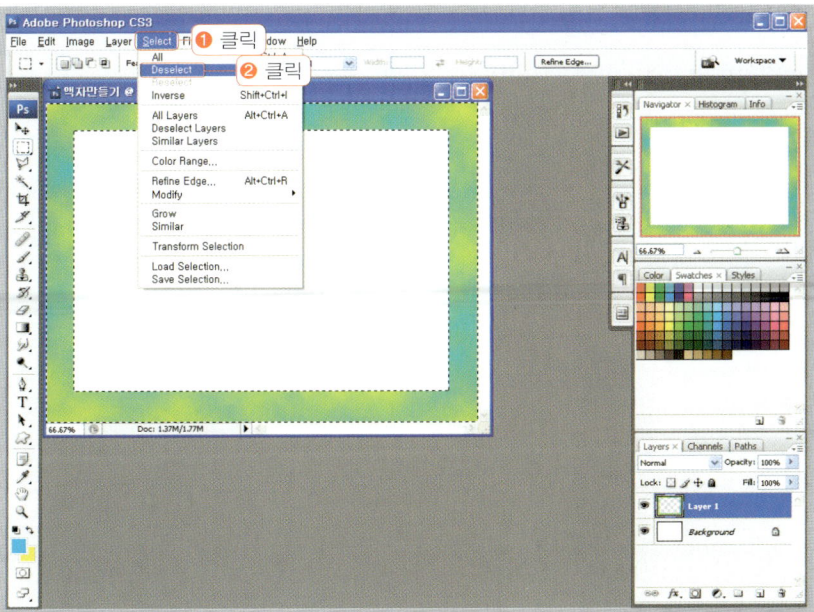

> **Note** 선택영역을 해제하는 단축키는 [Ctrl]+[A] 입니다.

05 크리스털 효과를 적용하기 위해 메뉴 [Filter]-[Pixelate]-[Crystallize]를 클릭합니다.

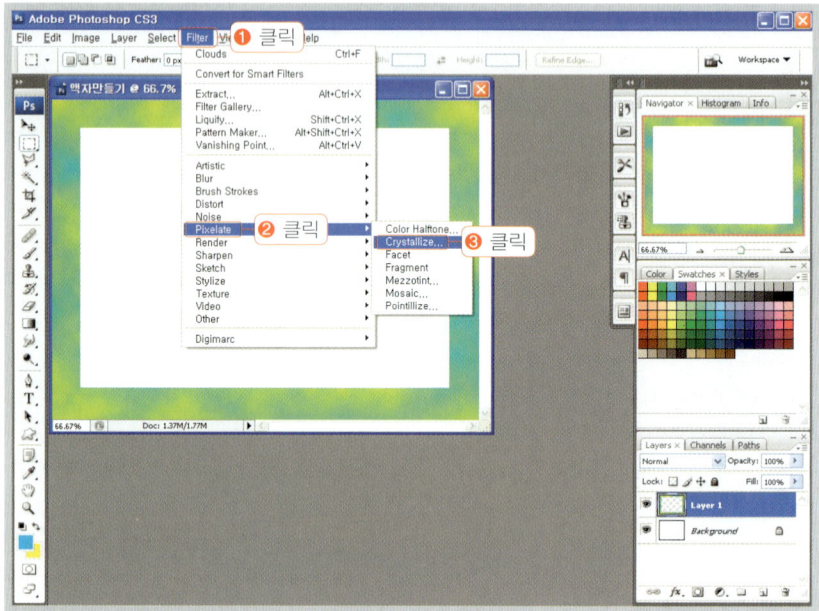

> **Note** Pixelate 필터의 경우는 픽셀 하나하나에 대한 움직임을 표현하는 필터입니다.

06 [Crystallize] 대화상자에서 'Cell Size : 30'을 입력하고 [OK] 버튼을 클릭합니다.

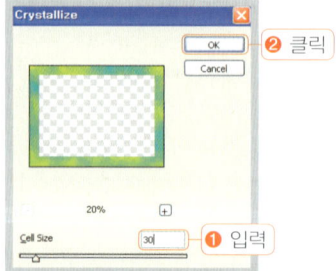

07 크리스털 효과가 적용된 것을 확인하고 [마술봉 툴](🪄)을 활용하여 이미지의 안쪽을 클릭하여 선택영역을 만듭니다.

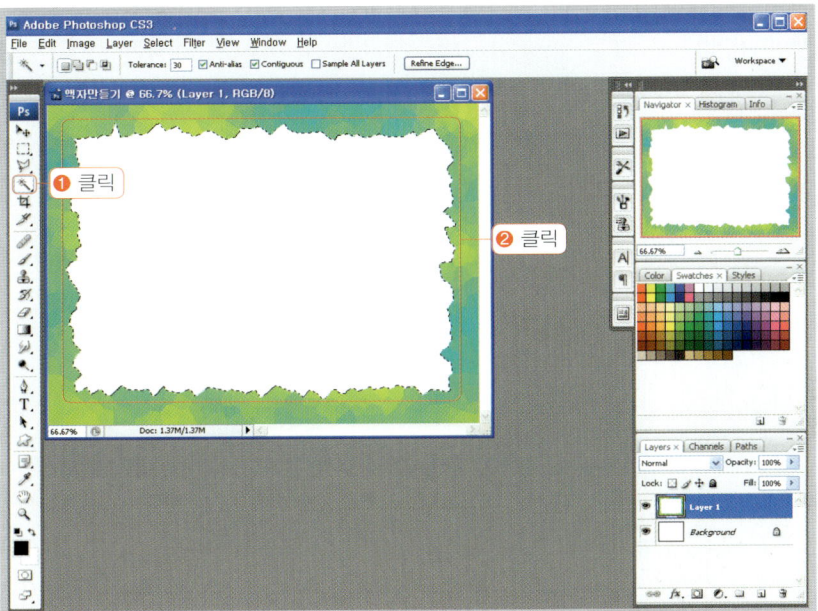

08 액자 안쪽에 넣을 이미지를 불러온후 메뉴 [Select]-[All]을 클릭하여 이미지 전체를 선택합니다.

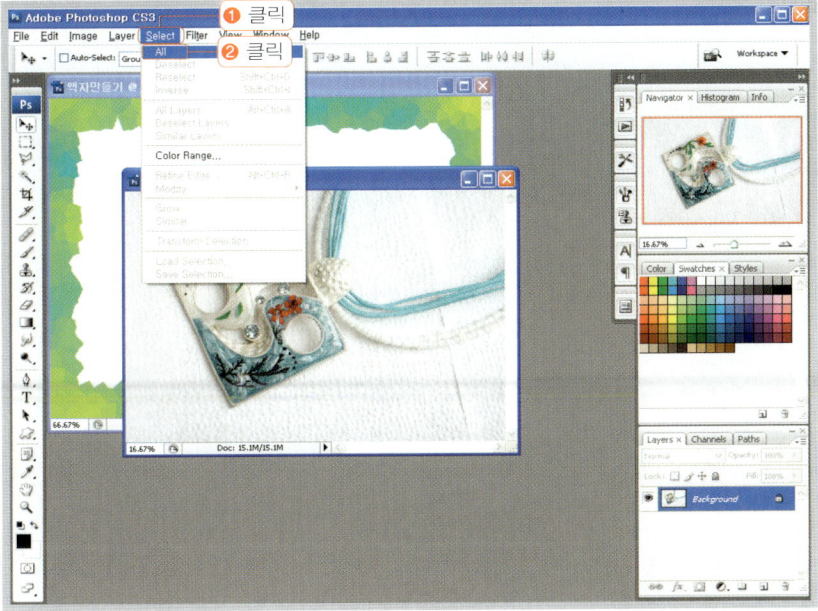

09 이미지를 복사하기 위해 메뉴 [Edit]-[Copy]를 클릭합니다.

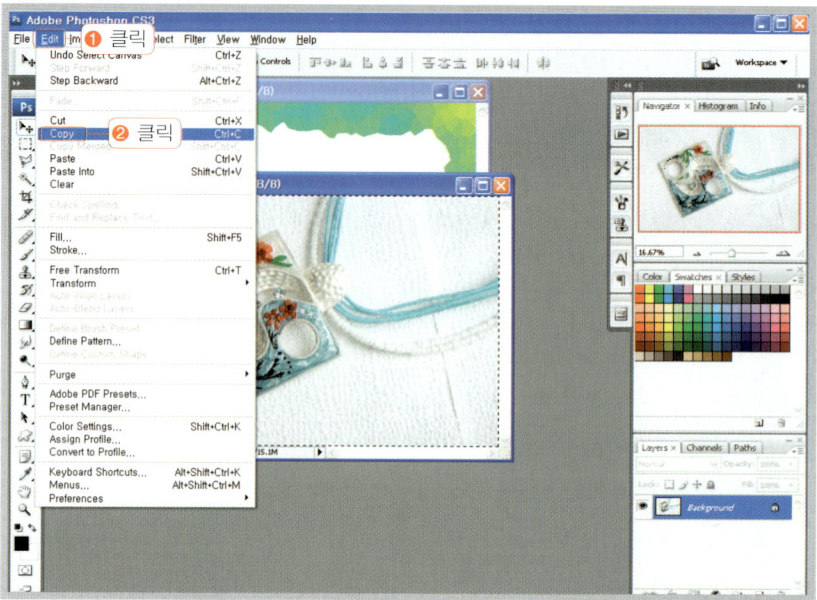

10 액자 이미지 속으로 복사한 이미지를 넣기 위해 액자 이미지를 선택한 후에 메뉴 [Edit]-
[Paste Into]를 클릭합니다.

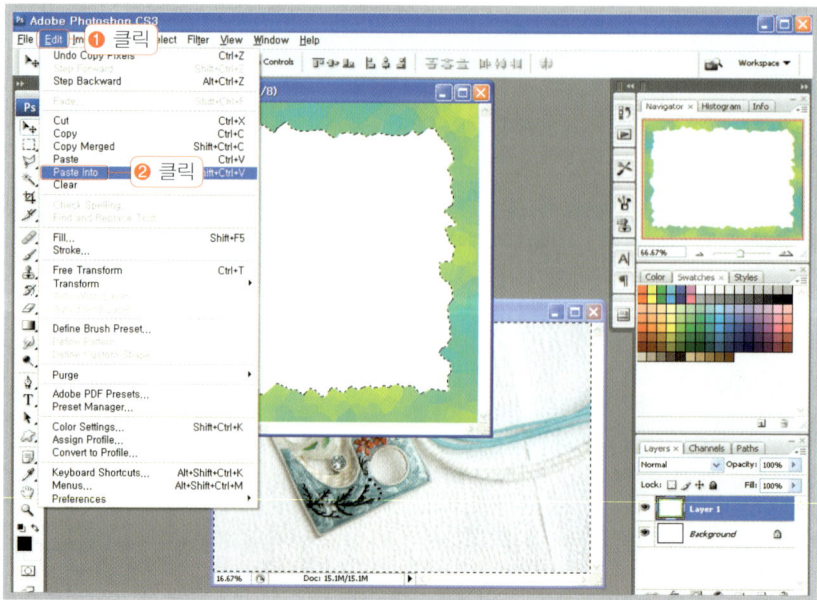

> **Note** 붙여넣기 단축키는 Ctrl + V 이고 선택영역 안쪽에 붙여넣기는 Shift + Ctrl + V 입니다.

11 상품 이미지에 크리스털 액자가 만들어진 것을 확인합니다.

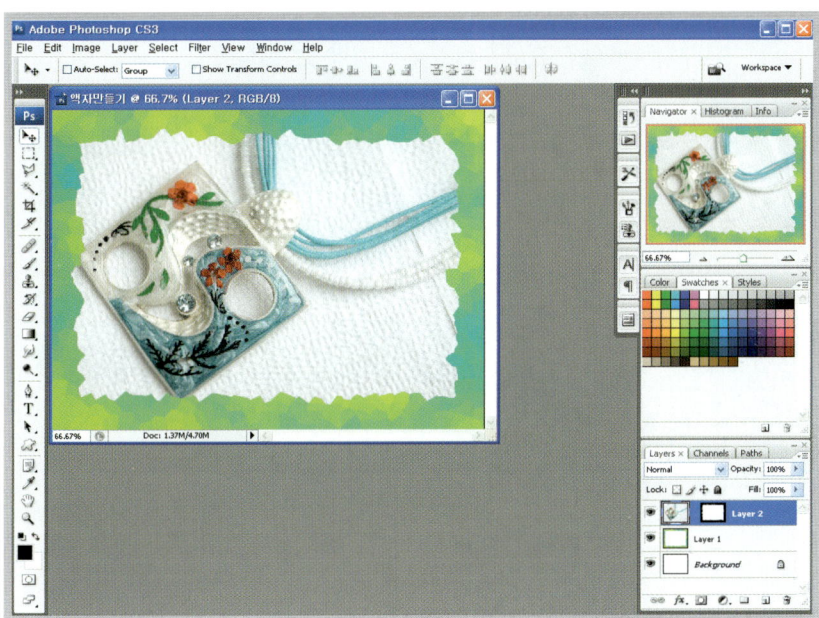

12 상품 사진에 점선 테두리 만들기

상품 이미지의 외곽을 돋보이게 하려고 많이 사용하는 기능 중의 하나로 [Brushes]와
[Path] 팔레트를 활용하여 이미지 외곽에 점선 테두리를 만들어 보겠습니다.

◉ 예제 파일 : 쇼핑몰예제\상품이미지\26.jpg

01 예제 파일을 불러온 후 'Rounded Rectangle Tool'을 선택하고 옵션에서 'Path'를 선택하고 'Radius : 10 px'을 입력합니다.

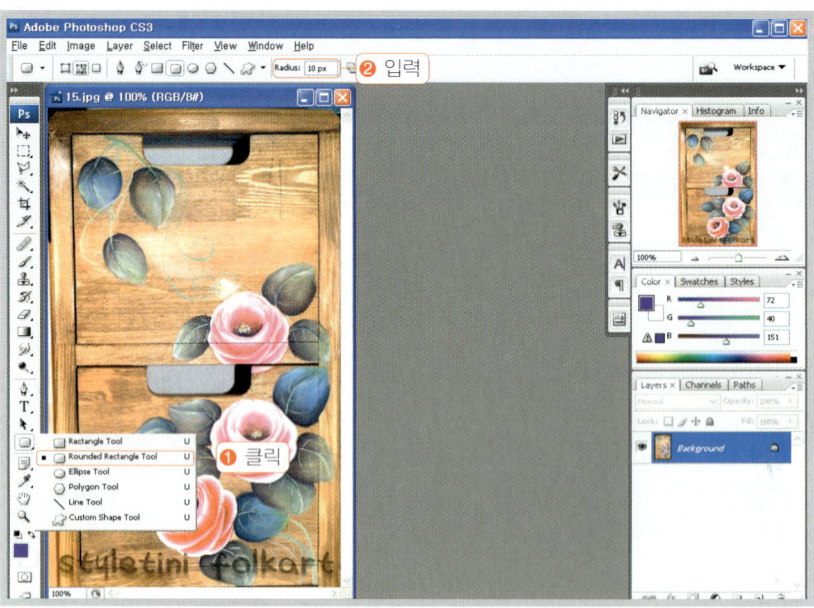

02 상품의 외곽으로 드래그하여 사각형을 그린 후에 메뉴 [Window]-[Brushes]를 선택합니다.

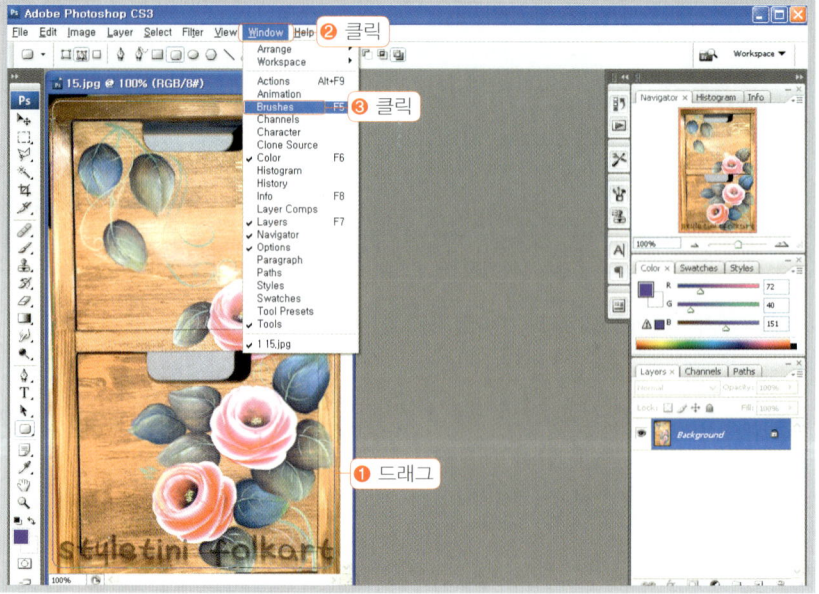

Note   브러시 옵션 대화상자를 여는 단축키는 F5 입니다.

03 도구 상자에서 [연필툴]( )을 선택하고 [Brushes] 옵션 대화상자에서 [Brush Tip Shape]를 선택한 후 'Spacing : 200%'로 설정합니다.

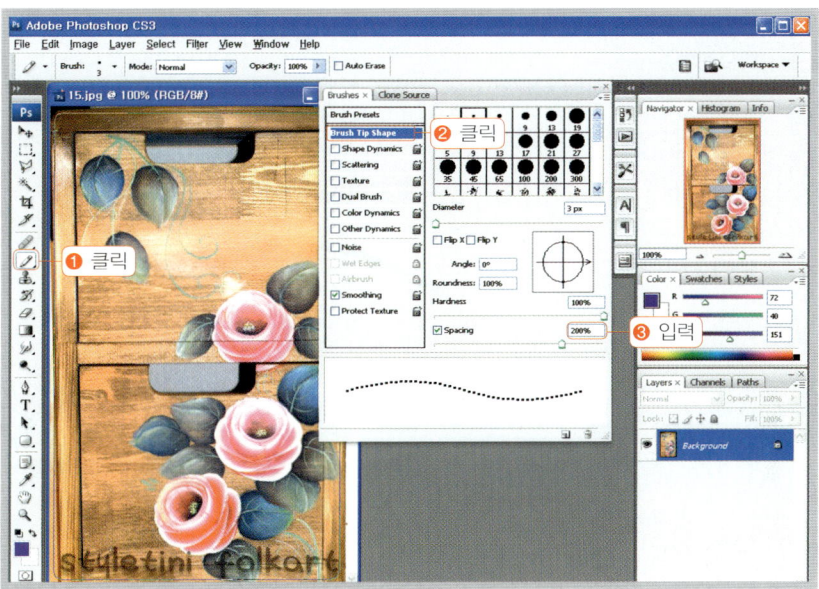

Note [Brush] 팔레트 살펴보기

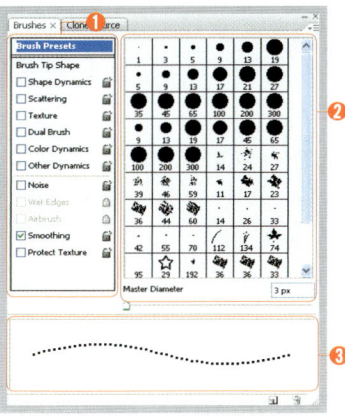

❶ 브러시 옵션 메뉴 : 12가지의 브러시 옵션을 활용하여 특별한 브러시를 만들 수 있습니다.

- Brush Tip Shape(브러시 사전 설정) : 브러시의 기본 모양 및 크기 등을 설정합니다.
- Shape Dynamics (브러시 모양) : 브러시 크기 지터, 직경, 각도 등을 설정합니다.
- Scattering(분산) : 브러시의 분산 정도 및 개수를 설정합니다.
- Texture(텍스처) : 브러시에 패턴을 적용하고 비율 등을 설정합니다.
- Dual Brush(이중 브러시) : 브러시 모양을 이중으로 선택하고 직경 및 간격 등을 설정합니다.

- Color Dynamics(색상) : 브러시의 색상을 색조, 채도, 명도 단위로 설정합니다.
- Other Dynamics(기타) : 브러시의 불투명도 등을 설정합니다.
- Noise(노이즈) : 체크하면 브러시 모양에 노이즈 효과가 적용됩니다.
- Wet Edges(젖은 가장자리) : 체크하면 브러시 선의 가장자리를 강조하는 효과가 적용됩니다.
- Airbrush(에어브러시) : 체크하면 스타일 강화 효과가 적용됩니다.
- Smoothing(매끄럽게 하기) : 체크하면 패스선이 매끄럽게 적용됩니다.
- Protect Texture(텍스처 보호): 체크하면 브러시 사전 설정을 적용할 때 브러시 패턴 유지

❷ 세부 옵션 설정 : 브러시 옵션 메뉴에서 클릭하면 세부 옵션이 나오는 곳입니다.

❸ 미리보기 창 : 선택한 옵션 값이 적용된 모습의 브러시 모양을 미리 볼 수 있습니다.

04 선택한 브러시 모양을 패스선에 적용하기 위해 [Paths] 팔레트에서 'Work Path'를 'Stork Path Width Brush'로 드래그합니다.

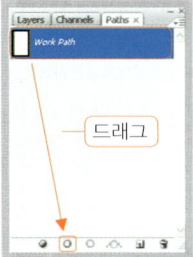

05 상품 사진의 외곽에 점선으로 외곽선이 완성된 것을 확인합니다.

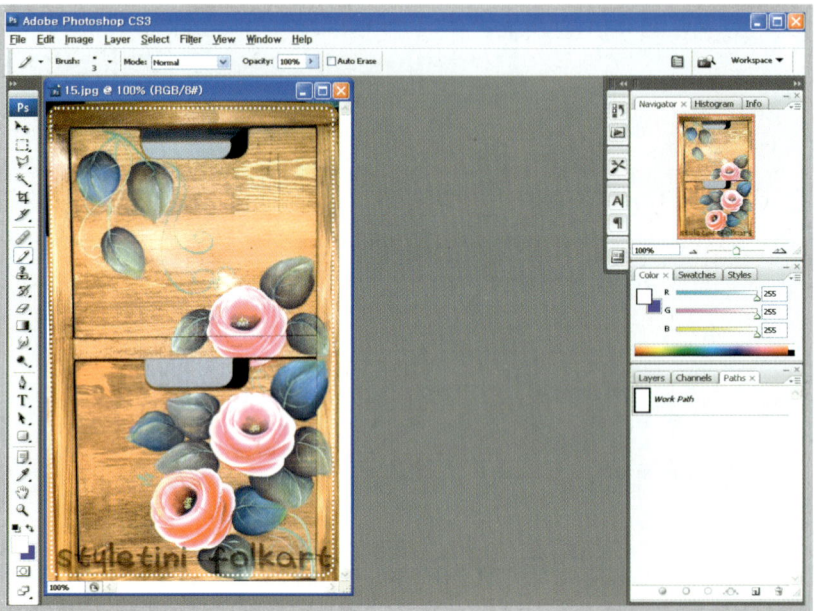

13 어둡게 나온 상품 사진 보정하고 배경색 바꾸기

상품 사진을 촬영하다 보면 밝게 또는 어둡게 나오는 경우가 많이 있습니다. 그중에 어둡게
나온 사진을 보정해 보고 배경을 그라데이션 색으로 변경해 보겠습니다.

◉ 예제 파일 : 쇼핑몰예제\상품이미지\9.jpg

01 예제 사진을 불러 온 후에 메뉴 [Image]-[Adjustments]-[Levels]를 클릭합니다.

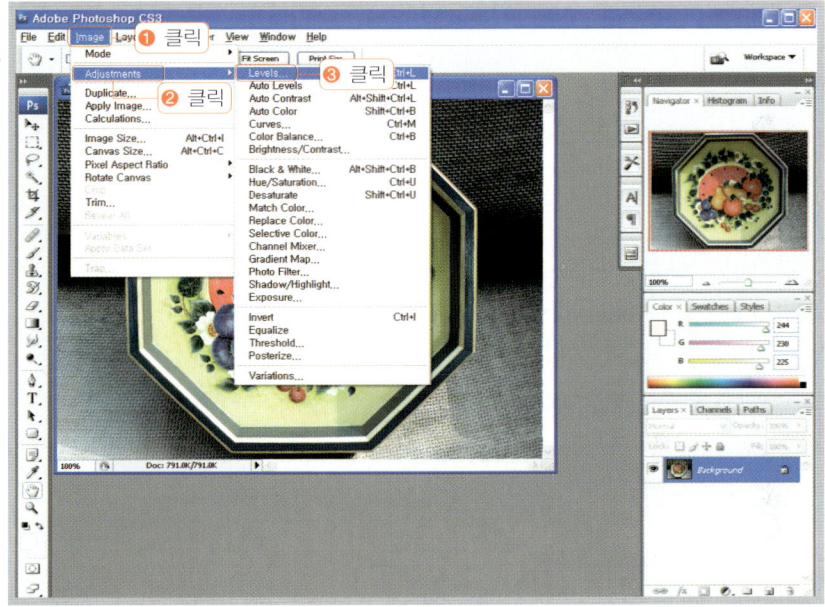

> **Note**
> Levels를 실행하는 단축키는 Ctrl + L 입니다.

02 [Levels] 대화상자에서 [Input Levels]의 값을 '0, 1.50, 200'을 입력하고 [OK] 버튼을
클릭합니다.

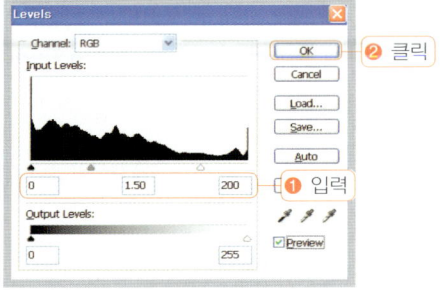

Note [Levels] 대화상자 살펴보기

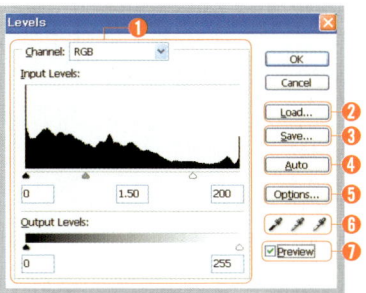

❶ **Channel** : 이미지 전체의 밝기를 보정할 때는 'RGB' 또는 'CMYK'로 설정하고, 색상별 보정을 할 경우는 해당 채널을 선택합니다.

• Input Levels : 이미지의 밝기를 히스토그램을 통해 볼 수 있으며, 왼쪽부터 어두운 톤, 중간 톤, 밝은 톤으로 이루어져 있습니다.
• Output Levels : 밝은 톤과 어두운 톤으로 구분하여 밝기를 보정합니다.

❷ **Load** : 저장한 레벨이 있으면 불러와서 현재 이미지에 적용할 수 있습니다.
❸ **Save** : 현재의 레벨 값을 저장합니다.
❹ **Auto** : 레벨의 값을 자동으로 적용합니다.
❺ **Options** : 레벨의 색상 범위를 정할 때 사용합니다.

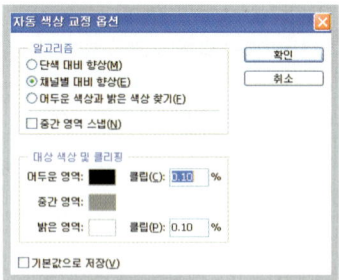

[Options] 대화상자

❻ **스포이드 툴** : 해당하는 밝기의 스포이드 툴로 이미지를 클릭하여 보정하는 방법입니다.

• 검은색 스포이드(✐) : 검은색 스포이드로 이미지의 특정 부분을 선택하면 선택한 부분부터 어두운 부분은 더 어두워집니다.
• 회색 스포이드(✐) : 클릭한 부분의 명도를 기준으로 회색을 추가합니다.
• 흰색 스포이드(✐) : 흰색 스포이드로 이미지의 특정 부분을 선택하면 선택한 부분부터 흰색 부분은 더 밝게 됩니다.

❼ **Preview** : 현재 설정한 레벨 값이 이미지에 적용된 모습을 보고 싶을 때 체크합니다.

03 이미지를 선택하기 위해 [Polygonal Lasso Tool]()을 선택합니다.

04 상품의 모서리 점을 클릭하여 선택영역을 만듭니다.

05 선택영역을 반전하기 위해 메뉴 [Select]-[Inverse]를 클릭합니다.

Note 선택영역을 반전하는 단축키는 Shift + Ctrl + I 입니다.

06 배경색을 채우기 위해 'Gradent Tool'을 선택합니다.

07 [Gradient Editor] 대화상자에서 1번처럼 컬러 포인터를 클릭하고 2번처럼 색상을 변경할 수 있는 [색상 변경] 버튼을 클릭합니다.

08 [Select stop color] 대화상자에서 'R:253, G:138, B:254'를 입력하고 [OK] 버튼을 클릭합니다.

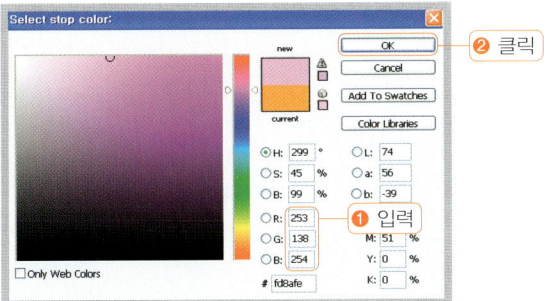

09 마지막 색상도 같은 방법으로 색을 변경하고 [OK] 버튼을 클릭합니다.

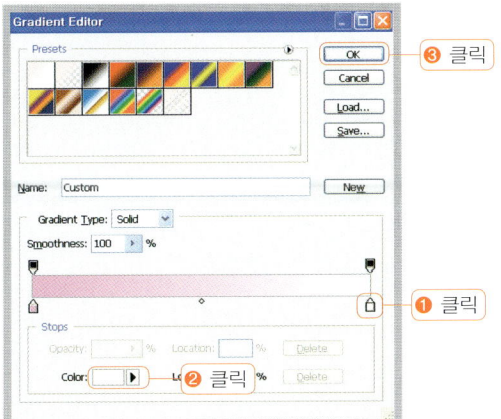

10 Shift 키를 누르고 위에서 아래로 드래그하여 색을 채웁니다.

14 마스크를 활용하여 상품 진열하기

마스크 기법은 사진을 합성할 때나 특정 모양으로 이미지를 자르기 할 때 등 다양한 분야에서 쓰이고 있습니다. 이번에는 상품 사진을 클립핑 마스크 기법을 활용하여 진열해보겠습니다.

◉ 예제 파일 : 쇼핑몰예제\상품이미지\2.jpg

01 메뉴 [File]-[New]를 선택하고 [New] 대화상자에서 'Width : 500 pixels, Height : 2000 pixels'을 입력하고 [OK] 버튼을 클릭합니다.

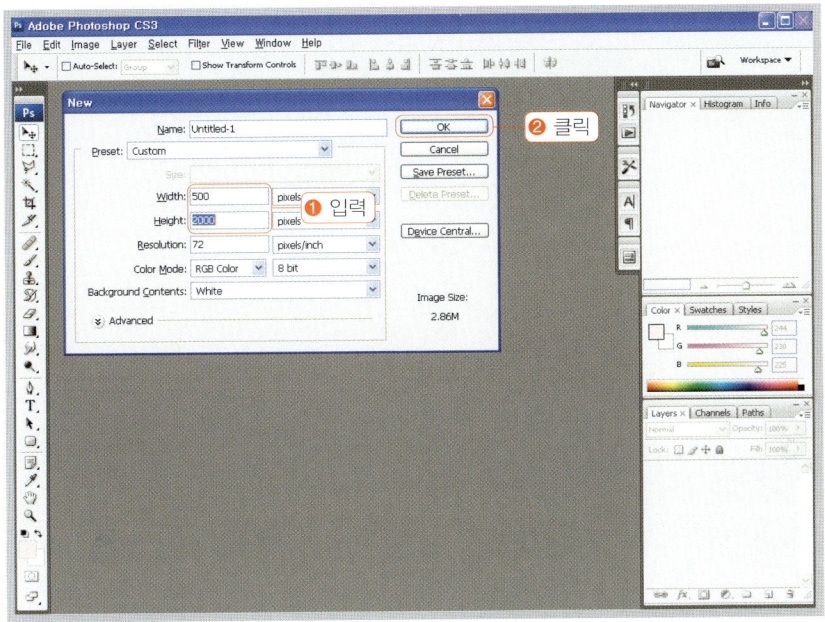

02 도구 상자에서 [Rounded Rectangle Tool]을 선택하고 옵션 바에서 'Radius : 10px', 'Color : #fcff00'으로 설정합니다.

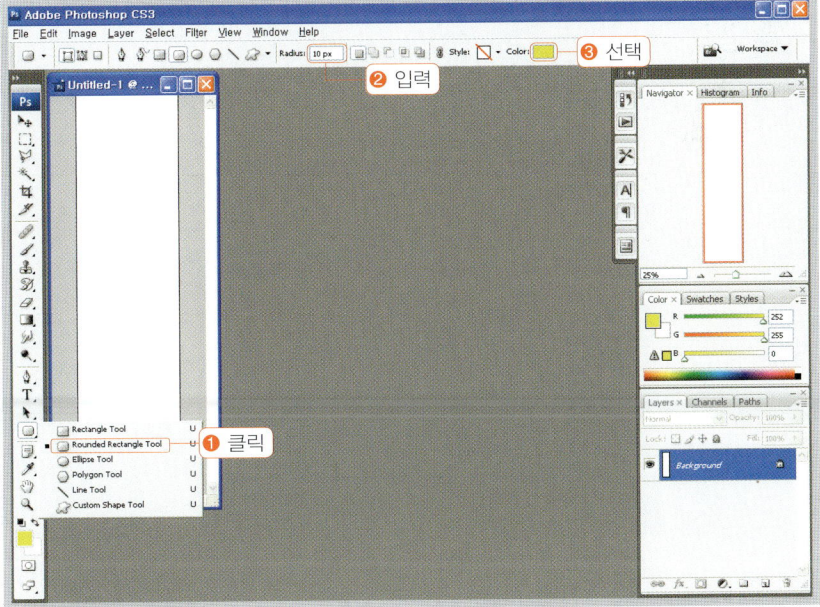

03 이미지 작업 영역에서 마우스를 드래그하여 모서리가 둥근 사각형을 하나 그려줍니다.

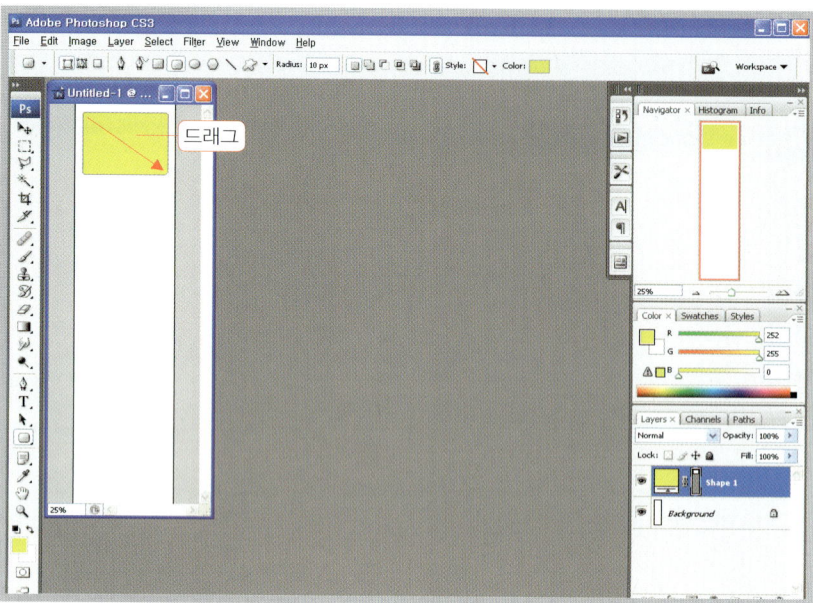

04 만들어진 둥근 사각형을 [이동 툴]( )을 누른 후에 Alt 키를 누르고 드래그하여 4개를 복제합니다.

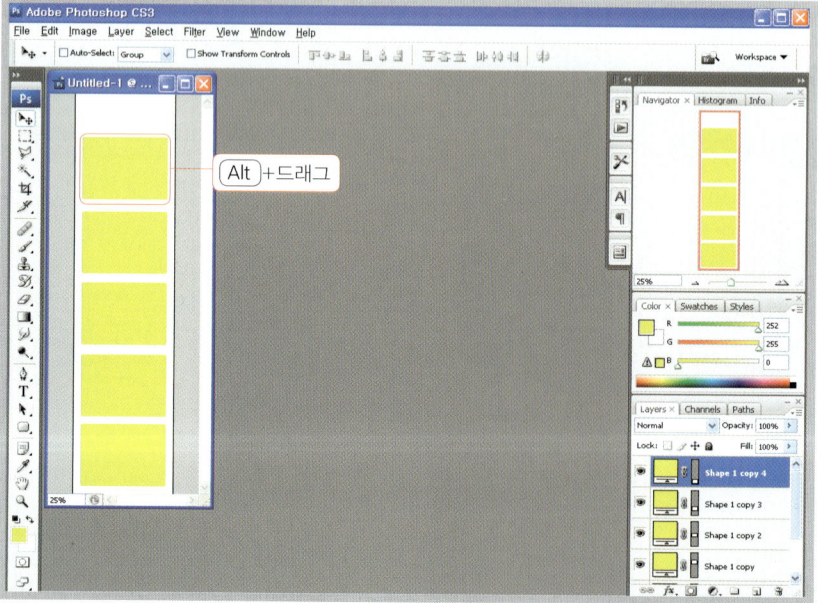

> **Note**   복제하는 단축키는 Ctrl + J 입니다.

05 [돋보기 툴](🔍)로 확대한 후에 [문자 입력 툴](T,)을 선택하고 옵션 바에서 '글꼴:휴먼편지체'
및 '크기:30pt'로 설정하고 내용을 입력합니다.

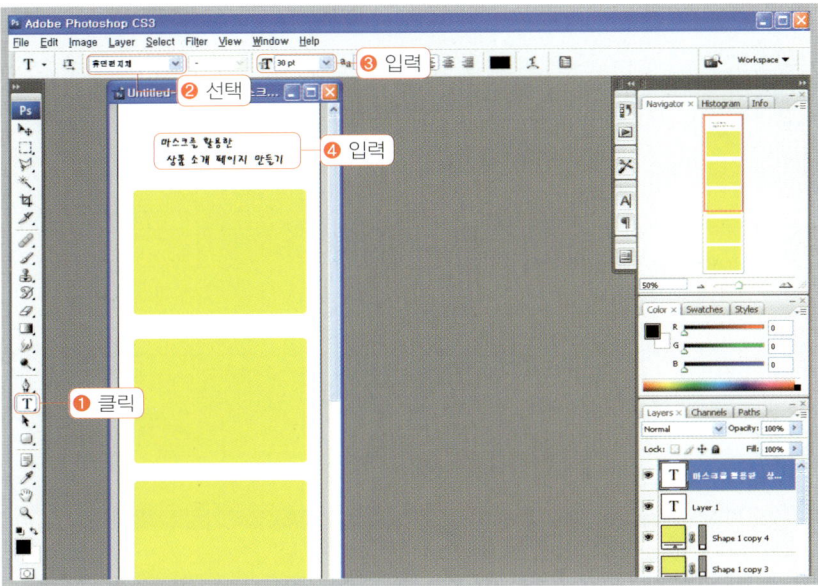

Note　돋보기 툴을 사용하지 않고 확대할 때는 Ctrl + + , 축소할 때는 Ctrl + - 키를 누릅니다.

06 모서리가 둥근 사각형 속으로 사진을 넣기 위해 예제 파일을 불러온 후에 [이동 툴](⊹)로 드
래그하여 사각형 위로 이동합니다.

07 복사된 상품 이미지 레이어의 위치를 'Shape1' 레이어 위로 위치를 이동합니다.

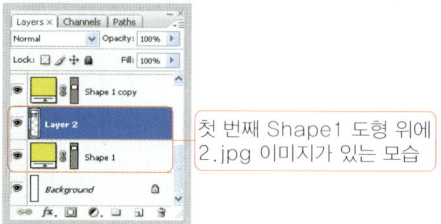

첫 번째 Shape1 도형 위에
2.jpg 이미지가 있는 모습

08 복사된 상품 이미지 레이어에서 마우스 오른쪽 버튼을 클릭하고 'Create Clipping Mask'를
선택합니다.

09 모서리가 둥근 사각형 속으로 상품 이미지가 들어간 것을 확인할 수 있습니다.

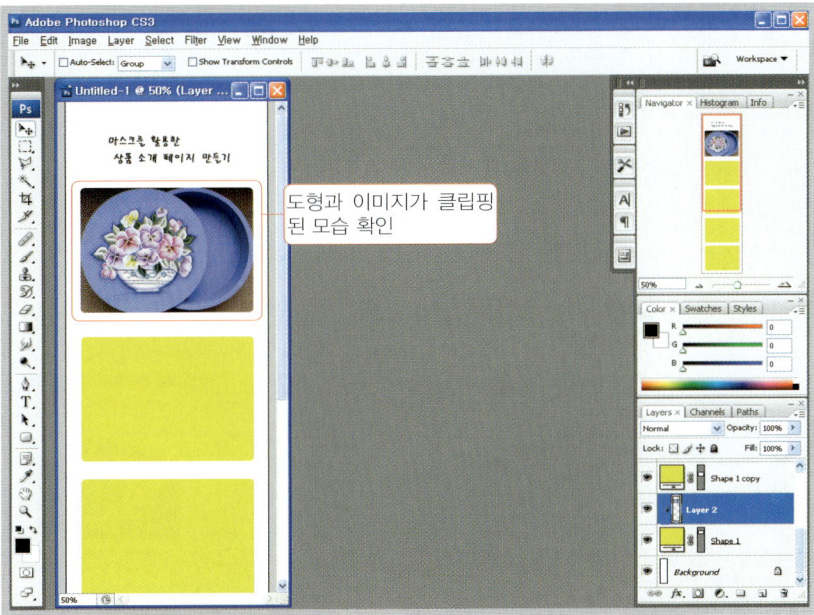

10 다른 상품 이미지도 같은 방법으로 마스크를 적용하여 진열합니다.

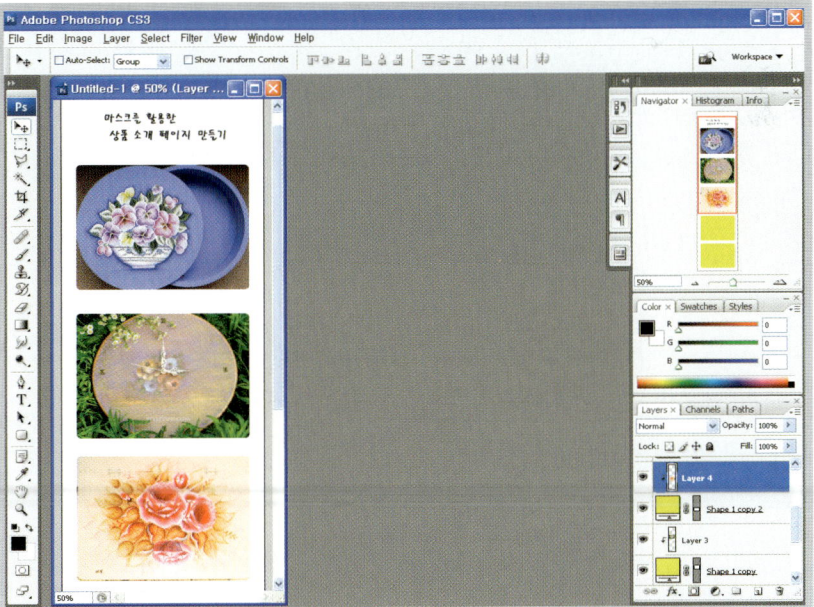

15 유리에 반사된 상품 이미지 만들기

상품 사진을 투명한 느낌으로 보이기 위해 바닥에 반사된 느낌 또는 물에 비친듯한 느낌으로 연출을 하게 됩니다. 앞에서 사용했던 기능들을 종합적으로 활용하여 만들어보겠습니다.

◉ 예제 파일 : 쇼핑몰예제\상품이미지\18.jpg

01 예제 이미지 파일을 불러온 후 메뉴 [Image]-[Canvas size]를 클릭합니다.

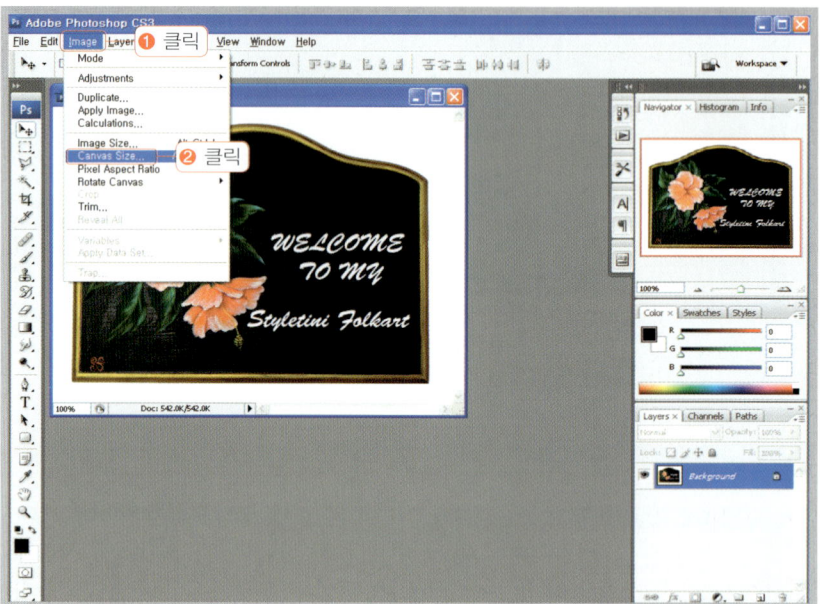

> **Note** 메뉴 [Canvas Size]를 실행하는 단축키는 Alt + Ctrl + I 입니다.

02 [Canvas Size] 대화상자에서 'Height : 740 pixels'을 입력하고 'Anchor : 위쪽 가운데'
를 선택하고 [OK] 버튼을 클릭합니다.

03 툴박스에서 [마술봉 툴](🪄)을 선택한 후 옵션 바에서 'Tolerance : 30'을 입력하고 배경을 클릭하여 흰색 배경을 모두 선택합니다.

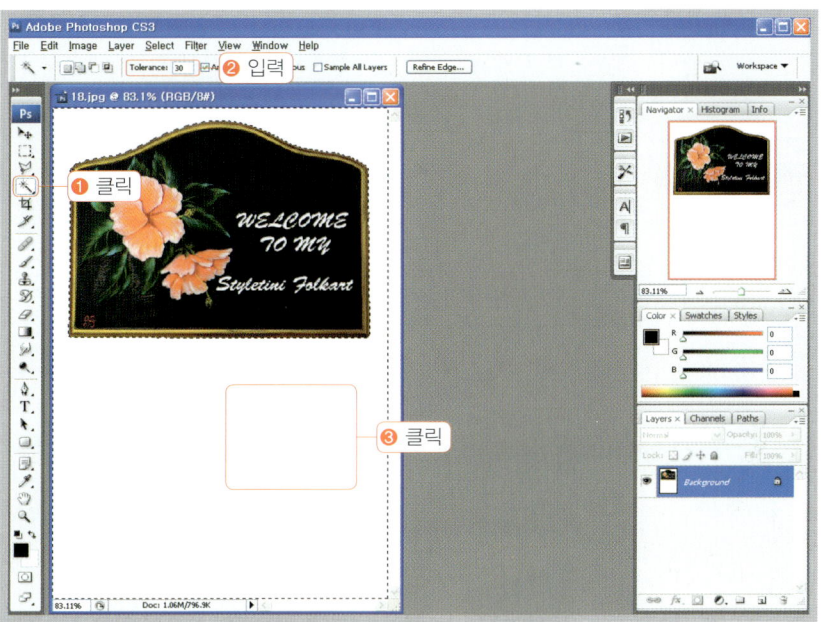

> **Note** 마술봉 툴을 사용할 때 'Tolerance' 값을 높이면 더 많은 계열색이 선택됩니다.

04 메뉴 [Select]-[Inverse]를 클릭하여 선택영역을 반전합니다.

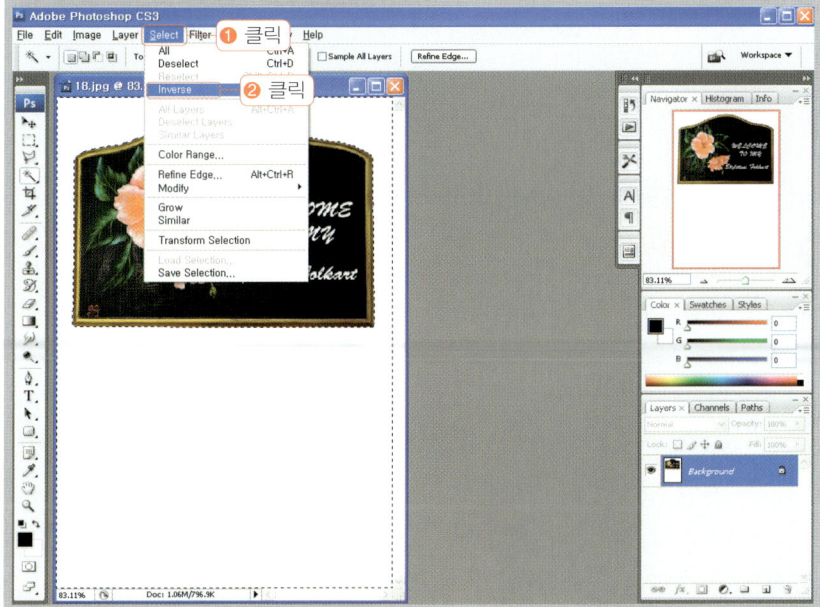

> **Note**   선택영역을 반전하는 단축키는 [Shift]+[Ctrl]+[I] 입니다.

05 [Ctrl]+[J] 키를 누르면 선택된 이미지가 복제되어 새로운 'Layer1'이 생성됩니다.

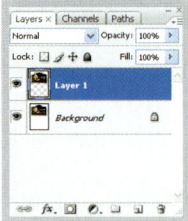

06 복제된 이미지를 반전하기 위해 메뉴 [Edit]-[Transform]-[Flip Vertical]을 클릭합니다.

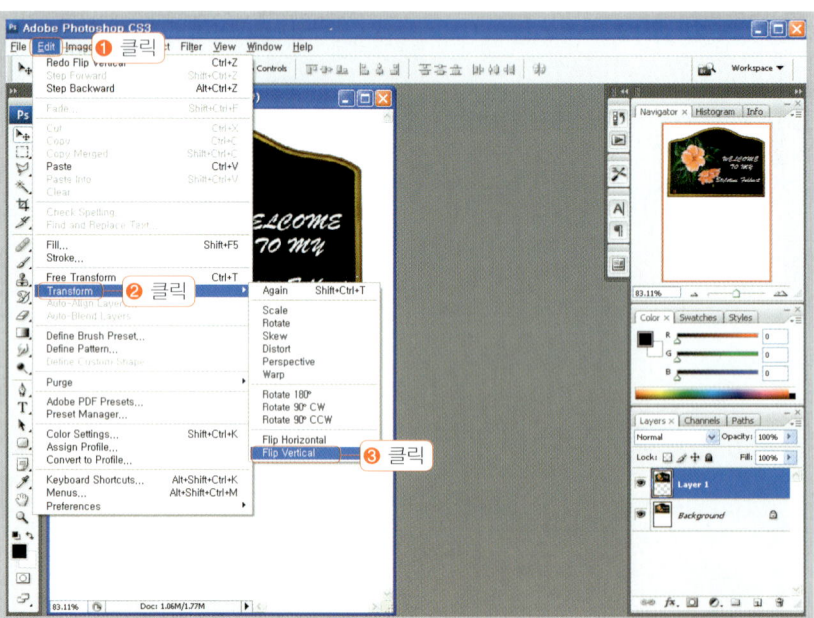

07 반전된 이미지를 [이동 툴](➹)로 드래그하여 원본 이미지의 아래로 이동합니다.

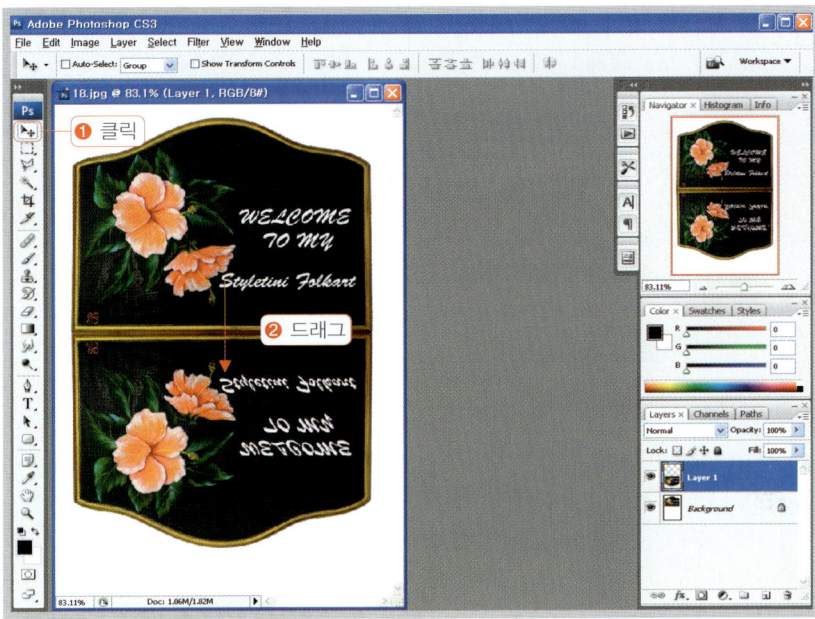

08 복제된 이미지 레이어의 'Opacity : 50%'로 설정하여 유리에 비친 것처럼 흐리게 만들어 주고, [Add vertex mask](◘) 버튼을 클릭하여 마스크를 설정합니다.

09 툴박스에서 [그라디언트 툴](▬)을 선택하고 옵션 바에서 '흰색부터 검정색'으로 변하는 그라디언트 색을 선택합니다.

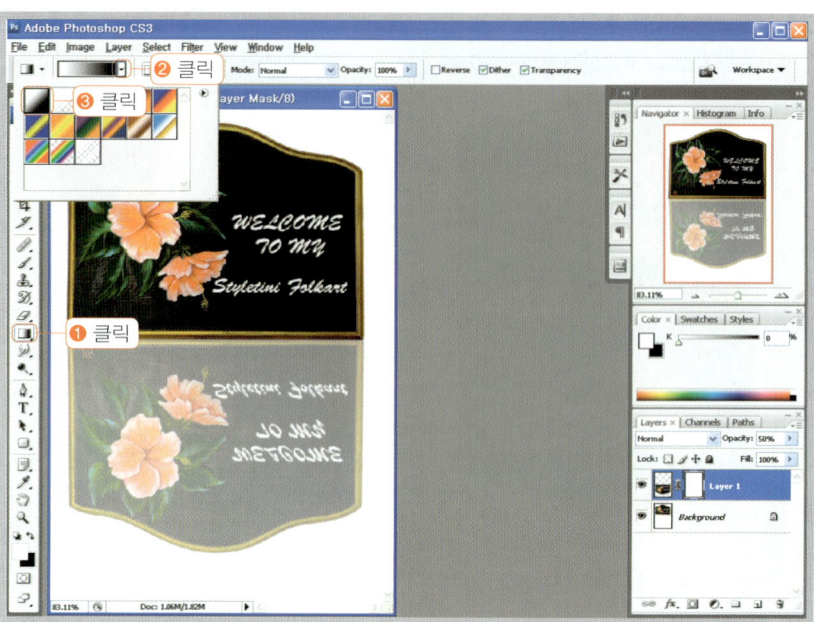

10 (Shift) 키를 누른 상태에서 아래쪽으로 드래그합니다.

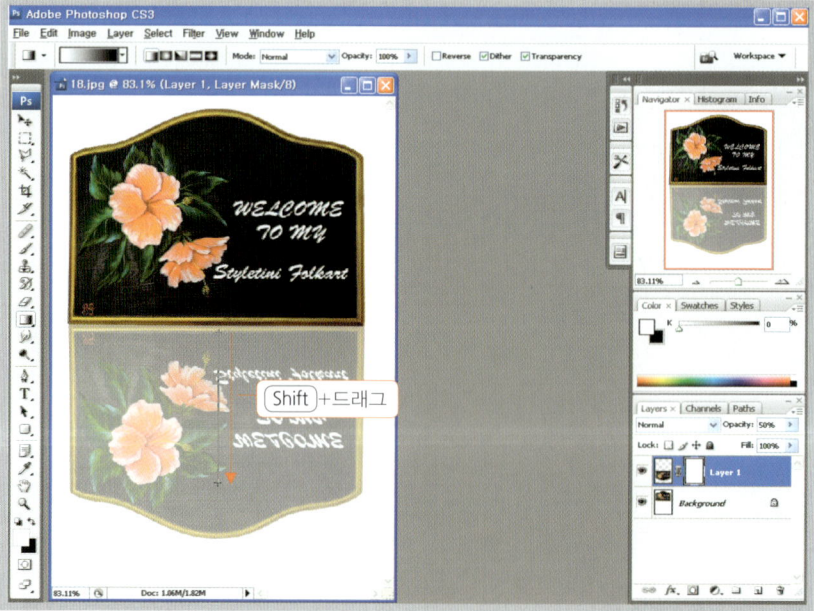

11 마스크 효과가 적용되어 아래쪽으로 내려갈수록 부드럽게 지워지는 것을 확인합니다.

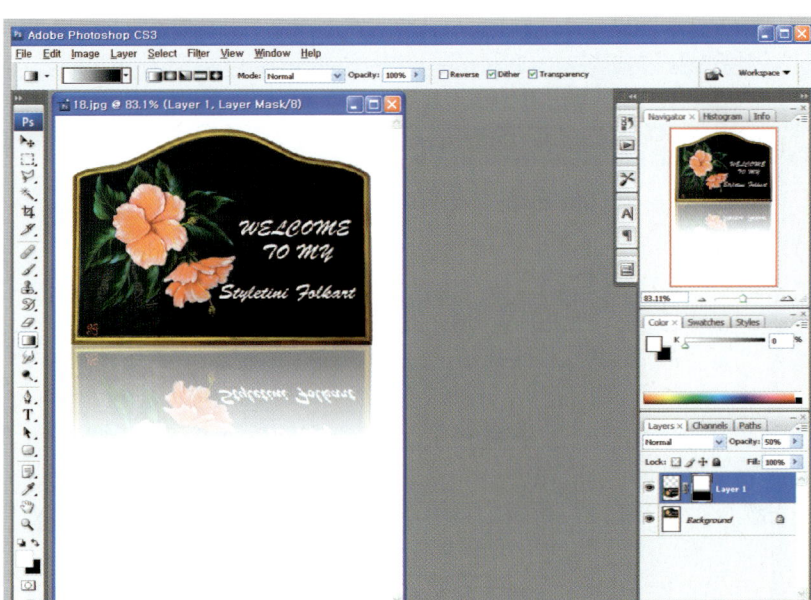

16 상품이 전환되는 GIF 애니메이션 만들기

GIF 애니메이션을 주로 많이 볼 수 있는 곳은 오픈마켓으로 여러 장의 상품이 전환되면서 깜박거리는 이미지들은 주로 애니메이션 기능을 활용하여 제작된 이미지입니다. 포토샵을 통해 GIF 애니메이션을 만들어 보겠습니다.

◉ **예제 파일** : 쇼핑몰예제\상품이미지\25.jpg, 26.jpg, 30.jpg

01 예제 이미지를 불러온 후에 '25.jpg'의 작업창으로 '26.jpg'와 '30.jpg' 이미지를 드래그하여 복사합니다.

02 [Layer] 팔레트에 세 개의 이미지가 구성된 것을 확인하고 애니메이션 팔레트를 활성화하기 위해 메뉴 [Window]-[Animation]을 클릭합니다.

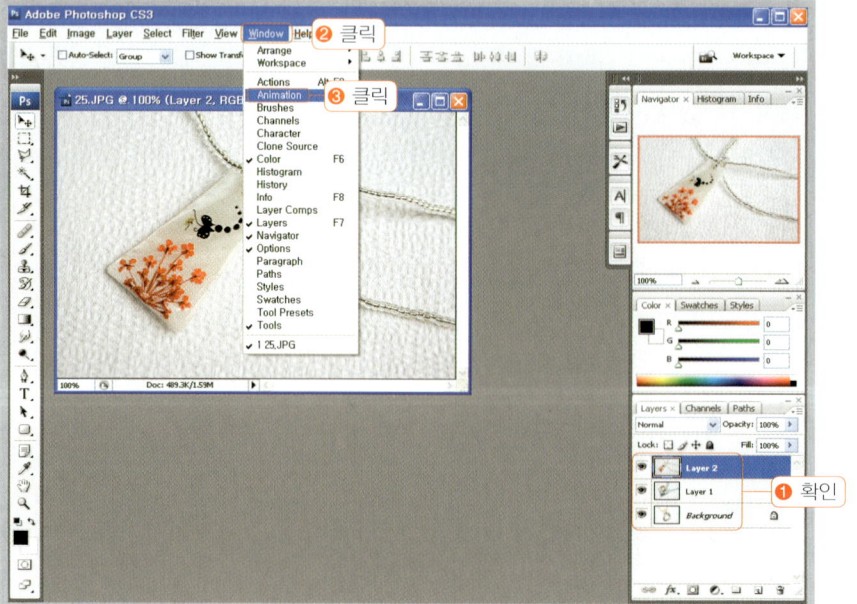

03 [Animation] 팔레트에서 [Duplicates Current Frame](🔲) 아이콘을 두 번 클릭하여 세
개의 프레임을 만듭니다.

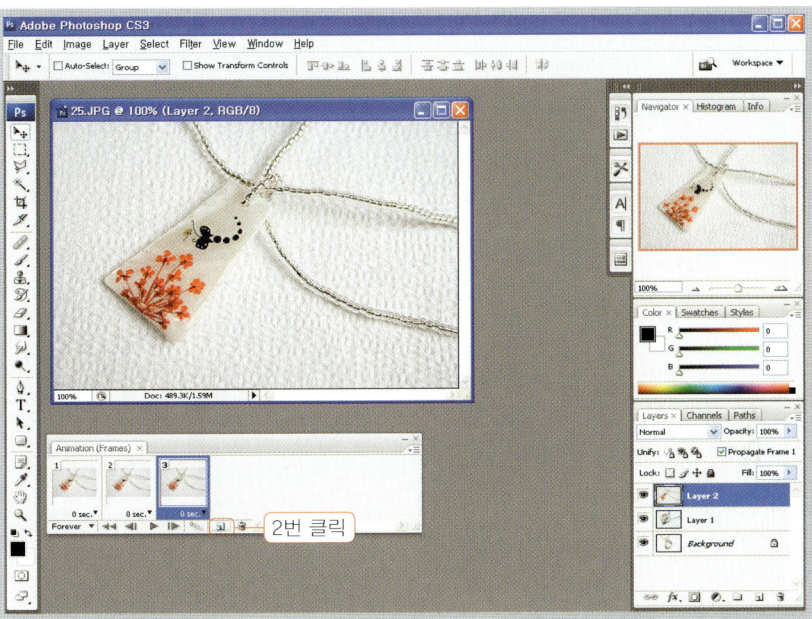

04 [Animation] 팔레트에서 첫 번째 프레임을 선택한 후에 [Layer] 팔레트에서 첫 번째와 두
번째 레이어의 'Indicates layer visibility'(👁) 아이콘을 클릭하여 레이어를 숨깁니다.

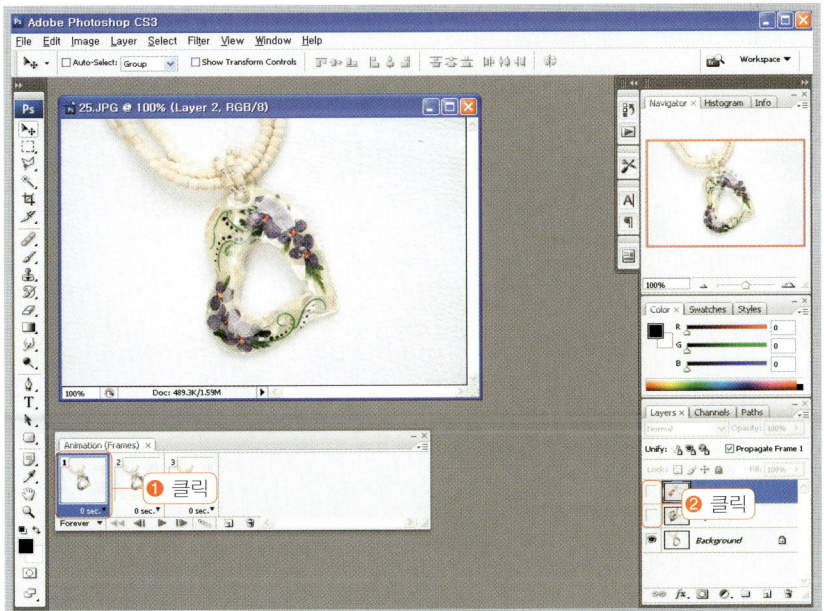

05 [Animation] 팔레트에서 두 번째 프레임을 선택한 후에 [Layer] 팔레트에서 첫 번째와 세 번째 레이어의 'Indicates layer visibility'(👁) 아이콘을 클릭하여 레이어를 숨깁니다.

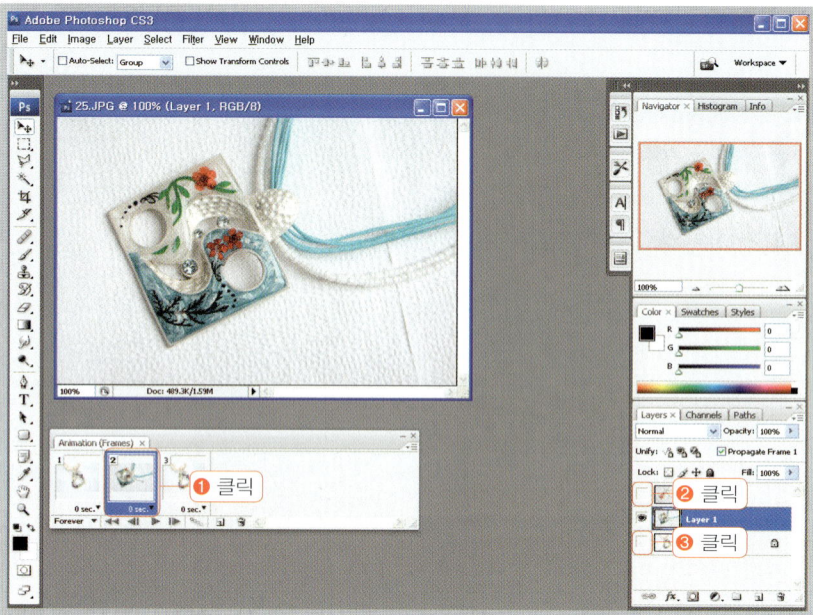

06 [Animation] 팔레트에서 세 번째 프레임을 선택한 후에 [Layer] 팔레트에서 두 번째와 세 번째 레이어의 'Indicates layer visibility'(👁) 아이콘을 클릭하여 레이어를 숨깁니다.

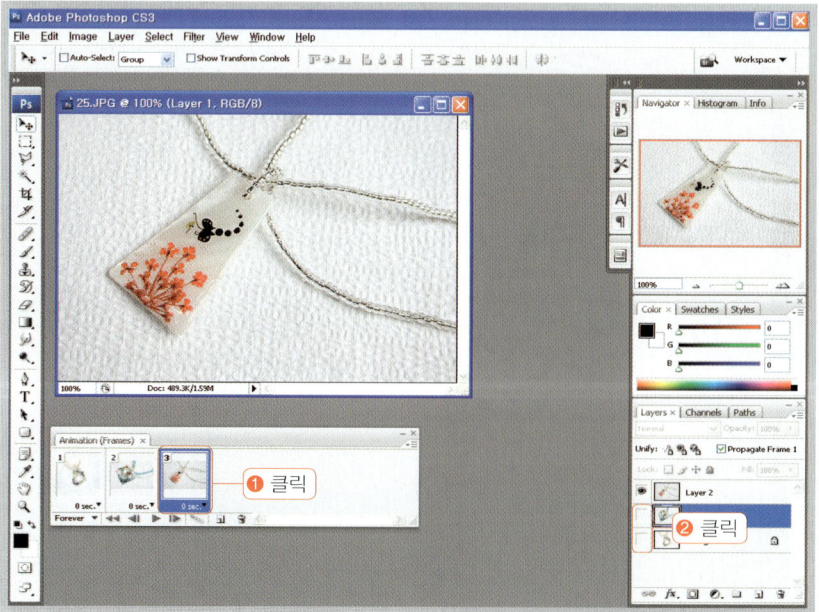

07 애니메이션 속도를 조절하기 위해 [Animation] 팔레트에서 세 개의 프레임을 모두 선택하고
시간을 '1.0'으로 지정합니다.

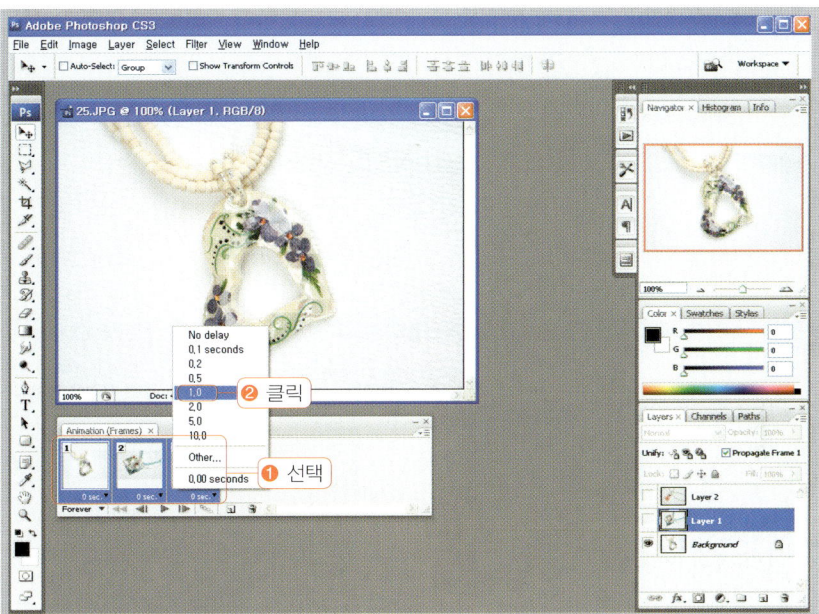

08 [Animation] 팔레트에서 [Plays animation](▶)아이콘을 클릭하여 실행합니다.

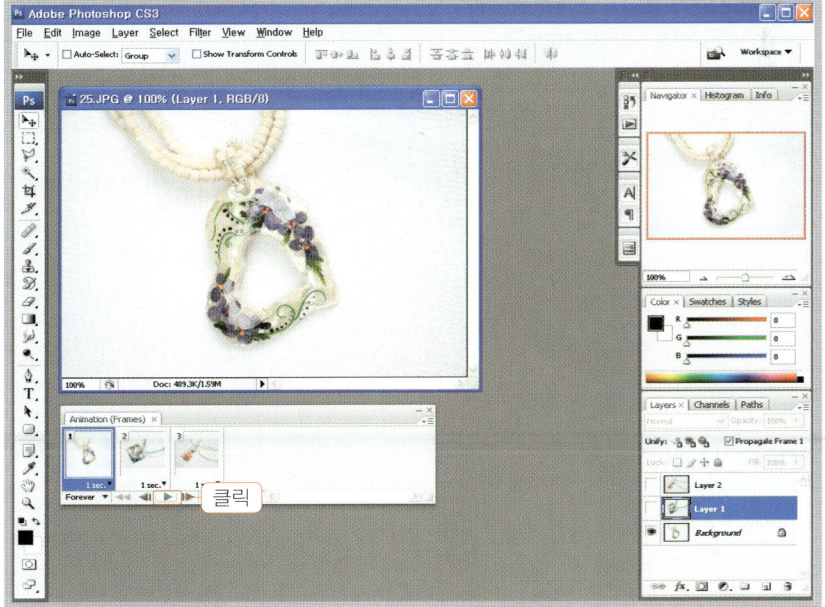

Note 애니메이션 재생 횟수를 정해야 하는 경우는 [Animation] 대화상자에서 [Forever]를 클릭합니다. 한 번 재생할 경우는 'Once'를 선택하고, 무한 반복은 'Forever'를 선택합니다. 'Other'는 반복 횟수를 직접 입력하여 지정할 수 있습니다.

09 'GIF' 이미지 형식으로 저장하기 위해 메뉴 [File]-[Save for Web & Devices]를 클릭합니다.

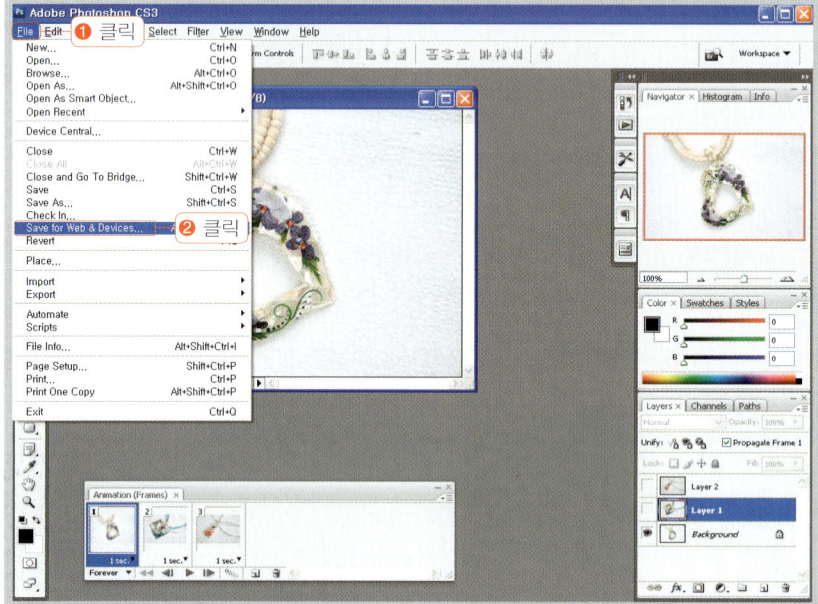

10 [Save For Web & Devices] 대화상자에서 파일 형식을 'GIF'로 설정하고 [Save] 버튼을 클릭합니다.

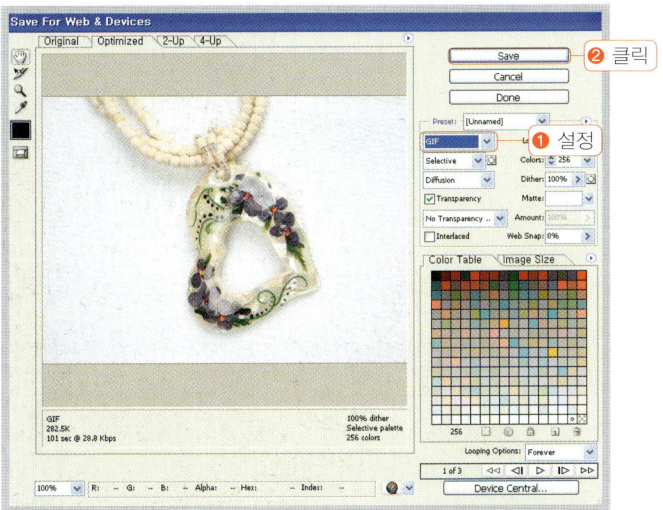

11 [Save Optimized As] 대화상자에서 '파일 이름 : animation'을 입력하고, '파일 형식 : Images Only(*.gif)'로 설정한 후 [저장] 버튼을 클릭합니다.

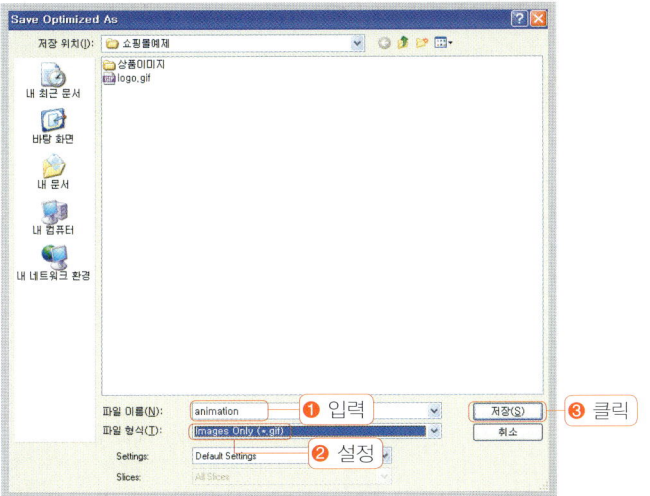

Note 애니메이션을 너무 길게 만들면 쇼핑몰이나 오픈마켓에 애니메이션 이미지 파일을 업로드할 때 용량 초과로 업로드하지 못할 수도 있습니다. 쇼핑몰이나 오픈마켓에서 제한하는 파일의 크기를 미리 확인한 후에 애니메이션 이미지 파일을 제작할 것을 권장합니다.

17 트윈 효과로 부드럽게 전환되는 상품 애니메이션 만들기

트윈 효과를 활용하면 단계 값이 적용되기 때문에 애니메이션이 변화되는 모습을 부드럽고 화려하게 꾸밀 수 있습니다. 단점은 용량이 커질 수 있으므로 주의해야 합니다.

◉ **예제 파일** : 쇼핑몰예제\상품이미지\20.jpg, 21.jpg

01 메뉴 [File]-[Open]를 클릭하고 예제 파일('20.jpg', '21.jpg')을 불러옵니다.

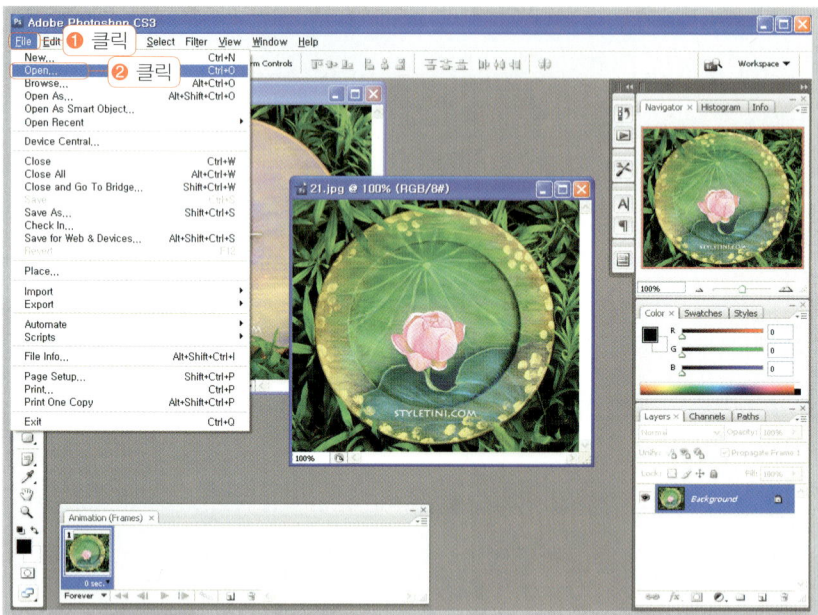

02 도구 상자에서 [이동 툴](✛)을 선택한 후 '21.jpg' 이미지를 '20.jpg' 이미지의 작업 창으로 드래그하여 복사합니다.

03 [Animation] 팔레트에서 [Duplicates current frame](🔲)아이콘을 클릭하여 새로운 프레임을 추가합니다.

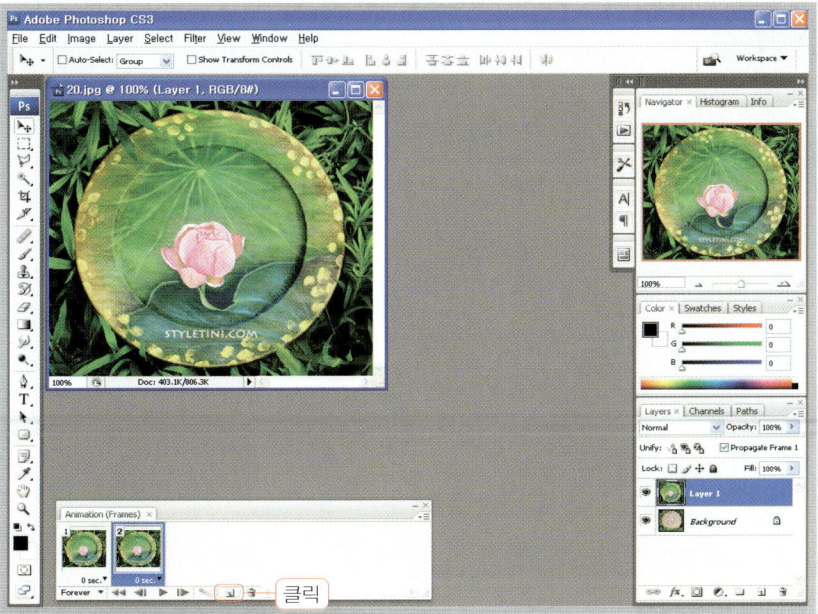

04 두 번째 프레임을 선택한 후에 [Layer] 팔레트에서 'Layer1'의 'Indicates layer visibility'(👁) 아이콘을 클릭하여 레이어 감추기를 합니다.

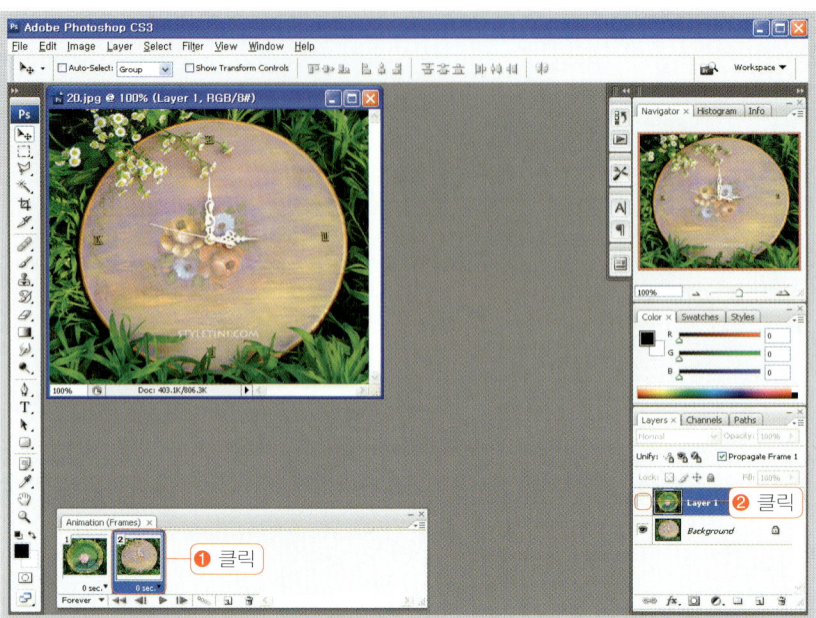

05 [Animation] 팔레트에서 [Tweens animation frames](🔗) 아이콘을 클릭합니다.

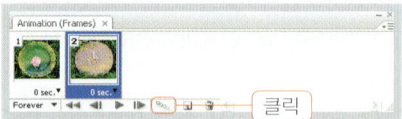

> **Note** [Tweens animation frames] 효과는 선택한 애니메이션 장면 사이의 변화되는 장면을 자동으로 만들어 주는 효과입니다.

06 [Tween] 대화상자에서 'Tween with : Previous Frame', 'Frames to Add : 5'를 입력하고 [OK] 버튼을 클릭합니다.

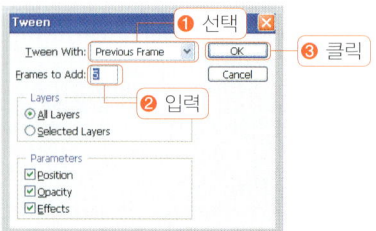

Note [Tween] 대화상자 살펴보기

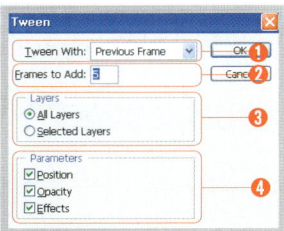

❶ Tween With : 현재 선택된 프레임과 어떤 프레임을 애니메이션 할 것인가를 선택합니다.

❷ Frames to Add : 트윈되는 장면 수를 입력합니다.

❸ Layers : 애니메이션 효과를 적용할 레이어를 선택합니다.

• All Layers : 모든 레이어에 애니메이션을 적용합니다.
• Selected Layers : 선택된 레이어만 애니메이션을 적용합니다.

❹ Parameters : 위치, 불투명도, 효과 등 애니메이션이 적용되는 요소를 선택합니다.

• Position : 장면 사이의 위치를 애니메이션할 때 체크합니다.
• Opacity : 장면 사이의 불투명두를 애니메이션할 때 체크합니다.
• Effects : 장면 사이의 효과를 애니메이션할 때 체크합니다.

07 [Animation] 팔레트에서 재생 시간을 조절하기 위해 전체 프레임을 선택하고 '재생시간 : 0.2'로 설정합니다.

08 메뉴 [File]-[Save for Web & Devices]를 클릭하고 [Save for Web & Devices] 대화상자에서 [Save] 버튼을 클릭하여 파일 이름을 입력하고 저장합니다.

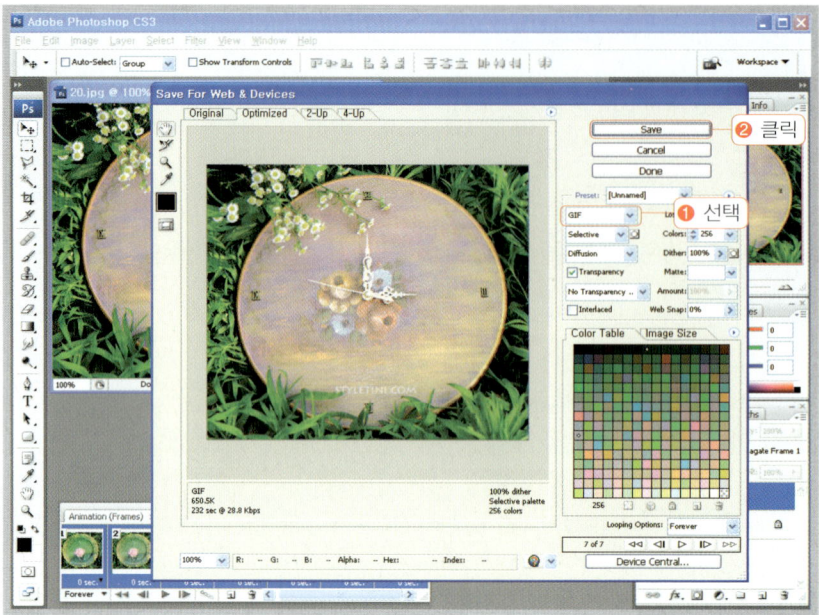

18 Artistic 필터를 활용하여 상품 사진 돋보이게 하기

Artistic 필터는 회화적인 이미지 느낌으로 만들 때 사용하는 필터입니다. 적절한 필터의 사용은 상품 사진을 돋보이게 할 수 있습니다.

◉ 예제 파일 : 쇼핑몰예제\상품이미지\16.jpg

01 예제 파일을 불러온 후 'Background' 레이어를 [Create a new layer](🔲) 아이콘 위로 드래그하여 복제합니다.

02 메뉴 [Filter]-[Artistic]-[Paint Daubs]를 클릭합니다.

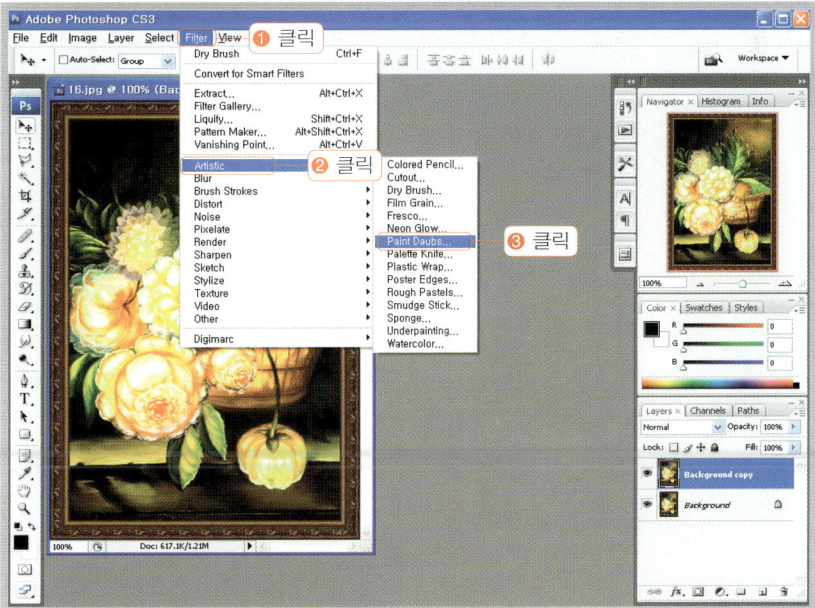

> **Note**   Paint Daubs는 다양하게 브러시 크기를 정하면서 거친 붓의 느낌을 낼 수 있습니다.

03 [Paint Daubs] 대화상자에서 'Brush Szie : 8', 'Sharpness : 7'로 설정하고 [OK] 버튼을 클릭합니다.

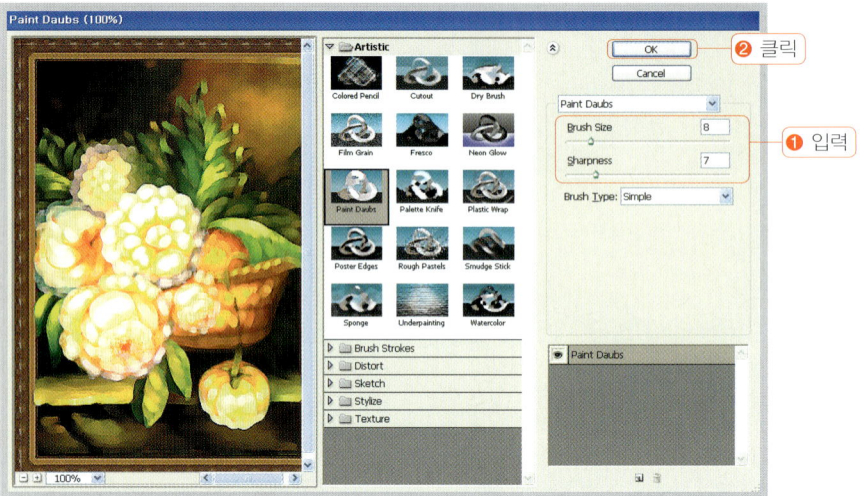

04 'Backgroud copy' 레이어의 'Opacity : 80%', '합성모드 : Soft Light'로 설정합니다.

05 'Background' 레이어를 [Create a new layer](🔲) 아이콘 위로 드래그하여 레이어를 하나 더 복제한 후에 레이어 팔레트의 첫 번째 레이어 위로 이동합니다. 메뉴 [Filter]-[Artistic]-[Rough Pastels]를 클릭합니다.

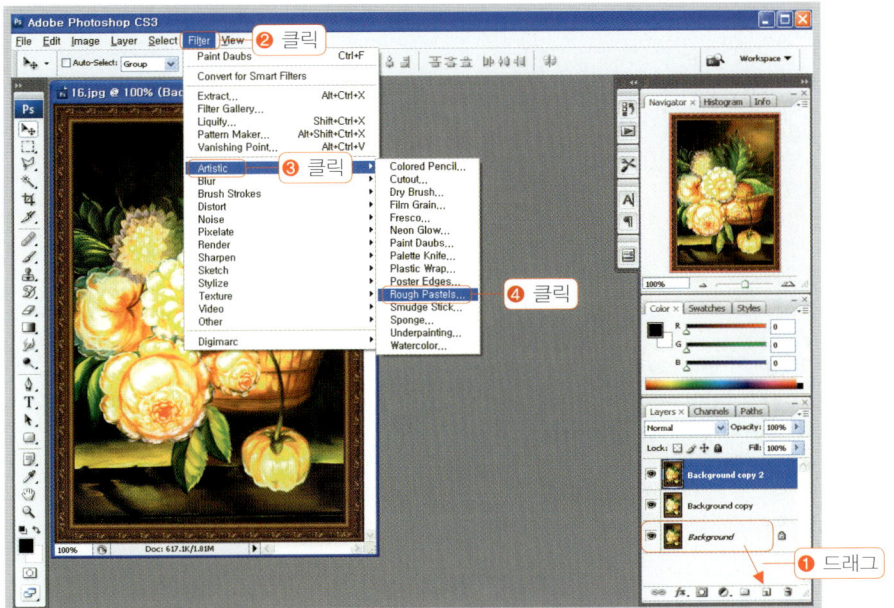

> **Note** Rough Pastels 필터는 이미지에 거친 파스텔 효과를 적용할 때 사용합니다.

06 [Rough Pastels] 대화상자에서 'Stroke Length : 6', 'Stroke Detail : 4'로 설정한 후에 [OK] 버튼을 클릭합니다.

07 'Backgroud copy2' 레이어의 'Opacity : 70%' 설정하고 파일을 저장하여 작업을 완료합니다.

19 Artistic 필터를 활용하여 상품 사진 돋보이게 하기

로고는 회사의 이미지를 결정하는 아주 중요한 부분이기 때문에 회사 로고를 만들기 전에
유사한 다른 사이트를 많이 살펴보고 정확한 컨셉을 설정한 후에 로고 제작을 하는 것이 좋
습니다.

O1 메뉴 [File]-[New]를 클릭한 후에 'Width : 170, Height : 50'을 입력하고 [OK] 버튼을
클릭합니다.

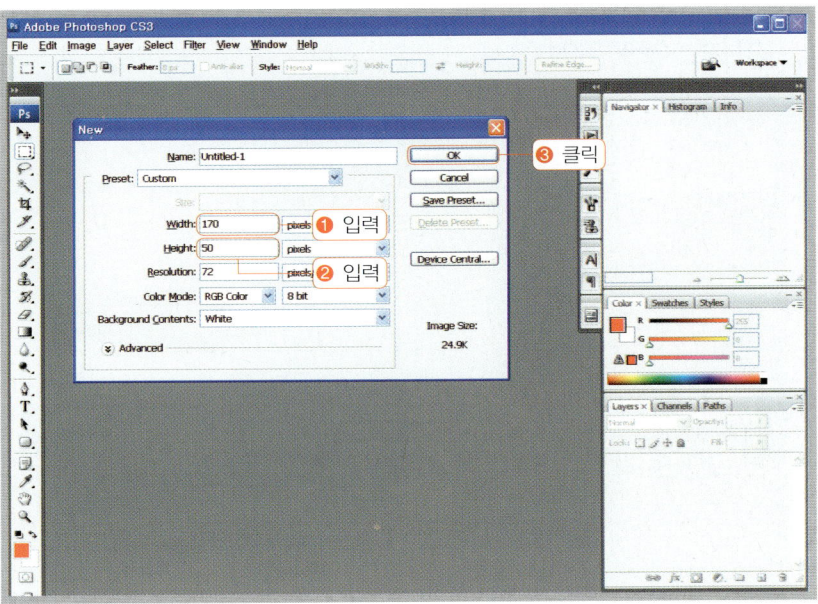

Note   카페24 쇼핑몰에서 사용되는 쇼핑몰 로고의 권장 크기는 170 X 50 px 입니다. 그렇지만 무료로
제공되는 쇼핑몰 스킨은 스킨에 따라 로고의 크기가 다르므로 선택한 스킨에서 사용되는 최적의 로
고 이미지 크기를 확인한 후에 만들기를 권장합니다.

02 툴박스에서 [문자입력 툴](T.)을 선택하고 글자체와 크기를 정한 후 'Cafe24 mall'을 입력합니다.

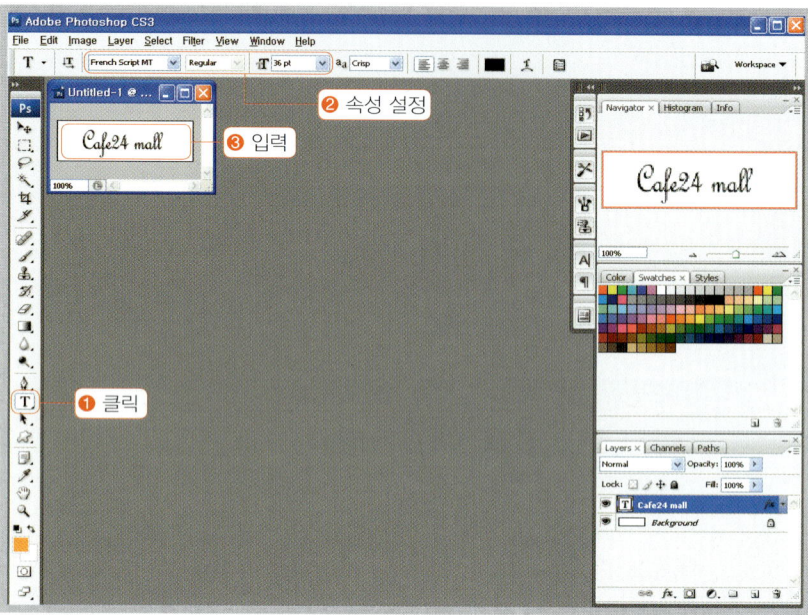

03 입력한 글자에 그림자 효과를 적용하기 위해 [Layers] 팔레트에서 [Layer style](fx.)을 클릭한 후에 'Drop Shadow'를 클릭합니다.

04 [Layer Style] 대화상자에서 'Drop Shadow'의 옵션 중에 'Angle : 120', 'Size : 5 px'
을 설정하고 [OK] 버튼을 클릭합니다.

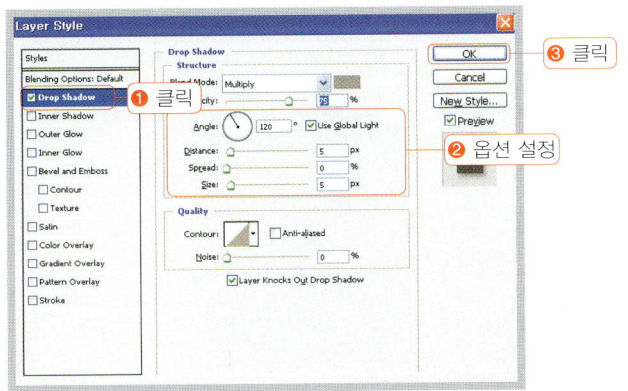

Note [Styles] 옵션 살펴보기

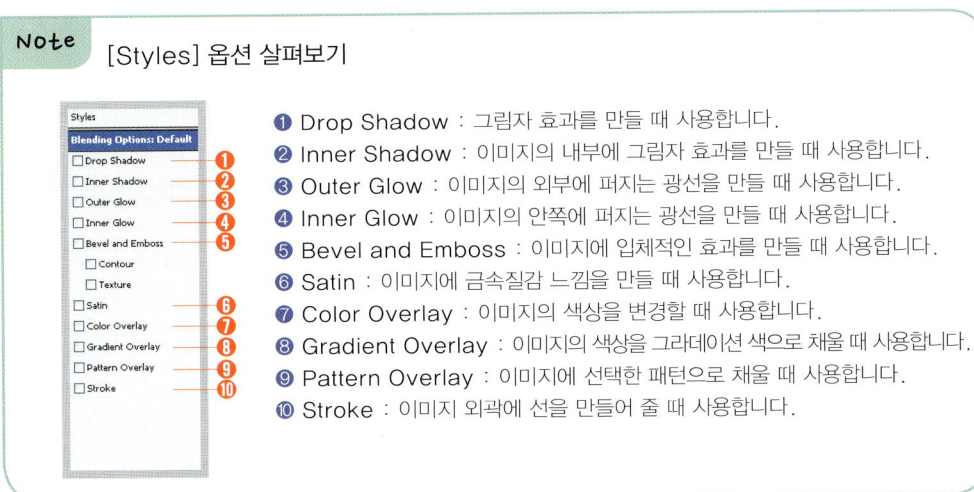

❶ Drop Shadow : 그림자 효과를 만들 때 사용합니다.
❷ Inner Shadow : 이미지의 내부에 그림자 효과를 만들 때 사용합니다.
❸ Outer Glow : 이미지의 외부에 퍼지는 광선을 만들 때 사용합니다.
❹ Inner Glow : 이미지의 안쪽에 퍼지는 광선을 만들 때 사용합니다.
❺ Bevel and Emboss : 이미지에 입체적인 효과를 만들 때 사용합니다.
❻ Satin : 이미지에 금속질감 느낌을 만들 때 사용합니다.
❼ Color Overlay : 이미지의 색상을 변경할 때 사용합니다.
❽ Gradient Overlay : 이미지의 색상을 그라데이션 색으로 채울 때 사용합니다.
❾ Pattern Overlay : 이미지에 선택한 패턴으로 채울 때 사용합니다.
❿ Stroke : 이미지 외곽에 선을 만들어 줄 때 사용합니다.

05 도형을 그리기 위해 도구 상자에서 [Custom Shape Tool](🞂)을 선택하고 옵션 상자에서
   'Flower1'을 선택합니다.

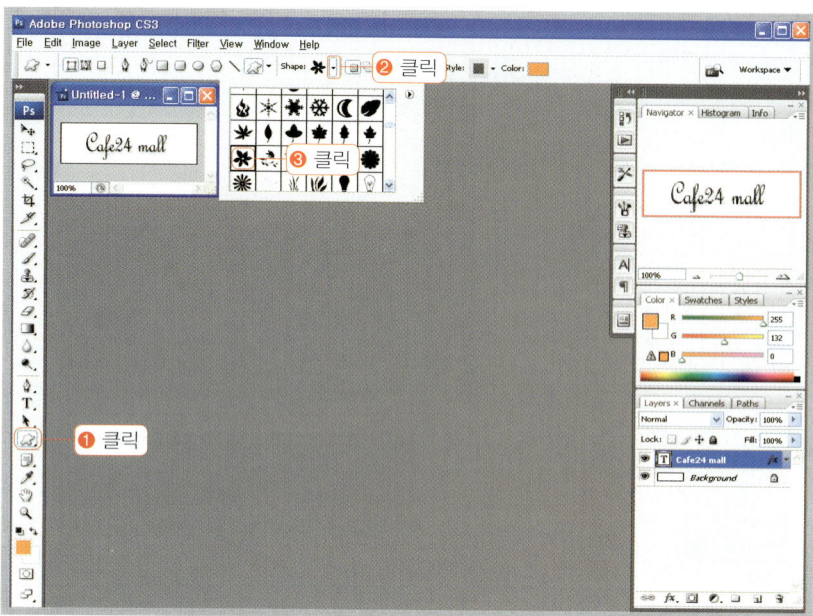

06 작업 창에서 마우스를 드래그하여 도형을 그려줍니다.

07 [Layers] 팔레트에서 'Shape1' 레이어를 'Cafe24 mall' 문자 레이어 아래로 드래그하여
   이동합니다.

Note   레이어를 이동하는 단축키

[Ctrl]+[[ ] – 레이어를 내릴 경우
[Ctrl]+[ ]] – 레이어를 올릴 경우

08 도형에 애니메이션 효과를 적용하기 위해 메뉴 [Window]-[Animation]을 클릭합니다.

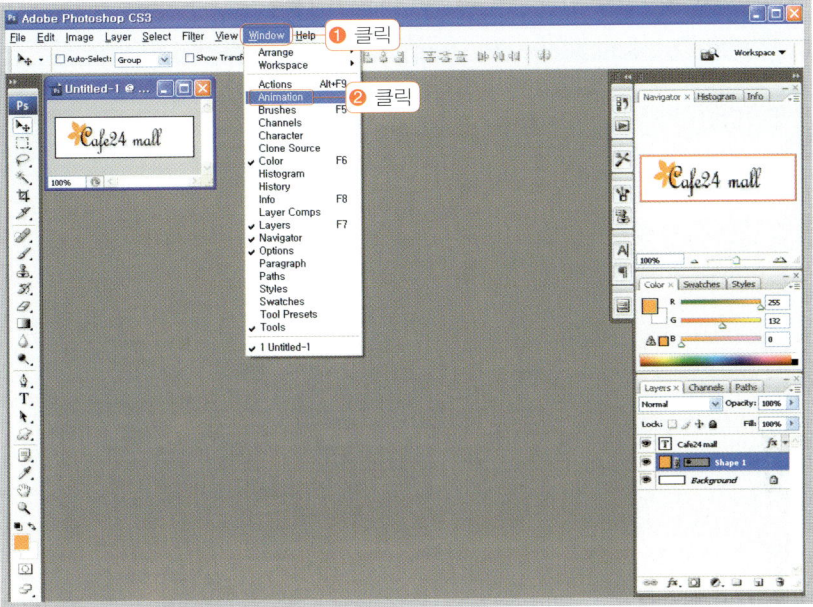

09 [Animation] 팔레트에서 [Duplicates Selected frame]( )을 클릭하여 프레임을 추가합니다.

10 [Animation] 팔레트에서 두 번째 프레임을 선택하고 [Layer] 팔레트에서 'Shape1' 레이어
의 [Indicaties layer visibility](👁) 아이콘을 클릭하여 감추기 합니다.

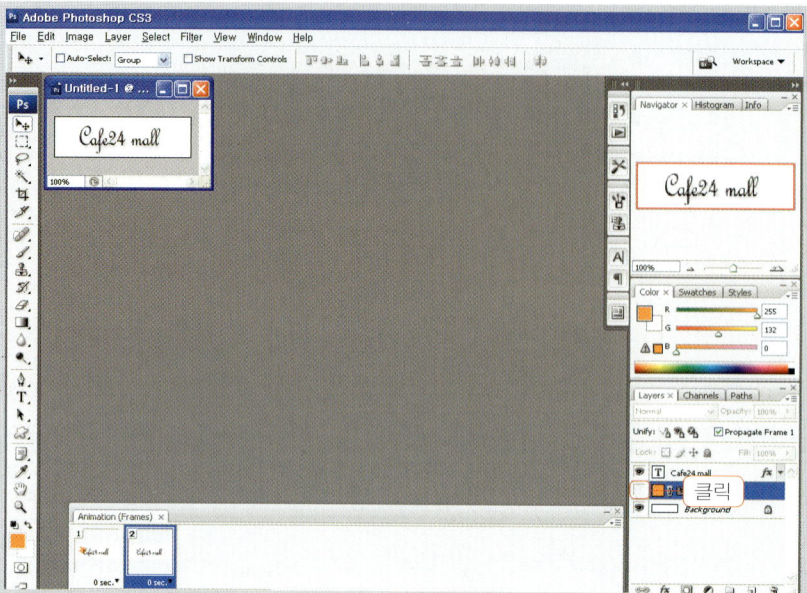

11 [Animaion] 팔레트에서 [Tweens animation frame](🔗)을 클릭합니다.

12 [Tween] 대화상자에서 'Tween With : Previous Frame', 'Frames to Add : 5'로 설
정한 후에 [OK] 버튼을 클릭합니다.

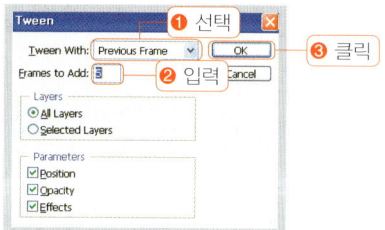

13 1프레임에 있는 꽃이 서서히 사라지면서 7프레임에서는 꽃이 아주 없어지는 애니메이션이 완
성되었습니다. [Plays animation] 버튼을 클릭하여 확인합니다.

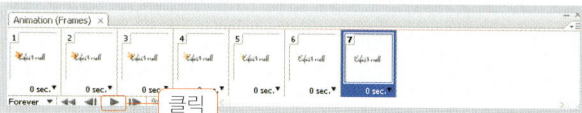

14 진행되는 속도가 너무 빠르므로 프레임을 모두 선택하고 '속도 : 0.2'로 설정합니다.

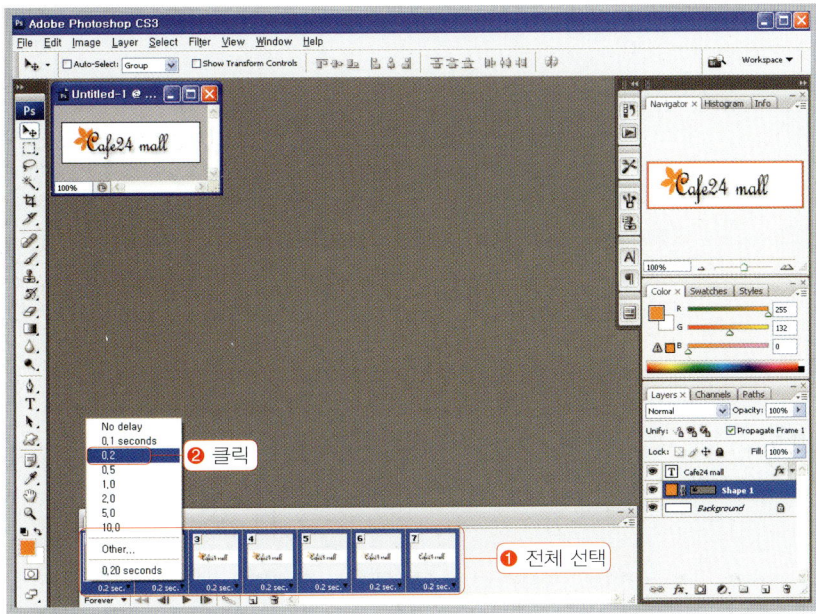

15 애니메이션 파일로 저장하기 위해 메뉴 [File]-[Save for Web & Devices]를 클릭합니다.

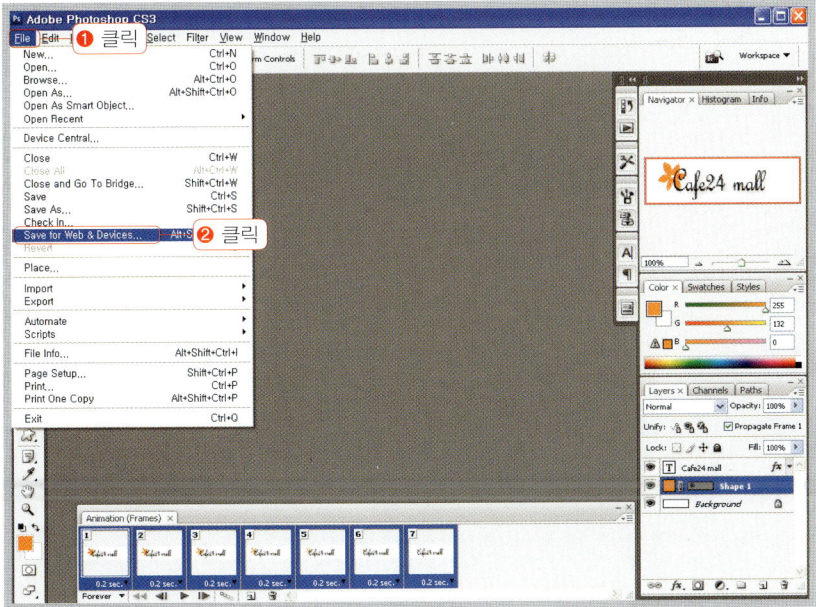

> **Note** GIF 애니메이션을 만들 때 주의할 점은 너무 많은 움직임이 있으면 정해진 용량을 초과하여 쇼핑
> 몰과 오픈마켓에 등록하지 못할 수 있습니다. 애니메이션을 제작하기 전에 해당 사이트에서 허용
> 되는 파일의 용량을 먼저 확인하는 것이 안전합니다.

16 [Save For Web & Devices] 대화상자에서 저장 형식을 'GIF'로 설정하고 [Save] 버튼을
클릭합니다.

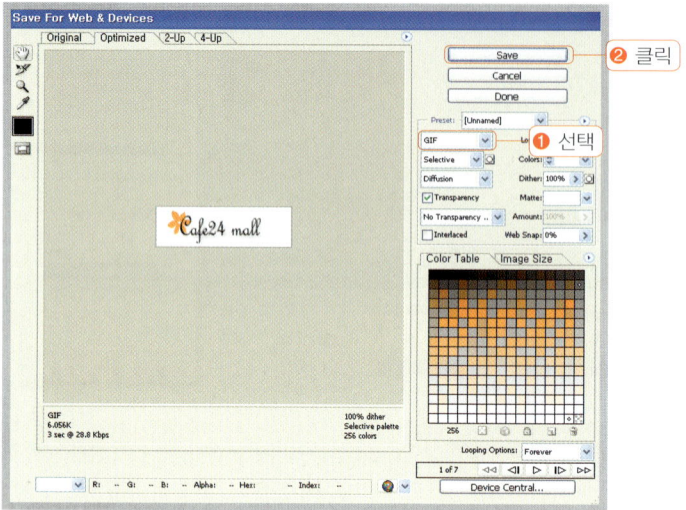

17 저장 위치를 정한 후에 '파일 이름 : logo', '파일 형식 : Images Only(*.gif)'로 설정하고
[저장] 버튼을 클릭합니다.

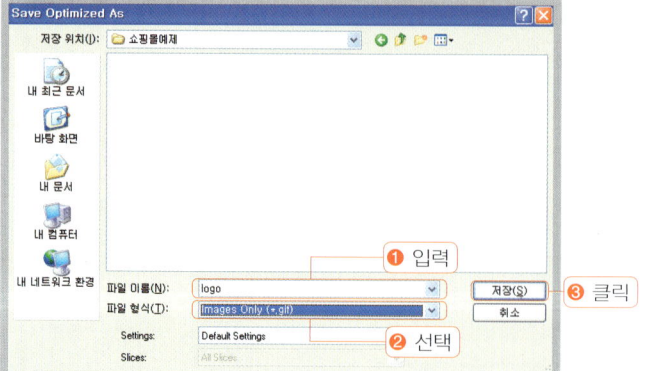

Note [유명사이트 로고 따라 만들기]

인터넷 포털 '다음'사이트의 로고를 만들어 보는 과정을 간략히 살펴보겠습니다.

❶ 'Daum'을 입력할 때 '폰트 : Arial Black'으로 설정하고 글자마다 새로운 레이어에 입력합니다.

❷ 입력된 글자 중에 'a'를 'u' 레이어 위로 이동하여 레이어 순서를 변경합니다.

❸ 'a' 레이어와 'm' 레이어를 선택하고 합성 모드를 'Multiply'로 설정하여 겹쳐져 있는 부분을 진하게 표현합니다.

20 특수문자를 활용하는 메뉴 만들기

쇼핑몰 메뉴를 만들 때 특수 기호를 제공해 주는 폰트를 활용하여 아이콘 대신 장식을 해서 꾸밀 수 있습니다. 이번에는 'Windings' 폰트를 활용하여 메뉴를 완성해 보겠습니다.

01 메뉴 [File]-[New]를 클릭한 다음 'Width : 500 pixels', 'Height : 300 pixels'를 입력한 후에 [OK] 버튼을 클릭합니다.

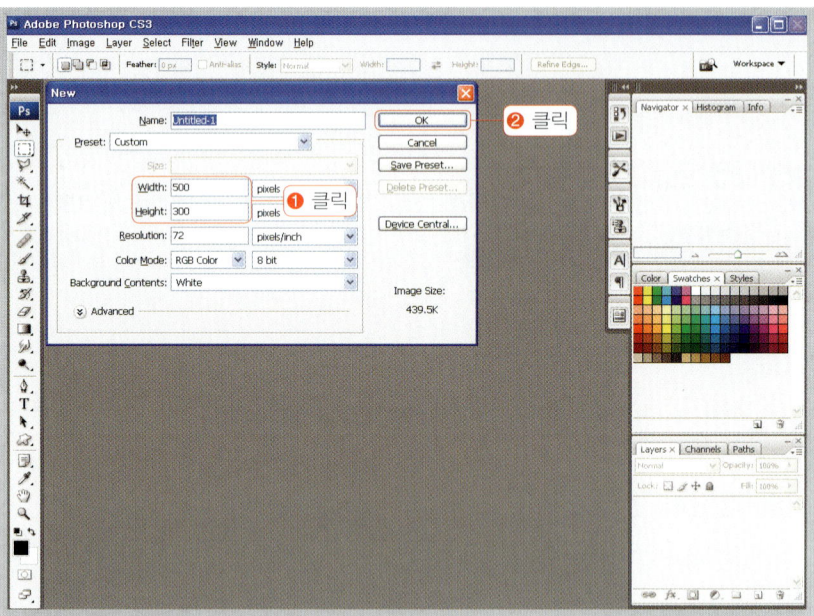

02 도구 상자에서 'Rounded Rectangle Tool'을 선택한 후 옵션에서 'Radius : 20 px', 'Color : #482897'으로 설정합니다.

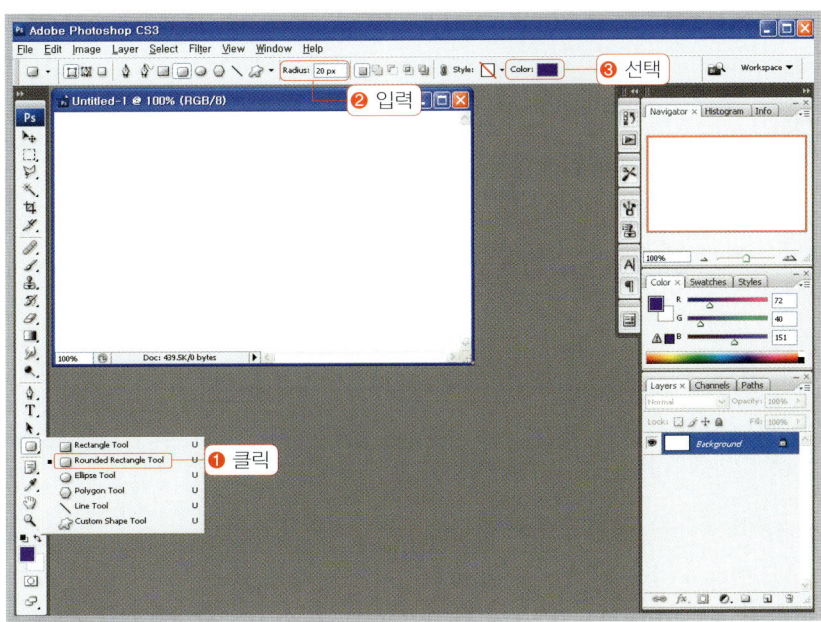

Note   다양한 도형을 그릴 수 있는 [Rectangle Tool] 살펴보기

❶ Rectangle Tool : 사각형을 그릴 때 사용합니다.
❷ Rounded Rectangle Tool : 모서리가 둥근 사각형을 만들 때 사용합니다. 옵션 중에 'Radius' 값을 입력하여 둥글기를 정합니다.
❸ Ellipse Tool : 원을 그릴 때 사용합니다.
❹ Polygon Tool : 다각형을 그릴 때 사용합니다. 옵션 중에 'Sides' 값에 따라 다양한 다각형을 그릴 수 있습니다.
❺ Line Tool : 선을 그릴 때 사용합니다.
❻ Custom Shape Tool : 다양한 종류의 셰이프 모양을 그릴 때 사용합니다. 옵션 중에 'shape' 옵션을 클릭하면 아래와 같은 여러 종류의 셰이프가 나옵니다.

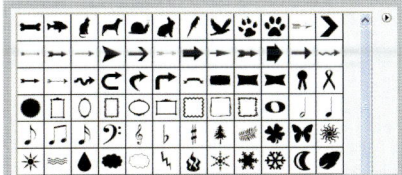
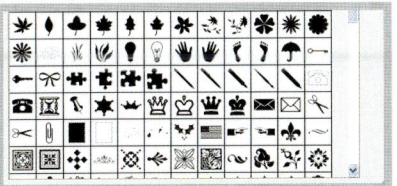

03 하나의 메뉴를 만들고 'Shape1' 레이어를 드래그하여 'Create a new layer' 위에 올려놓
으면 복제가 됩니다. 'Shape' 레이어 세 개를 만들어 줍니다.

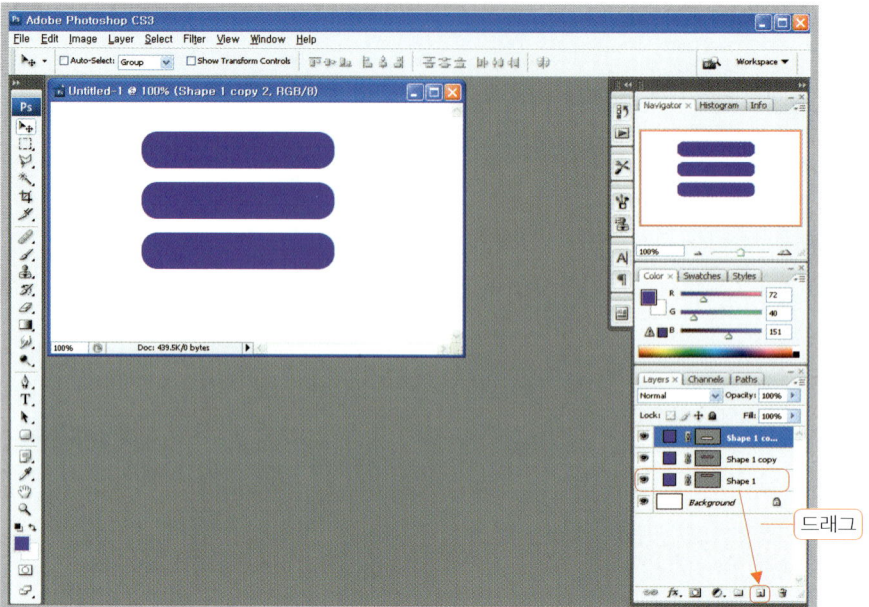

04 툴바에서 [글자 툴](T.)을 선택하고 옵션에서 글꼴을 'Wingdings'로 설정하고 작업 창에 '1'
을 입력하면 '폴더' 모양이 만들어집니다.

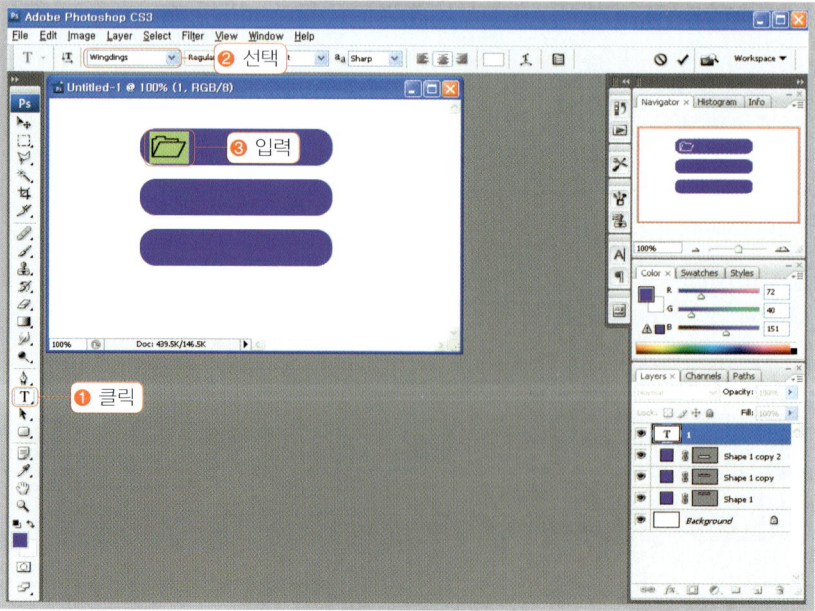

Note

폰트의 모양을 미리 보는 방법은 C:\WINDOWS\Fonts 폴더로 이동하여 해당 폰트를 더블클릭하면 폰트의 모양을 미리 볼 수 있습니다.

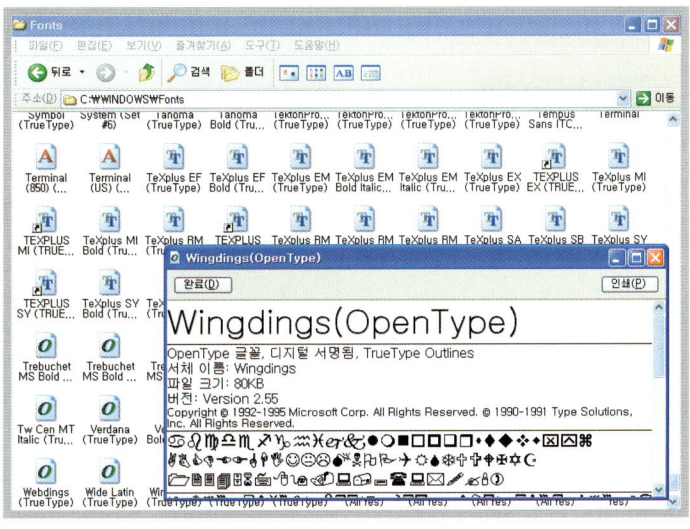

05 같은 방법으로 '7'을 입력하면 '키보드' 모양, '8'을 입력하면 '마우스' 모양의 특수문자를 만들수 있습니다.

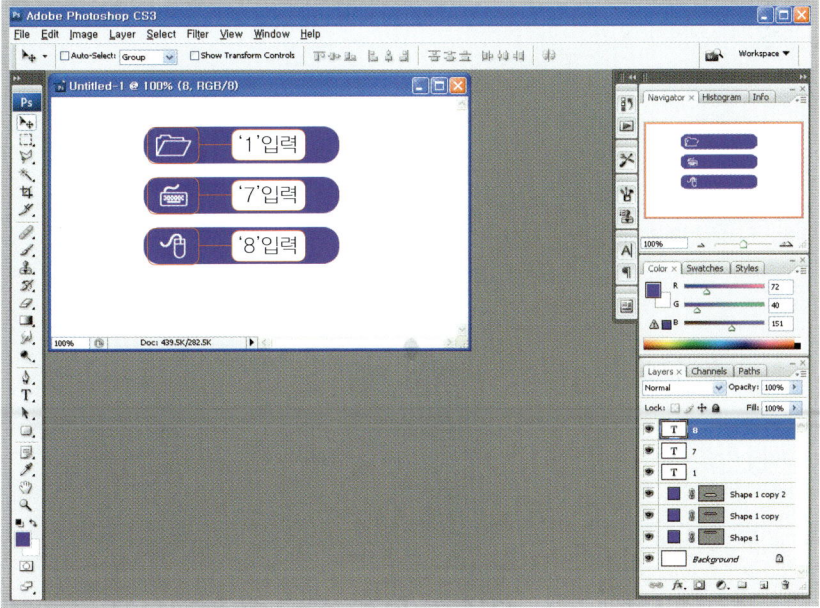

06 [글자 툴](T.)을 선택하고 옵션에서 글꼴을 'Arial Black'을 선택한 후 해당하는 내용을 입력하고 메뉴를 완성합니다.

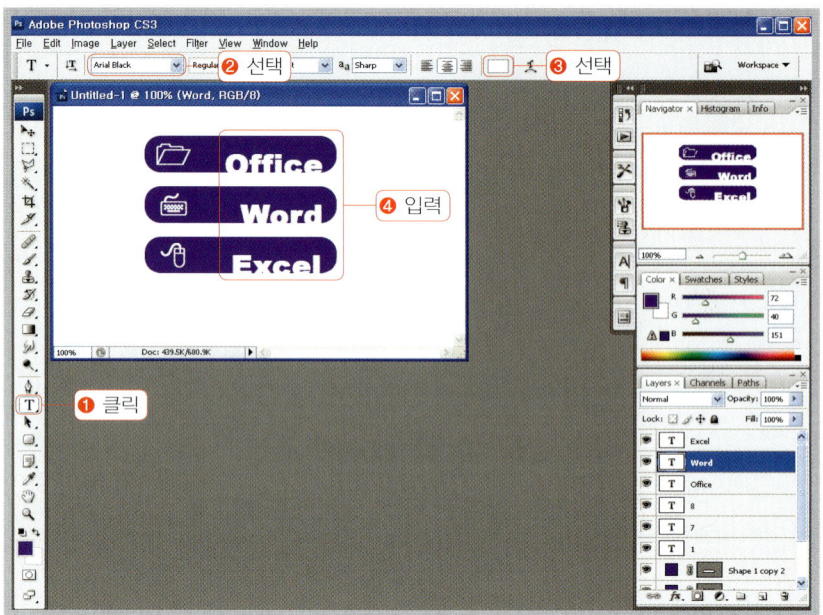

06

쇼핑몰과 모바일 쇼핑몰 광고기법

Chapter 01 광고 전 대상 분석
Chapter 02 키워드 광고 이해하기
Chapter 03 네이버 지식쇼핑

쇼핑몰 광고는 철저한 대상(target) 분석부터 시작됩니다. 여러 가지 방법이 있기는 하지만 무조건적으로 키워드를 뿌리는 방식으로 광고하는 것은 위험합니다. 과학적인 분석을 통해 분석한 데이터를 기반으로 진행하기를 권장합니다.

광고 전 대상 분석

광고하기 전에 대상을 분석하는 과정입니다. 연령대별로 인터넷 활용 특징을 살펴보는 과정부터 진행됩니다.

01 모바일 쇼핑을 대상으로 할 것인가?

모바일 쇼핑이란 스마트 기기로 무선인터넷에 접속하여 쇼핑할 수 있는 서비스를 의미합니다. 무선인터넷 기술의 발달로 통신 서비스가 데이터 중심으로 본격화됨에 따라 모바일 쇼핑 이용자들은 스마트 기기를 이용하여 제품의 인지에서 구매에 이르는 전 과정을 한 번에 해결할 수 있게 되었습니다.

기존의 PC 기반 인터넷 쇼핑과 모바일 쇼핑의 가장 큰 차이점은 시간과 공간의 제약 없이 이용자가 원하는 때와 장소에서 무선인터넷에 접속해 쇼핑할 수 있다는 점입니다. 모바일 주 이용 플랫폼은 웹/앱(어플리케이션)으로 나눌 수 있으면 대규모 업체에서는 앱으로 소규모 업체에서는 웹을 많이 이용합니다.

2009년 80만 명에 불과했던 스마트폰 가입자 수가 2012년 9월 기준으로 3,000만 명을 돌파하였고, 국내 태블릿 PC 판매 대수도 2010년의 10배인 220만 대 수준까지 성장하였습니다. 이러한 스마트 기기 보급의 확대로 인터넷 이용에 대한 이용자의 편의성이 증대되었고, 모바일을 통한 상거래가 활성화되면서 모바일 쇼핑 시장이 본격적으로 성장하고 있습니다.

스마트폰으로 제품을 구매한 경험이 있다는 응답자가 66.7% 지속적으로 증가함에 따라 올해 국내 모바일 쇼핑 시장은 4조 원으로 전년 대비 130% 이상 급증할 것으로 예상됩니다.

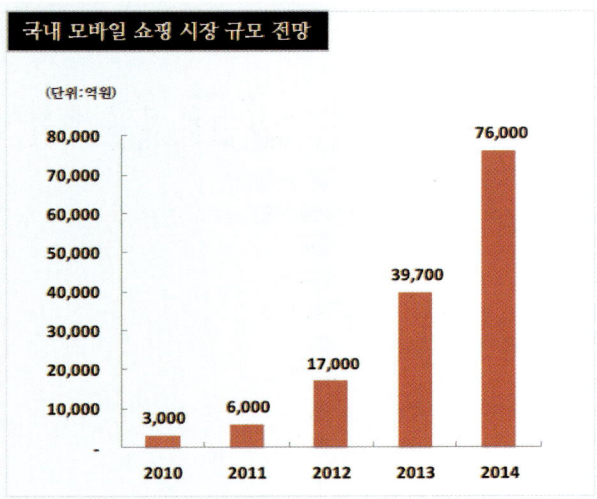

02 10대의 인터넷 이용 행태와 인터넷 쇼핑 품목

10대는 학교 수업이 끝나는 시간인 14시 이후부터 인터넷 PV(Page View)가 증가합니다. 즉, 주로 하교 시간 이후 및 저녁 식사 시간대 이후 인터넷을 사용하는 것으로 보입니다. 가장 많은 시간대는 20시~21시입니다.

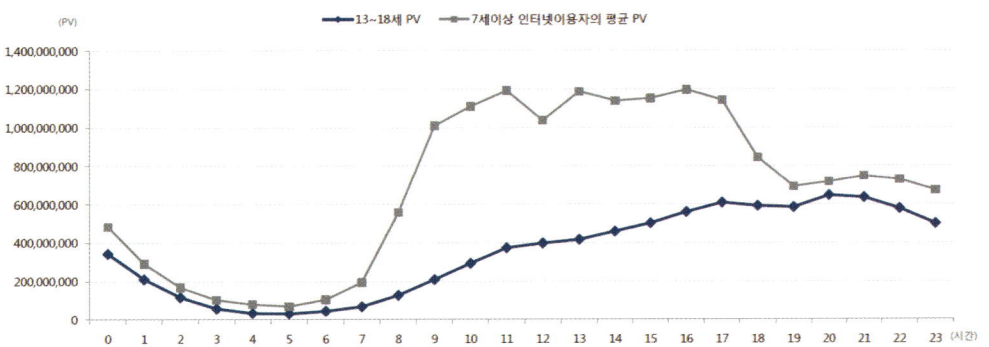

10대 남자의 인터넷 쇼핑 이용률은 66.8%, 10대 여자의 인터넷 쇼핑 이용률은 74.6%로 남녀 모두 높습니다. 10대 남자의 월평균 인터넷 쇼핑 금액은 24,200원, 10대 여자의 월평균 인터넷 쇼핑 금액은 24,800원으로 전체 평균의 절반 수준입니다. 이는 10대가 학생이므로 경제활동 비율이 매우 적기 때문입니다.

10대 남자는 주로 의류/신발/액세서리, 음악, 동영상, 컴퓨터 및 주변기기, 소프트웨어, 게

임등에 관심이 많았으며, 10대 여자는 의류/신발/액세서리, 음악, 동영상, 화장품 등의 품목
이 많았습니다.

12-19세 남자		(단위 : %, 복수응답)	12-19세 여자	
48.9		의류/신발/액세서리		57.4
44.9		음악		44.7
31.4		동영상		29.3
28.5		도서/잡지/신문		28.2
21.3		예약/예매		22.8
25.3		컴퓨터 및 주변기기		12.9
11.4		화장품		23.3
21.5		컴퓨터 소프트웨어		11.8
20.5		컴퓨터, 비디오 게임		11.6
6.8		식료품		8.2
4.3		가전/전자제품		4.4
1.4		가구/장난감		1.8

03 20대의 인터넷 이용 행태와 인터넷 쇼핑 품목

20대는 타 연령대와 비교하여 새벽 시간대에 높은 PV(Page View)를 보이는 것으로 나타납
니다. 20대 초반은 0시와 22시의 PV가 매우 높습니다. 20대 후반은 13시부터 17시 사이의
PV가 높은데 이는 직장인의 생활 패턴이 반영된 것으로 보입니다.

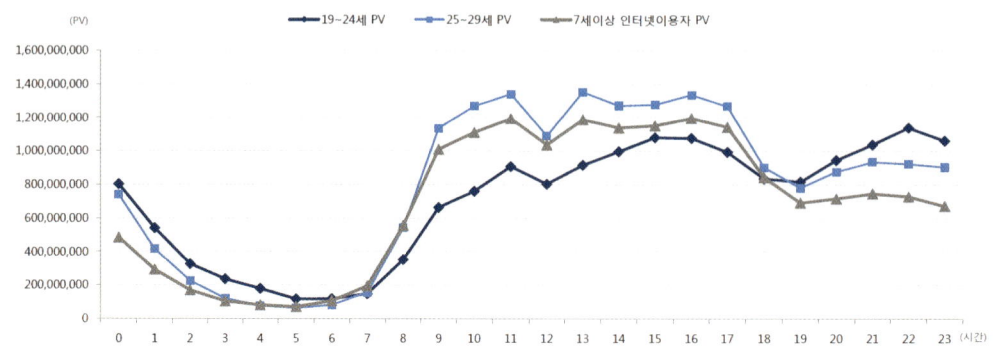

20대 남자의 인터넷 쇼핑 이용률은 86.3%, 20대 여자의 인터넷 쇼핑 이용률은 94.4%입니
다. 20대 여자의 인터넷 쇼핑 이용률은 전체 연령대 및 성별 중 가장 높습니다. 20대 남자의
월평균 인터넷 쇼핑 금액은 52,000원, 20대 여자의 월평균 인터넷 쇼핑 금액은 55,900원으
로 상대적으로 여자가 높습니다.

20대 남자는 상대적으로 컴퓨터 주변기기, 소프트웨어, 게임 등 주로 컴퓨터와 관련된 품목과 가전/전자제품의 구매에 관심을 보이며, 20대 여자는 상대적으로 의류/신발/액세서리와 화장품을 구매하고 있습니다.

04 **30대의 인터넷 이용 행태와 인터넷 쇼핑 품목**

30대의 가장 많은 PV(Page View)가 나타나는 시간은 13시, 11시, 16시 순입니다. 주로 회사의 근무시간인 9시부터 18시까지의 PV가 높게 나타났으며, 30대 초반이 30대 후반보다 약간 높은 PV를 나타냈습니다.

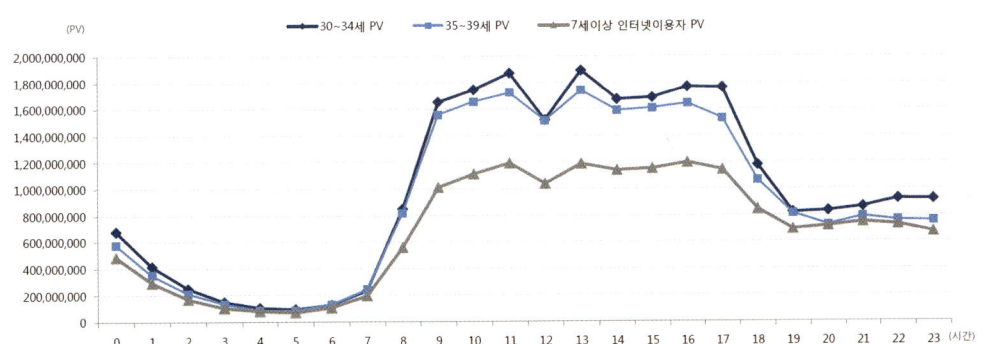

30대 남자의 인터넷 쇼핑 이용률은 68.9%, 30대 여자의 인터넷 쇼핑 이용률은 87.8%입니다. 30대 남자의 월평균 인터넷 쇼핑 금액은 53,700원, 30대 여자의 월평균 인터넷 쇼핑 금액은 59,900원으로 상대적으로 여자가 높습니다.

30대 남자는 상대적으로 컴퓨터 주변기기, 소프트웨어, 게임 등 주로 컴퓨터와 관련된 품목과 예약/예매에 관심을 보이며, 예약/예매의 비율은 전 연령대 중 가장 높았습니다. 30대 여자는 상대적으로 의류/신발/액세서리, 화장품, 식료품, 가구/장난감 품목을 자주 구매하고 있습니다.

30대 남자	(단위 : %, 복수응답)	30대 여자
69.3	의류/신발/액세서리	81.5
40.1	음악	31.1
43.4	동영상	29.3
27.7	도서/잡지/신문	26.5
46.3	예약/예매	35.6
32.5	컴퓨터 및 주변기기	7.9
20.2	화장품	48.0
19.3	컴퓨터 소프트웨어	6.4
15.1	컴퓨터, 비디오 게임	4.6
20.0	식료품	35.4
20.4	가전/전자제품	14.4
9.3	가구/장난감	18.5

키워드 광고 이해하기

키워드 광고는 검색 포털 사이트를 통해 이루어지는 광고입니다. 대표적으로 네이버나 다음을 통해 찾아오는 고객이 검색하는 단어가 무엇일까를 생각해서 광고를 노출하는 방식이기 때문에 광고 효과가 매우 높습니다.

01 구매 단계에서 검색의 중요성

검색광고는 대상(target) 소비자에게 구매 정보 제공 및 행동을 유도하는 핵심 마케팅 채널입니다.

소비자의 구매 단계 검색은 브랜드 인지에서부터 구매까지의 전 과정에 영향을 줍니다. 적극적 소비자의 정보 탐색과 비교 과정에서 검색광고를 통해 소비자의 액션을 유도할 수 있습니다.

02   키워드 검색광고란?

키워드 검색광고란 네이버, 다음과 같은 검색 사이트에서 특정 키워드를 검색한 사람들을 대상으로 광고주의 사이트가 노출되도록 하는 광고 기법입니다. 키워드 검색광고는 '찾아오는 고객'에게 광고를 노출한다는 점에서 적중률이 매우 높습니다.

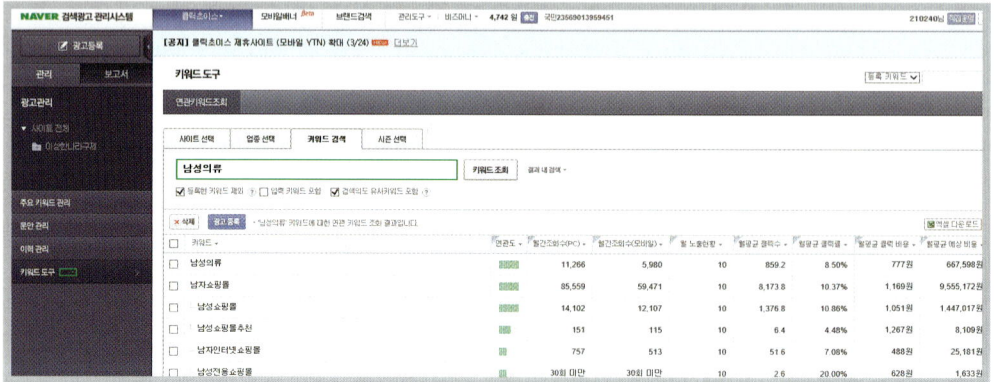

- CPC(Cost Per Click)

클릭하여 방문한 경우에만 광고비를 지급하는 방식입니다. 일반적으로 '클릭=방문'이므로 고객을 쇼핑몰로 1회 방문시키는데 들어간 비용을 뜻하기도 합니다. CPC 방식의 광고로는 대표적으로 네이버 클릭초이스, 다음 클릭스 등이 있습니다. PPC (Pay Per Click)와 동의어입니다.

키워드 검색광고를 이해하기 위해서는 다음의 광고 용어들에 대해서 알아야 합니다.

- **조회수** : 네이버, 다음, 네이트, 야후 등과 같은 검색포털에서 해당 키워드를 얼마나 조회(검색)하였는지를 나타내는 수치입니다.
- **노출수** : 검색포털에서 해당 키워드를 검색하는 경우에 광고가 얼마나 표시되었는지를 나타내는 수치입니다.
- **클릭수** : 검색포털에서 해당 키워드를 검색한 후에 표시된 광고 중에서 광고를 얼마나 클릭하였는지를 나타내는 수치입니다.
- **클릭율(CTR)** : (클릭수/노출수)×100 노출수 대비 클릭수 백분율
- **(구매)전환수** : 쇼핑몰의 경우에 보통 구매전환수라고 해서 클릭한 후에 방문한 고객이 구매한 수치입니다.
- **(구매)전환율(CVR)** : (구매전환수/클릭수)×100 클릭수 대비 구매전환수 백분율
- **광고비** : 지급한 광고비용. "클릭당단가(CPC)×클릭수= 광고비" 입니다.
- **매출** : 해당 광고를 통해서 일어난 매출의 합계입니다.
- **광고비 대비 매출(ROAS)** : (매출/광고비) × 100 광고비대비 매출 백분율
- **전환당 광고비용(CPA)** : 1회 구매전환에 필요한 광고비용입니다.
  (광고비/전환수), (광고비/클릭수×전환율), (광고비/ 노출수×클릭율×전환율)
- **대표 키워드** : 조회수가 많고, 더 포괄적인 의미를 담고 있는 키워드입니다. 정보 검색단계에서 많이 사용되므로, 세부 키워드와 비교하여 구매전환율은 떨어지는 편입니다.
- **세부 키워드** : 조회수가 적고, 더 구체적인 의미를 포함하는 키워드입니다. 상품 구매 단계에서 많이 사용되므로, 대표키워드와 비교하여 구매전환율은 높은 편입니다.

Note 정보성과 상업성

일반적으로 대표키워드는 정보성이 많이 섞여 있습니다. "컴퓨터"라고 검색했다면 정보성과 상업성이 공존하는 경우가 많습니다. "컴퓨터 싸게 파는 몰"과 같은 세부키워드는 상업성이 강하므로 구매전환율이 높게 나올 수밖에 없습니다.

- **정보성**: 정보 검색의 성격이 강한 키워드, 예를 들어 "컴퓨터 수리법"이라고 한다면 구매보다는 수리하는 정보를 검색하는 성격이 강할 것입니다.
- **상업성**: 구매 성격이 강한 키워드, 예를 들어 "컴퓨터 싸게 파는 몰"이라고 한다면 구매를 위한 검색 성격이 강할 것입니다.

---

03 검색광고 입찰 관련 용어

광고주는 직접 원하는 키워드를 선택하여 고객이 1회 클릭 시(방문 시) 허용되는 최대 금액을 입찰가로 설정합니다. 입찰가와 품질지수를 반영하여 순위를 결정하고 보통 10순위 이내에 포함되는 경우에 고객이 검색포털에서 해당 키워드를 이용하여 검색하는 경우에 광고주

의 광고가 노출되고, 노출된 광고를 고객이 클릭하는 경우에 클릭당 비용(CPC)이 부과되면서 고객이 광고주의 사이트로 방문하게 됩니다.

- **최대클릭비용** : 최대클릭비용은 광고주가 한 번 클릭 될 때 지급할 의사가 있는 최대 금액을 의미합니다. 광고주는 자신의 예산에 따라 최대클릭비용을 입력함으로써 자신의 노출 순위를 조정할 수 있습니다. 하지만, 순위를 결정하는 절대적인 요소는 아닙니다. 여기서 알아야 할 사항은 예를 들어 '원피스'라는 키워드에 200원이라는 최대클릭비용을 입력하면 클릭당 200원이 무조건 과금되는 것이 아니라는 점입니다. 품질지수와 실제 클릭비용 표를 통해 과금되는 방법을 이해할 수 있습니다.
- **품질지수** : 리스팅된 광고의 품질을 반영하는 지수입니다. "키워드 검색을 통한 의도와 요구를 얼마나 잘 나타내고 있는가?"를 반영하여 측정한 척도입니다.
- **순위지수** : "최대클릭비용 X 품질지수= 순위지수". 순위지수가 높은 순서대로 광고의 노출 순위가 결정됩니다. 순위지수의 조정을 통해 원하는 순위에 광고를 노출할 수 있습니다.
- **광고비(실제 클릭비용)** : 광고주가 각 클릭에 대해 실제로 지급하는 금액을 의미합니다. 실제 클릭비용은 차순위 광고의 순위지수를 자신의 품질지수로 나눈 값에 10원을 더하여 산정됩니다. 실제 클릭비용은 입력한 최대클릭비용을 절대 초과하지 않습니다.

실제 클릭비용=(차순위 광고의 순위지수/자신 품질지수)+10원

광고주	입찰가	품질지수	순위점수	지불 CPC
AA	750원	6	4,500	510원
BB	1,000원	3	3,000	610원
CC	600원	3	1,800	260원
DD	250원	3	750	150원
EE	200원	2	400	90원

- AA 광고주의 실제 지불 CPC =
  (후순위 BB의 순위점수/광고주 AA의 광고품질) +10 = 510원

- BB 광고주의 실제 지불 CPC=
  (후순위 CC의 순위점수/광고주 BB의 광고품질)+10 =610원

3.1 품질지수가 영향을 주는 몇 가지

품질지수는 같은 광고비로 높은 순위를 가질 수 있는 중요한 지표입니다. 광고가 진행되는 과정에서 여러분의 사이트가 클릭율을 높이도록 노력해야 품질지수를 올릴 수 있습니다.

■ 노출순위

노출순위는 입찰가와 광고 품질에 의해 결정됩니다. 광고 품질이 높으면 같은 비용으로 검색결과에서 더 높은 순위를 선점할 수 있습니다.

■ CPC(클릭당 비용)

광고 품질이 높으면 더 저렴한 가격으로 광고를 집행할 수 있습니다. 반면 가격을 아무리 높게 책정해도 클릭이 일어나지 않으면 높은 순위를 유지할 수 없게 됩니다.

■ 필터링

양질의 검색결과를 제공하기 위해 광고 품질이 현저하게 낮으면 검색결과 페이지에서 노출되지 않을 수 있습니다.

3.2 품질지수 도입 효과

광고의 품질지수가 도입됨으로써 광고의 신뢰성이 확보되었습니다. 키워드와 관련성 깊은 광고가 상위 순위로 노출되므로 소비자가 찾고자 하는 것을 바로 찾도록 함으로써 광고의 신뢰성이 확보되었습니다. 클릭이 증가할수록 순위는 올라가고, 실제 클릭당 비용은 감소하므로 부정 클릭이 감소하였습니다. 가격을 아무리 높게 책정해도 클릭이 일어나지 않으면 높은 순위를 유지할 수 없으므로 입찰 경쟁이 완화되었습니다.

3.3 클릭초이스의 품질지수 표현방식

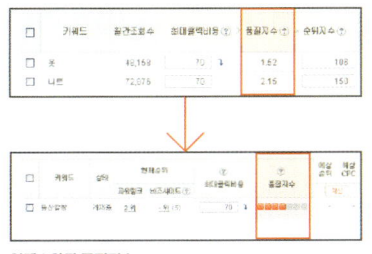

인덱스화된 품질지수

BEFORE

기존 품질지수는 절대값으로 표현되어, 해석시 기준이 없어 어려움이 많았습니다.

AFTER

변경된 품질지수는 테이블을 통해, 자신의 광고집행성과에 대해 파악이 가능합니다.

TIP | 품질지수 Index bar 해석 테이블 : 이런 뜻이예요.

▓▓░░░░░ ▓▓░░░░░		관련 광고들과 비교하여 품질이 좋지않습니다.
▓▓▓░░░░ ▓▓▓▓░░░		관련 광고들과 비교하여 보통의 품질입니다.
▓▓▓▓▓▓░ ▓▓▓▓▓▓▓		관련 광고들과 비교하여 최상의 품질입니다.

품질지수를 7개의 바(bar, 막대)로 표현하여 해당 광고의 상대적 품질을 더욱더 직관적으로 제공합니다. 새롭게 진입하는 광고의 품질지수를 기존 광고의 경쟁구도에 맞추어 평균값(bar4)을 부여합니다.

■ 클릭초이스의 품질지수 계산방식

품질지수 = 광고효과(CTR), 키워드와 광고 문안의 연관도, 키워드와 사이트의 연관도 등 광고 품질을 평가할 수 있는 다양한 요소를 포함하여 반영합니다.

따라서 품질지수가 높아지면
① 광고노출 순위가 높아질 수 있습니다.
② 지급하는 광고비가 낮아질 수 있습니다.
③ 검색 사용자들에게 더욱 좋은 검색결과를 제공할 수 있습니다.

자신의 품질지수에 따라 CPC의 차이가 클 수 있으므로 품질지수 관리에 신경을 써야 합니다. 새롭게 진입하는 광고의 품질지수를 기존 광고의 경쟁구도에 맞추어 평균값(bar 4)을 부여합니다.

04 키워드 광고 계정 구조

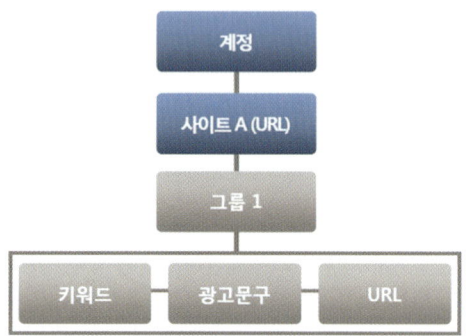

4.1 클릭초이스 계정 구조

(1) 계정

광고를 운영하는 주체

(2) 사이트

사이트(URL 주소)별로 광고를 생성합니다.

(3) 그룹

관련성 있는 키워드들의 집합, 노출영역, 일일 광고 허용 예산, 노출 지역, 노출 시간대, 광고 진행기간, 게재 요일 등을 설정할 수 있습니다.

(4) 키워드

키워드는 붙여쓰기로 인식, 기본검색만 지원, 사이트 간 중복 등록 가능, 키워드의 입찰가를 설정합니다. 대표키워드는 내 사이트를 대표하는 단어로서 목적을 가진 유저가 가장 보편적으로 검색하는 단어입니다. 사용자가 내 사이트에 오는 목적을 포괄하는 단어이며, 노출, 클릭, 평균 클릭 비용이 높습니다. 세부 키워드는 사용자가 내 사이트에 들어오는 궁극적인 목적이며, 내 사이트에 포함된 모든 콘텐츠에서 추출됩니다. 사용자의 필요 (needs)에 맞게 타겟팅된 키워드이며 클릭율과 구매 전환율이 높습니다.

(5) 광고 문구

고객이 가장 먼저 만나는 웹사이트의 정보로, 잠재 고객의 클릭을 이끌어내는 핵심 광고 요소입니다. 제목 15자, 대표 URL, 설명문구 45자로 구성됩니다.

키워드와 광고 문구는 1:1 대응 (가장 효과적인 광고 문구를 매칭해 등록)합니다.

(6) URL

연결 URL, 랜딩 페이지라고 합니다. 광고를 클릭한 경우에 링크로 연결되는 웹 페이지 URL입니다.

05 대표적인 CPC 키워드 광고 네이버 클릭초이스

클릭초이스(CPC광고)는 한 번의 입찰로 네이버의 '파워링크', '비즈사이트', '클릭초이스 네트워크(지식iN, 블로그)' 영역에 광고를 노출하여 더 많은 고객을 만날 수 있도록 할 수 있는 광고 상품으로, 고객이 광고를 클릭하고 방문한 경우에만 광고비를 지급하는 종량제 방식의 키워드 광고입니다.

■ 클릭초이스 특징

- 광고의 게재, 중단이 자유로워 탄력적 운영이 가능
- 경쟁 상황에 따라 실시간으로 클릭당 광고비와 노출 순위가 변동되므로 구매 후 지속적인 관리가 필요
- 광고 집행 정도를 나타내는 품질지수가 있어 광고를 효율적으로 운영할 때 적은 비용으로 광고 가능

■ **클릭초이스 전략**

- 대표/인기 키워드 상위 노출을 통한 트래픽 극대화 전략
- 조회수, 클릭수가 낮은 세부 키워드의 경우 합리적인 광고비 지출이 가능
- 클릭당 광고비가 소진되므로 의미있는 클릭을 유도하기 위한 적절한 광고 소재 작성이 필요

■ **노출위치**

- 검색 네트워크 : 네이버 통합검색, SE(Search Engine) 검색, 모바일 검색, 네이버 통합검색 외(검색 탭/광고 더보기/지식쇼핑), 검색 파트너의 검색 결과 페이지
- 콘텐츠 네트워크: 네이버 콘텐츠, 네이버 지식iN, 네이버 블로그, 콘텐츠 파트너 페이지

■ **노출방식**

- 파워 링크 : 키워드별로 최대 클릭 비용과 품질지수를 고려하여 산출된 광고 순위에 따라 영역별 광고 개수에 맞춰 광고 노출됩니다. 단, 그룹 전략 설정에서 노출을 선택한 영역에만 광고 노출되고, 광고 영역에 따라 광고 문안이 말줄임 표시(...)로 처리될 수 있습니다.

모바일 통합검색 결과는 5개 노출

지식쇼핑 맨 아래에 모바일웹 3개 노출

네이버 지식쇼핑

네이버 지식쇼핑은 상품 검색 기반의 쇼핑 포털인 동시에 쇼핑 미디어입니다. 지식쇼핑에 입점하면 네이버 지식쇼핑에서 상품 광고, 판매 및 쇼핑몰 홍보를 할 수 있으며, 네이버를 찾는 하루 평균 1,600만 명 이상의 이용자가 쇼핑몰의 잠재 구매 고객이 될 수 있습니다.

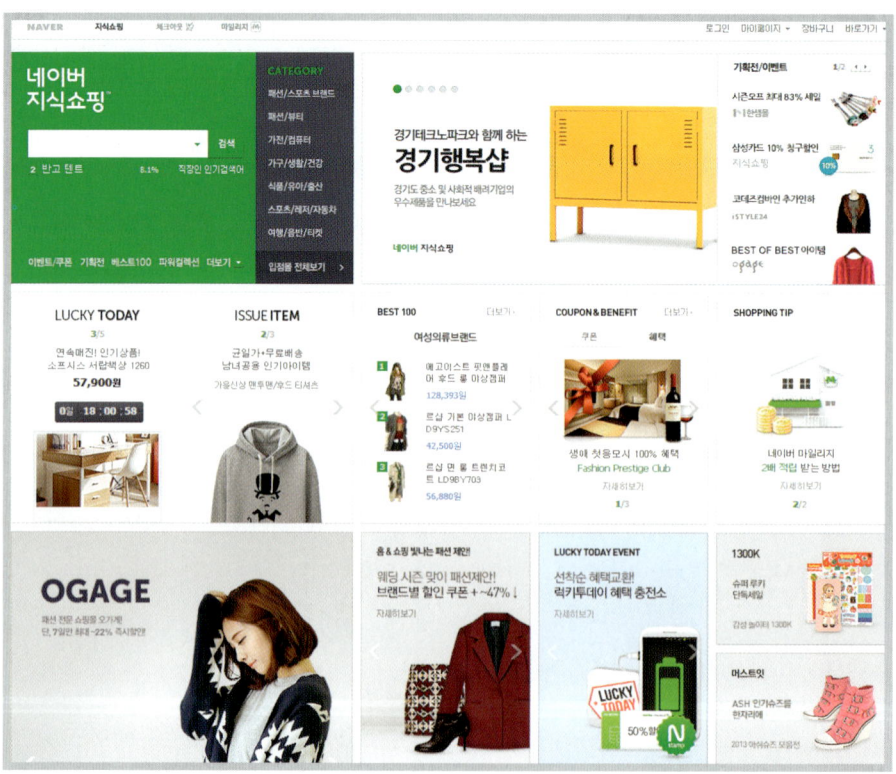

네이버 지식쇼핑 메인페이지

■ 기본 구비 요건

- 직접 별도의 쇼핑몰을 운영하고 있어야 합니다.(입점 신청서에 기재된 정보와 쇼핑몰 내에 기재된 정보가 일치해야 함.)
- 쇼핑몰은 정상적으로 구축이 완료되어 있어야 하며, 상품 판매 및 정상적인 결제가 이루어져야만 입점할 수 있습니다.
- 사업자등록번호, 사업장주소, 고객센터 등 모든 운영이 국내에서 이뤄지고 있어야 입점할 수 있습니다.

■ 상세 구비 요건

- 쇼핑몰 초기화면에는 다음의 정보를 필수적으로 표시하여야 합니다.(표시 정보는 제출한 서류의 정보와 일치해야 함.)
- 필수 표시 사항 : 상호 및 대표자 성명, 주소, 전화번호 및 이메일 주소, 사업자등록번호, 통신판매업 신고번호, 공정거래위원회 사업자 정보조회 링크
- '전자상거래 등에서의 소비자보호에 관한 법률'에 따라 5만 원 이상 거래에 대하여 구매 안전 서비스(결제대금 예치서비스(에스크로) 또는 소비자 피해 보상 보험 계약 등)를 적용하여야 하며, 가입 증명 서류를 필수로 접수해야 합니다.
  단, 여행 전문몰은 구매 안전 서비스에 가입하지 않아도 입점 가능합니다(2009년 10월 1일부터 적용)
- 쇼핑몰 내 상품 및 서비스에 대한 상세한 설명이 기재되어 있어야 합니다.
- 상품 구매 시 현금 및 카드결제가 모두 가능해야 하며, 상품가격은 부가세가 포함된 가격으로 표시하여야 합니다.
- 현금 구매 가격과 카드 구매 가격은 동일하게 적용되어야 합니다.

■ 입점 제외 대상

- 휴 · 폐업 상태의 사업자가 운영하는 쇼핑몰은 입점이 불가합니다.
- 회원제로 운영되어 비로그인 시 상품 정보를 확인할 수 없는 쇼핑몰은 입점이 불가합니다.
- 소비자 보호를 위하여, 현금결제를 유도하는 문구가 확인되거나 카드결제가 불가한 쇼핑몰은 입점이 불가합니다.
- 다중가격(옵션별 가격) 상품 중 의무적으로 옵션을 선택해야 하는 상품이 존재하는 쇼핑몰은 입점이 불가합니다.
- 불법물 또는 지식쇼핑에서 미취급 상품을 취급하는 쇼핑몰은 입점이 불가합니다.
- 반값 할인 쇼핑몰, 다단계, 경매 형태의 쇼핑몰은 입점이 제한될 수 있습니다.
- 기타 관계 법령 위반 행위가 확인되는 쇼핑몰은 입점이 불가합니다.
※ 입점 완료 이후라도 입점 제외 대상 사유가 확인되는 경우 퇴점 처리될 수 있습니다.

■ **등록 불가 상품 정보**

- 이미테이션 제품을 판매하는 쇼핑몰
  ex) ~스타일/~ST 제품, 브랜드 로고가 확연히 드러나는 이미테이션 제품의 상품명이나 상세 설명에 브랜드명을 사용하는 경우 등
- 성인용품, 음란물, 무형의 재화 및 용역 등을 취급하는 쇼핑몰
- 다단계, 경매 형태의 쇼핑몰
- 애완동물 등의 생물체를 판매하는 쇼핑몰
- 식품 과대광고, 의약품 판매, 주류 및 담배류 판매, 경찰복, 군복 판매 쇼핑몰
- 기타 네이버에서 정한 판매 금지품목 취급 쇼핑몰
  ex) 주류, 담배류, 도수 안경, 성보조 기구, 총포 및 도검, 청소년 유해 품목, 불법시술 및 용품 등
- 불법적인 상품의 판매 또는 현행법의 위반되거나 그 위반을 부추길 수 있는 행위
- 대표 도메인을 한글 도메인으로 사용하는 쇼핑몰

■ **유명상표 취급시 주의사항과 필요 서류**

- 돌체앤가바나, 구찌, 지방시, 휴고보스, 프라다, 몽블랑 등 82개 상표
- 직수입 업체 : 각 브랜드에 대한 수입면장(수입신고필증) 또는 라이센스 계약서(각 브랜드명 명시)
- 유통 업체 : 수입 업체의 각 브랜드에 대한 수입면장 및 수입 업체와 유통 업체 간의 거래계약서(*단, 운송장(인보이스) 및 세금계산서 등의 서류는 증빙서류로 대체 불가)

1	D&G	31	아이스버그	61	리바이스
2	구찌	32	안나수이	62	캘빈클라인
3	까르띠에	33	알비에로마르티니	63	타미힐피거
4	골로에	34	에르메네질도 제냐	64	나이키
5	던힐	35	에스까다	65	아디다스
6	듀퐁	36	에트로	66	노스페이스
7	레스포색	37	엠포리오아르마니	67	퓨마
8	로에베	38	오메가	68	루이비통
9	롱샴	39	입생로랑	69	토리버치
10	루루기네스	40	인빅타	70	멀버리
11	마이클코머스	41	조르지오아르마니	71	폴스미스
12	마크제이콥스	42	쥬시꾸뛰르	72	니나리찌
13	막스마라	43	지미추	73	랑방
14	몽블랑	44	지방시	74	오일릴리
15	미쏘니	45	지아니베르사체	75	블루마린
16	미우미우	46	케이트스페이드	76	피아제
17	발리	47	크리스찬돌	77	모스키노
18	발렌시아가	48	코치	78	발망
19	버버리	49	태그호이어	79	이세이 미야케
20	불가리	50	테스토니	80	겐조
21	브릭스	51	테크노마틴	81	닐바렛
22	비비안웨스트우드	52	토즈	82	가이거
23	살바토레 페라가모	53	티쏘		
24	샤넬	54	티파니		
25	세이코	55	펜디		
26	세이코알바	56	프라다		
27	셀린느	57	홀라		
28	아가타	58	휴고보스		
29	아가타루이즈	59	DKNY		
30	아이그너	60	폴로		

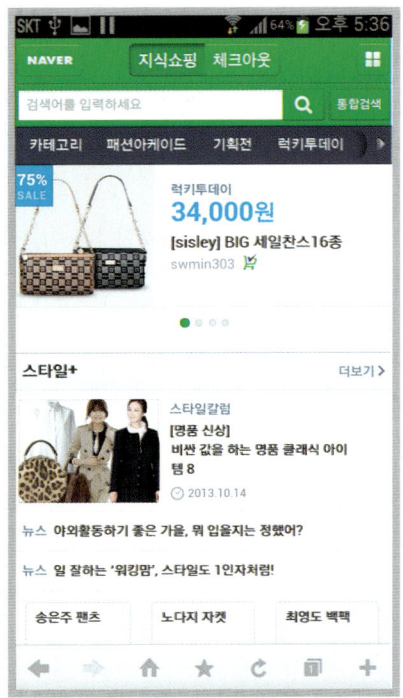

네이버 모바일 웹 쇼핑 부분　　　　　　　지식쇼핑 모바일 웹 메인페이지

01 지식쇼핑 CPC(Cost Per Click)

네이버 지식쇼핑은 상품 구매의사가 있는 잠재 고객이 네이버 지식쇼핑의 상품 카테고리 브라우징 또는 상품 검색결과 페이지 등에서 해당 상품을 확인하고, 상품을 클릭하여 나의 쇼핑몰로 넘어올 때마다 일정 금액(클릭당 단가)이 부과됩니다. 클릭당 단가는 상품이 등록된 카테고리별로 나누어 차등 적용됩니다.

네이버 지식쇼핑의 카테고리는 가격 비교 상품군과 일반 상품군으로 나누어집니다.

- **가격 비교 상품군** : 가전/컴퓨터 (하위 중/소/세 카테고리 모두 포함), 분유/기저귀/물티슈, 국내/수입 화장품, 향수/바디/헤어
- **일반 상품군** : 위 '가격 비교 상품군'을 제외한 모든 상품군이 해당
  (가격 비교를 하는 카테고리라도 위 상품 카테고리를 제외한 나머지 카테고리는 일반 상품군에 포함됩니다.)

■ 모바일 수수료

모바일 과금은 PC 웹과 동일하게 적용됩니다.(단, 할인 정책은 별도로 진행될 수 있습니다)
쇼핑몰 단위로 과금 여부를 설정할 수 있으며, 모바일 과금에 동의한 광고주를 대상으로 부
과합니다.

🟢 **클릭당 단가** : 상품 가격대 / 카테고리별 CPC수수료 + 10원 (최저수수료)

가격비교 상품군

상품가격대	수수료율
1만원 이하	0.2 %
1만원 초과 ~ 5만원 이하	0.01 %
5만원 초과 ~ 20만원 이하	0.001 %
20만원 초과 ~ 50만원 이하	0.0001 %
50만원 초과 ~ 100만원 이하	0 %
100만원 초과	0 %

일반 상품군

상품가격대	수수료율
1만원 이하	0.15 %
1만원 초과 ~ 3만원 이하	0.1 %
3만원 초과 ~ 4만원 이하	0.02 %
4만원 초과 ~ 6만원 이하	0.01 %
6만원 초과 ~ 10만원 이하	0.01 %
10만원 초과 ~ 100만원 이하	0 %
100만원 초과	0 %

100만원 초과의 상품은 100만원까지는 위의 요율로 적용되며, 그 초과의 금액구간에 대해서는 0%를 적용합니다.

Tip

상품 가격이 다음과 같은 경우, 일반 상품군의 클릭당 단가와 가격 비교 상품군의 클릭당 단가가
달라집니다.

일반 상품군
A 상품 9,000원 : 10원 + 9,000*0.15%=23.5원 →〉 23원
B 상품 35,000원 : 10원 +10,000*0.15%+20,000*0.1%+5,000*0.02%=56원
C 상품 120,000원 : 10원+10,000*0.15%+20,000*0.1%+10,000*0.02%+20,000*
0.01%+40,000*0.01%+20,000*0=53원

가격 비교 상품군
가 상품 9,000원 : 10원 + 9,000*0.2%=28원
나 상품 150,000원 : 10원 + 10,000*0.2%+40,000*0.01%+100,000*0.001%=35원
다 상품 1,100,000원 : 10원 +10,000*0.2%+40,000*0.01%+150,000*0.001%+
300,000*0.001%+500,000*0%+100,000*0%=35.8원 →〉 35원

TIP 네이버 지식쇼핑 CPC는 추후 변경될 수 있습니다.

• 일반 상품군

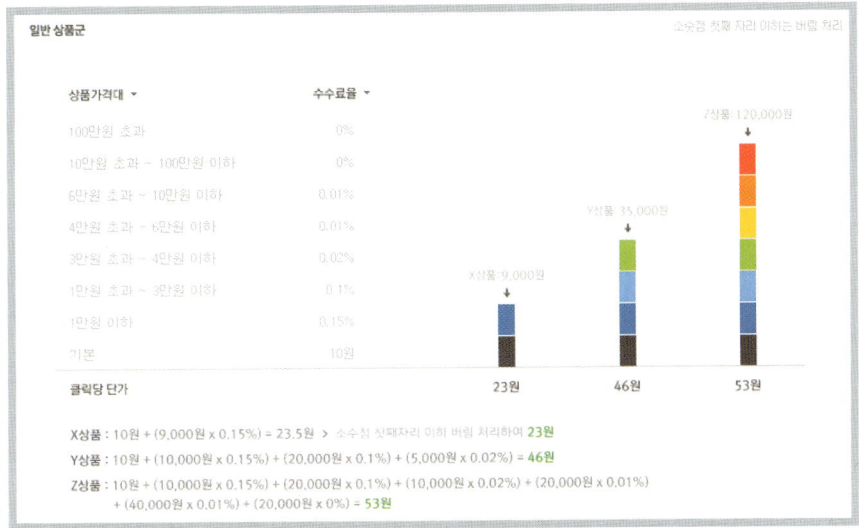

• 가격 비교 상품군

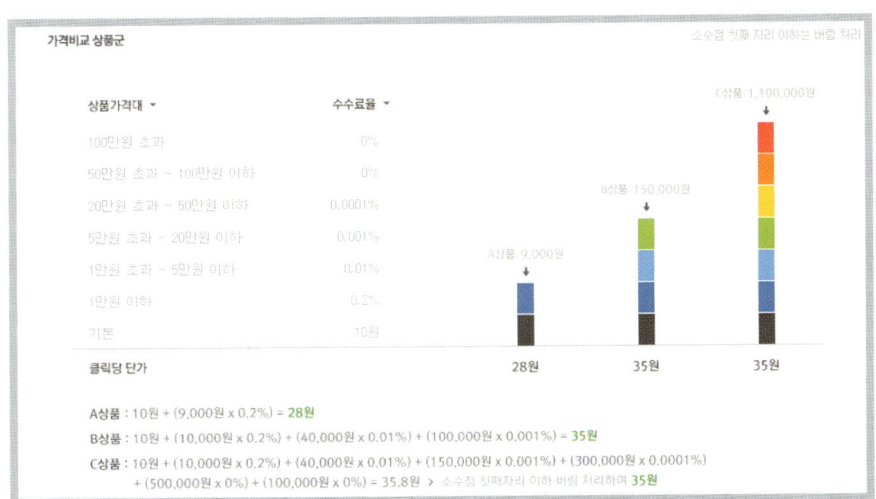

모바일 웹 검색어 입력

모바일 웹 검색결과 (클릭 시 CPC 과금)

02 파워 컬렉션 상품(PC)

광고 방식	일반	플러스
광고비	15,000원/주+CPC 수수료	비딩(시작가 50만 원) 낙찰가/주+CPC 수수료
광고 위치	• 지식쇼핑 메인 영역 • "파워 컬렉션 하단"	• 지식쇼핑 메인 영역 • "파워 컬렉션 상단"
롤링 횟수	메인 3/무제한 전문 쇼핑몰 무제한	메인 6/30 포커스 코너 30/30(순서는 랜덤)
서비스 보장 기간	등록한 날로부터 1주일간 노출 7일째 24시에 종료	매주 월요일 00시~ 일요일 24시(1주일간)
구매 가능 시점	원하는 기간으로 등록 가능 (당일 등록 가능)	매주 월요일 14시~ 수요일 16시(광고 집행 2주전)
구매 가능 개수	무제한/1주	서비스 기간 기준으로 광고주당 2개

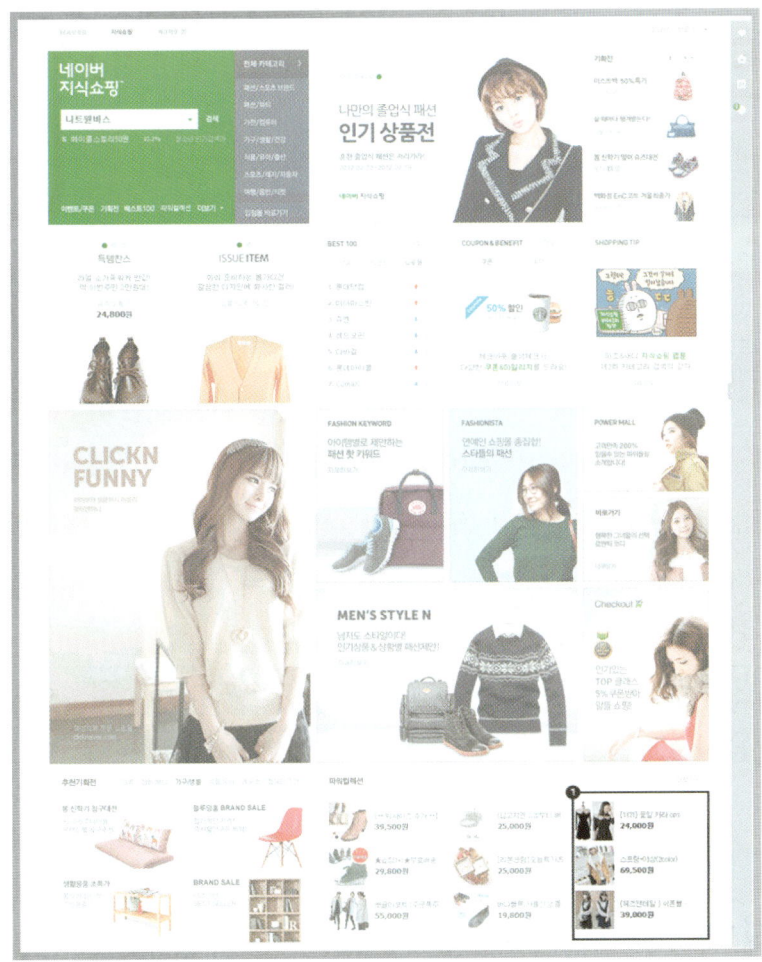

파워 컬렉션 일반

파워 컬렉션 일반은 여성의류, 패션잡화, 유아동/출산 순으로 광고 비중이 높습니다.

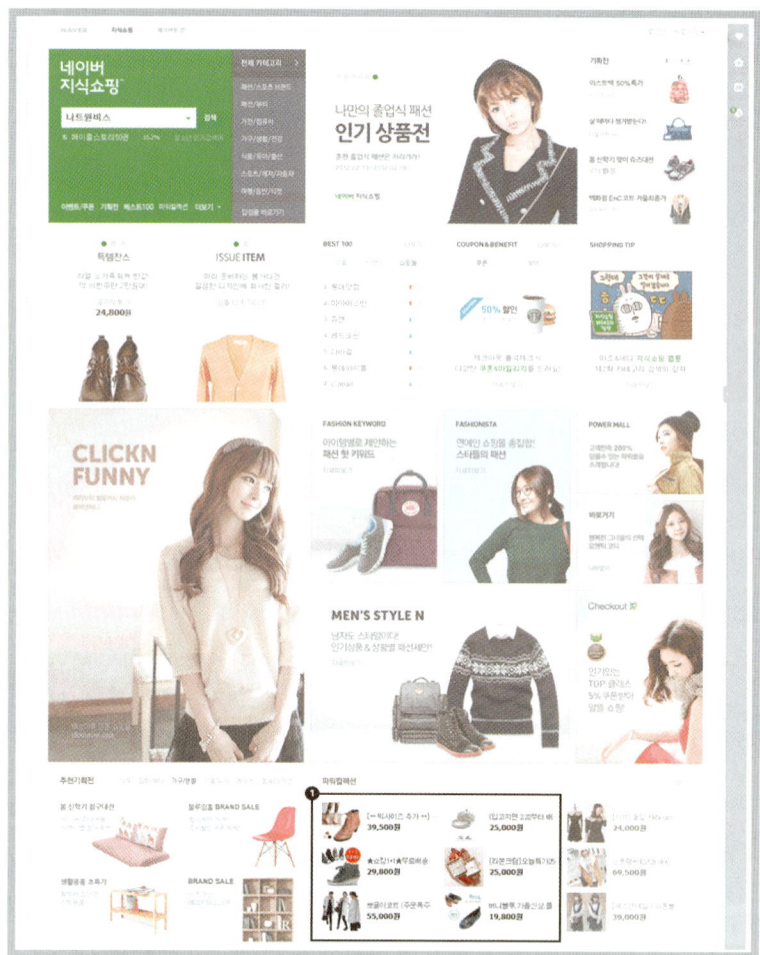

파워 컬렉션 플러스

03 네이버 메인 1탭 테마 쇼핑의 1탭 트렌드 아이템(PC)

① '트렌드아이템'으로 테마명이 노출되며, 선택 시 영역에 해당테마에 해당하는 컨텐츠가 노출됩니다.

② 테마명 선택 시, 컨텐츠가 보여지는 영역 세로1~3째줄 각각 상/중/하단으로 구분됩니다.

③ 클릭시, 광고주가 등록한 각 소재 페이지로 이동합니다.

기간	네이버 메인 및 지식쇼핑에 1주일간 노출
서비스내용	• 입찰을 통하여 구매하는 광고상품 • 모든 쇼핑몰이 구매 가능 • 네이버 메인 트렌드 아이템(구 고정 테마) 상/중/하단에서 1/18 롤링으로 노출 • 지식쇼핑 〉 테마 쇼핑에도 노출
인벤토리	상/중/하단 각각 60개씩 판매
비딩 시작가	상단 400만 원, 중단 300만 원, 하단 300만 원 (VAT 포함)
입찰 단위	10만원
구매 방식	노출 위치에 따라. 상단/중단/하단으로 구분됩니다. 서비스 2주 전 월요일 입찰 시작(매주 월요일 오전 9시 입찰 시작)
구매 자격	지식쇼핑 입점을 조건으로 함

04 네이버 메인 1탭 테마 쇼핑의 2탭 패션 소호(PC)

패션 소호 광고를 구매할 수 있는 패션관련 카테고리는 여성의류, 남성의류, 속옷, 패션잡화, 액세서리/시계, 명품, 화장품이며, 스포츠/레저/자동차, 유아동/출산/분유/기저귀, 해외구매대행 카테고리는 패션상품(화장품 포함) 노출을 전제로 구매할 수 있습니다.

설명	기간	상품 구매수	광고비	수수료
구매 • 전 주 구매 이력 있는 광고주에게 우선 구매기회 부여 • 구매 이력 없는 광고주는 전 주 구매 광고주의 구매 이후 구매 가능 구좌를 선착순 구매 • 쇼핑 광고센터에서 광고주 직접 구매 진행 • 구매 즉시 충전금 차감, 구매확정됨 **노출** • 구매 구좌는 최대 1/20 롤링으로 랜덤 노출됨 단, 세트수는 매주 판매되는 구좌에 따라 변동 노출됨 • 최초 구성된 세트 내에서 상중하, 좌우 상관없이 새로고침 시마다 랜덤하게 노출됨	1주	최대 240구좌 (몰당 동일기간에 2구좌 구매가능)	고정가 176 만원 (주단위)	쇼핑몰 수수료 없음

❶ 테마명이 노출되며, 선택시 ❸ 영역에 테마에 해당하는 컨텐츠가 노출됩니다.
❷ 하나의 세트 내에서 상/중/하단과 좌우 위치에 상관없이 새로고침 할 때마다 랜덤 위치에서 노출됩니다.
    노출되는 랜덤한 위치는 1/12의 공평한 확률로 배정되어 형평성 있게 노출될 예정입니다.

인쇄 일자 : 2014년 4월 7일 초판 인쇄
발행 일자 : 2014년 4월 10일 초판 발행

펴낸곳 : 가메출판사(http://www.kame.co.kr)
발행인 : 성만경
지은이 : 전진수

주소 : 서울시 마포구 서교동 394-25 동양한강트레벨 504호
전화 : 031)923-8317
팩스 : 031)923-8327

ISBN : 978-89-8078-269-7
등록번호 : 제313-2009-264호

정가 : 18,000원